国家社会科学基金一般项目(项目编号:15BTJ017)

雾霾污染的大数据关联分析

高广阔　著

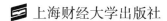 上海财经大学出版社

图书在版编目(CIP)数据

雾霾污染的大数据关联分析/高广阔著. —上海:上海财经大学出版社,2020.12
ISBN 978-7-5642-3668-7/F・3668

Ⅰ.①雾… Ⅱ.①高… Ⅲ.①空气污染-统计数据-数据处理-研究-中国 Ⅳ.①X51

中国版本图书馆 CIP 数据核字(2020)第 206149 号

□ 策划编辑 刘光本
□ 责任编辑 邱 仿
□ 封面设计 张克瑶

雾霾污染的大数据关联分析

高广阔 著

上海财经大学出版社出版发行
(上海市中山北一路 369 号 邮编 200083)
网 址:http://www.sufep.com
电子邮箱:webmaster @ sufep.com
全国新华书店经销
江苏凤凰数码印务有限公司印刷装订
2020 年 12 月第 1 版 2020 年 12 月第 1 次印刷

710mm×1000mm 1/16 18.25 印张(插页:2) 318 千字
定价:78.00 元

内容提要

近年来,我国大气污染问题随国民经济与城市化进程的高速发展而日益严峻,尤其是以雾霾为代表的恶性天气频频发生,引发学术界对雾霾污染成因及危害的研究。国内外专家研究雾霾成因的成果较多,而涉及雾霾污染问题的统计分析较少。统计分析所抽取的随机样本主要依赖于结构性数据,即行数据(存储在数据库里,可用二维表结构表达实现的数据),难以对纷扰繁杂的雾霾污染的非结构化数据(文本、图像、信号、音频、视频等)进行分析;而大数据分析可以解决非结构化数据的融合及整合问题。

本书首先进行了雾霾污染的成因、特征及防控传导机制的分析,具体包括科学地界定雾霾(包含 $PM_{2.5}$)概念、阐述雾霾污染的特性、雾霾污染问题的影响途径以及防控雾霾污染传导机制;进行相关理论基础与测度方法设计,包括阐述涉及雾霾污染问题相关理论基础(包括社会学、经济学、生态学、统计学、计算机科学、系统科学等)、界定大数据概念和基本特征、阐述雾霾污染问题的数据分析和算法系统理论与测度方法,归纳并设计基于大数据关联分析的中国雾霾污染问题统计理论。

其次,进行雾霾污染问题的大数据分析和算法系统的构建,具体包括:依托雾霾污染大数据平台,进行雾霾污染问题数据库管理、大数据价值链挖掘,通过大数据关联分析、云计算及系统科学方法,依据系统建立的基本原则,建立雾霾污染问题的数据分析和算法系统。

再次,基于结构化数据关联性分析方法,进行雾霾污染问题统计研究,包括:基于城市雾霾数据采集与污染判断预测软件系统进行数据挖掘,构建结构化数据,应用传统统计学方法,进行雾霾污染对人身危害、引发社会关注度区域性差异、对农业和交通运输业以及旅游业等国民经济相关行业的影响分析。

再次,基于非结构化数据关联分析方法,进行雾霾污染问题的统计研究,包括:基于 BP 神经网络方法的上海市入境游客关注点分析,基于 SVR-AR-MA 模型的呼吸道疾病门诊量预测,基于社交评论情感分析的网民雾霾情绪识别,基于改进 KNN-BP 神经网络的 $PM_{2.5}$ 浓度预测模型研究。

再次,进行京津冀区域城市雾霾污染网络分析,即在基于节点重要性评价的京津冀城市静态雾霾污染网络实证分析后,又基于动态非对称尾部相关性进行动态网络实证分析。

最后,提出完善雾霾污染治理措施的政策建议,在进行区域一体化雾霾治理效率评估分析基础上,根据分析结论验证大数据关联分析测度方法的科学性、有效性与普适性,提出我国区域一体化雾霾治理的路径选择和完善雾霾污染治理措施的政策建议。

目　录

第一章　绪　论

1.1　研究的主要问题、国内外研究现状述评及价值

1.1.1　问题的提出：雾霾污染问题测度方法亟待改进

随着国民经济与城市化进程的高速发展，我国大气污染变得日益严峻，尤其以雾霾天气为代表的污染问题频频发生。2013年初，我国发生大范围持续雾霾天气。据统计，受影响区域包括华北平原、黄淮、江淮、江汉、江南、华南北部等地区，受影响面积约占国土面积的1/4，受影响人口约为6亿人[1]。根据卫星观测，中国京津冀、长三角和珠三角为雾霾重灾区，约30%国土面积、近8亿人口正遭受雾霾的危害[2]。雾霾天气频发对出行及人身健康、生态系统、人造环境及国民经济与社会带来了一系列恶劣的影响。

那么，基于PM$_{2.5}$成分意义的雾霾在世界范围内何时、何地发生过，其规模及危害性有多大？同样，在中国近代雾霾何时、何地发生过，其规模及危害性多大，有高峰期吗？根据目前有关雾霾成因的国内外研究成果判断：区域性雾霾的形成与人类工业化发展程度显著相关吗？如果此判断正确的话，为什么已进入后工业化阶段以上海为龙头的长三角地区也频发较为严重的雾霾天气呢？这与都市圈交通拥堵下的汽车尾气过度排放以及居民生活用煤排放有关吗？雾霾污染有何特征？雾霾发生的各个地区的污染程度如何量

化及评估？进一步，基于"小样本、随机性、结构性"数据的传统统计学方法足以考量与预测大数据时代的雾霾形成与污染问题吗？哪些地区易发雾霾且造成的危害性更大？用什么方法可以更全面、更准确地预测雾霾发生概率与危害呢？雾霾污染可以防治吗？如何优化联防联控的决策和构建跨行政区域的雾霾污染治理的协同机制？

毋庸置疑，雾霾形成部分源自气候变化、地理环境状况等自然因素，但主要原因是人类行为所致，譬如化学能源的燃烧、工业化进程的污染排放、汽车尾气的排放以及城镇化进程的扬尘等。因此针对雾霾形成的原因，在大数据背景下对中国雾霾污染问题进行统计研究，进行雾霾污染问题数据价值链挖掘与判断，深入剖析雾霾对人口、环境、经济、社会的危害程度，对现在、未来雾霾的变化进行监测和预测成为本书的研究目标。

1.1.2　国内外研究现状述评

近几年来，国内外有不少学者对雾霾的成因、危害及治理进行了大量的研究。国外出现雾霾的时间相对较早，具有代表性的事件是 1952 年"伦敦烟雾事件"和 20 世纪 40 年代的"洛杉矶光化学烟雾事件"等。针对这些大气污染问题，以欧美为代表的发达国家对雾霾形成的影响因子进行了研究，结果表明：伦敦烟雾事件发生的直接原因是燃煤产生的二氧化硫和粉尘污染，间接原因是逆温层所造成的大气污染物蓄积[3]。而洛杉矶光化学烟雾是由汽车与工厂排放的碳氢化合物和氮氧化物等一次污染物和光化学反应所产生的臭氧、醛、酮、酸、过氧乙酰硝酸酯等二次污染物引起的[4]。

一方面，针对雾霾天气的影响因子研究，国内外学者利用各种方法分析雾霾天气的成因：

①显微镜法：该方法重点在于通过单个颗粒物的大小、颜色等形态特征，结合污染源的标志来识别其来源，以此确定污染源对颗粒物的影响程度。例如，国内有些专家结合扫描电镜与 X 射线能谱检测，发现城市的颗粒物来源于土壤与水泥颗粒、土壤扬尘、钙碳质颗粒、燃煤以及汽车尾气（董树屏，2001；刘田，2009）[5-6]。

②化学方法：该方法包含多种分析方法，比如源解析技术、化学质量平衡法、UNMIX 模型和粗集理论等，运用比较广泛。例如，国外的 Chaloulak-ou A(2003)利用源解析技术对大气颗粒物进行研究，发现温度和风速主要影响颗粒物的浓度，PM_{10} 比 $PM_{2.5}$ 更容易受到气象条件的影响[7]；Hu S 等

(2006)利用化学法中的 UNMIX 模型对辛辛那提的高速公路 PM$_{2.5}$进行解析,得到每个月各类污染源对 PM$_{2.5}$的影响程度[8];在国内,李祚泳等(2003)将化学法中的粗集理论应用于雾霾颗粒物的源解析,发现其中元素含量的分类关系确定了排放源对雾霾的影响程度[9];叶文波等(2011)采用化学质量平衡法确定了城市扬尘、煤烟尘与机动车尾气是宁波市大气颗粒物的影响因子[10]。

③统计学方法:国内外学者主要应用多元统计分析方法,包括主成分分析、因子分析、聚类分析及这些方法的综合应用等。例如,Okamoto S 等(1990)应用因子分析模型研究东京地区的悬浮颗粒物,发现其主要受到土壤颗粒的影响[11];Ho K F(2006)利用主成分分析法、富集因子法和聚类分析法对香港地区 PM$_{2.5}$进行解析,得到各类源对 PM$_{2.5}$的贡献值和影响程度[12];邹本东等(2007)根据因子分析法对雾霾颗粒物进行分析,确定了污染来自自然源还是人为源[13];朱志超等(2009)应用主成分分析法和因子分析法得到影响武汉市区和工业区 PM$_{10}$的各污染源的贡献程度[14]。从气象学上看,上述方法可以探究雾霾的化学组成,但并未有效阐述雾霾污染与生产生活中相关污染的关系,这样的分析对于探究雾霾的成因是有益的,但从治理雾霾的角度来看显然是不足的。

另一方面,国内外也有不少学者已经开始注意到大数据时代相关分析思维的重要性,尤其国外某些学者对如何改进相关分析方法进行了研究。例如,Reshef 等学者(2011)基于信息论中关于两个事件集合的相关性信息度量,提出了一种关于相关性分析的改进方法——最大信息相关系数(the Maximal Information Coefficient,MIC)可以度量变量间的非函数相关关系[15];同时国内学者朱建平等(2014)明确指出:传统的统计研究方法由于大数据的特点而无法实施,对大数据的统计分析是以相关关系为基础展开的,但针对大数据的相关关系分析不同于传统的相关关系分析,传统的相关关系分析基本是线性相关分析,大数据研究的相关关系分析的不仅是线性相关,更多的是非线性相关以及不明确函数形式的线性关系。但实际上有些情况可能连函数关系都没有,所以以度量相关程度的方法还有待完善[16]。

尽管学术界已经对雾霾污染问题进行过一些相关统计研究,提出了一些有价值的思路和建议,仍存在一些不足:

①有些研究由于受限于获取数据的途径,仅仅是采取抽样的方式从全国雾霾污染比较严重的城市当中抽取了一部分城市进行分析,而其他城市也或多或少地存在雾霾污染的状况,并且传统的数据方法均有一定的滞后性。

②长久以来,抽样调查都是统计分析的最主要的样本抽取方式,但是随着科学技术的发展进步,获取数据的难度已经越来越低,如果能够对全部的雾霾污染指标数据进行实时分析,实时获取对应分析结果,将对雾霾应急响应措施的制定和实施具有重要作用。

③对于雾霾污染海量数据的分析和汇总来说,精度的要求已经不是第一位的,更重要的是分析的实时性,同时对精度的一定程度的舍弃能够更容易地洞悉大方向的分析结果。虽然传统的抽样调查分析对现象的原因进行深入分析探讨能够充分挖掘有限数据的信息,分析的结果更加精确具体,而这一分析方法一旦遇到大量数据分析的场合,就会显示出其劣势——过于注重分析结果的精确性。

综上所述,国内外专家研究雾霾成因的成果较多,而涉及雾霾污染问题的统计分析较少,统计分析所抽取随机样本主要依赖于结构性数据(即行数据,存储在数据库里,可用二维表结构表达实现的数据),难以对纷扰繁杂的雾霾污染的非结构化数据(文本、图像、信号、音频、视频等数据)进行分析;而大数据分析可以解决非结构化数据的融合和整合问题。因此,大数据概念[具有规模性、多样性、高速性和价值性特征[17](Grobelnik M,2012)]、大数据技术(具备可数据化、价值挖掘及数据再利用功能)和大数据思维(进行角色定位与商业变革)的形成与扩散可能会成为解决雾霾污染问题的关键。大数据的简单算法可能比小数据的复杂算法更有效,体现在:

①全数据模式(样本=总体),雾霾污染问题的大数据分析包含更多的海量数据,而不再依赖随机采样,通过大数据分析可为雾霾污染联防联控工作的开展带来巨大的价值,大数据技术的核心是挖掘出庞大的数据库独有的价值[18](维克托·迈尔—舍恩伯格,2013)。

②大数据的核心是预测,是建立在海量数据基础上的。系统可以通过一种"反馈学习"机制,利用自己产生的数据判断自身算法和参数选择的有效性,并实时对存量雾霾污染问题的数据进行调整,持续改进自身的表现(盛杨燕、周涛,2013)。

③进行雾霾污染问题大数据的关联分析是预测的关键,大数据注重概率分析而弱化因果关系,通过应用关联分析捕捉现在和预测未来。可以说,在雾霾污染治理方面,大数据作用重大,可带来巨大价值,但必须经过数据的有效整合、分析和挖掘才能释放出来。正是基于我国雾霾污染问题日益严重已接近"生态红线",有关雾霾污染治理的制度设计、政策导向以及防治法律的缺失,雾霾污染海量数据的生成和累计急需大数据技术与思维以及时有效地

反映现状并预测未来,由此引发了我们研究的特有视角(参见图1.1)。

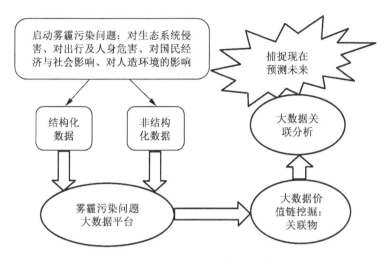

图 1.1　大数据时代雾霾污染问题统计模型

1.1.3　研究目标与研究价值

1. 研究目标

(1)主要目标

在建立雾霾数据采集与污染判断预测的数据分析和算法系统基础上,进行雾霾污染问题的大数据关联性分析,探索区域一体化雾霾治理的有效途径。

(2)具体目标

①基于大数据关联性理论与技术,侧重于数据的处理与表示,主要强调采集、存取、加工和可视化数据的方法;

②研究雾霾成因与后果数据的统计规律,保证雾霾污染问题数据分析和算法系统应用的稳健成长和可持续发展。

(3)重点

如何基于大数据平台深入挖掘潜在价值,通过对关联物进行相关性分析,及时有效地把握与预测雾霾污染问题,提供准确信息。

(4)难点

①哪些数据公司的数据能涵盖雾霾成因、治理与防范措施,进而有效地解决雾霾污染问题;

②大数据处理与分析技术问题;

③如何解决大数据思维与传统样本统计思维的矛盾;

④如何体现涉及雾霾污染问题的大数据价值链,即如何收集有潜在价值的海量数据,深入挖掘其内在价值。

2. 研究价值

(1)学术价值

具有评价与监测的理论意义和参考价值。以计算机科学、信息学、统计学、生态学、系统科学分析理论为指导,摈弃以往传统统计学方法随机样本选取的片面性,通过云计算、系统科学及相关性分析对涉及雾霾污染问题的所有数据进行分析评价,所建立的数据分析和算法系统可以进行雾霾污染问题数据价值链挖掘与判断,预测未来的变化并起到监测的作用;提出的针对雾霾污染问题的"大数据关联性分析理论"对学术界有一定参考价值。

(2)应用价值

第一,有利于政府在制定政策、进行宏观调控时确立雾霾污染治理的目标,尽量减少主观性与盲目性,因此,一个合理的数据分析和算法系统可以起到客观性、科学性的作用。

第二,有利于有效实施区域决策。中国各个区域经济、社会发展水平不同,雾霾污染对环境的影响亦有较大差异。因此,可以对应不同区域构建雾霾污染治理评价系统,显示区域差异与特色。

第三,城市雾霾数据采集与污染判断预测系统可为政府机关、企事业单位提供雾霾数据采集与污染判断预测的应用平台,服务社会。

1.2　研究的思路、方法和内容

1.2.1　研究思路与技术路线

在系统地阅读当今国内外大量文献、统计年鉴和相关分析数据的基础上,以计算机科学、信息学、统计学、生态学、系统科学分析理论为指导,基于大数据平台,应用大数据相关关系、云计算与系统科学等分析方法,针对雾霾污染的成因与治理问题,开发基于数据挖掘用来判断与预测雾霾污染问题的数据分析和算法系统;并对区域性雾霾污染问题进行统计分析,验证大数据相关性分析测度方法的科学性、有效性与普适性,并提出完善雾霾污染治理措施的政策建议,参见图1.2。

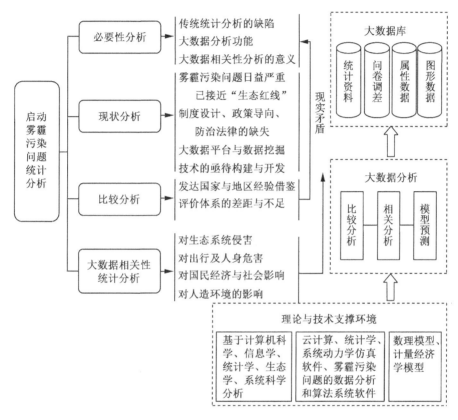

图 1.2　技术路线

1.2.2　研究方法

1. 调查研究法

通过对我国相关部门的调查与沟通,找到有关自变量的量化数据是本书研究的重点与难点。根据具体的量化指标,寻找相关部门,制订操作方案,经过设计方案—实施行动—反思总结三个螺旋式反复实践的环节,找到有用数据,为进一步研究打下基础。

2. 比较分析法

分析归纳雾霾污染治理较发达的欧美地区的运作经验,比较我国雾霾污染治理的差距与不足,并结合国情得出有益的启示。

3. 规范分析与实证分析相结合

具体而言,建立雾霾污染问题的大数据分析和算法系统。国内专家对雾霾污染问题的研究取得了一定成果,但是关于 $PM_{2.5}$ 等雾霾污染对我国生态系统侵害、出行及人身危害、国民经济与社会影响和人造环境影响的研究较少。所以,需挖掘官方已公布的数据(如国家统计局、中国环境统计年鉴、问卷调研、公布的数据⋯⋯),利用传统统计方法(如描述性统计分析、回归分析、时间序列分析、面板数据分析、空间统计学等方法),在分析结构型数据的雾霾污染问题基础上,相机嵌入大数据技术方法分析非结构化数据关联的雾霾污染问题。我们在遵循科学性、系统性、层次性、完整性、独立性和实践性等原则的基础上,建立大数据相关性法、云计算与系统科学等分析方法;还要分别采用重要性评价法、理论分析法、德尔菲法、传统统计法与大数据相关性相结合的方法对评价指标进行设置和筛选。

1.2.3 　研究范围及研究对象

在研究范围和内容的设计上,课题组认为,撰写本报告不需要面面俱到,应抓主要矛盾,并深入剖析以揭示其内在规律。譬如,课题的关键词"雾霾污染问题"的方向;基于传统统计方法对中国雾霾污染问题的研究,主要包括对人类身心健康、对国民经济行业(主要是旅游业、交通运输业及农业)的影响;而基于大数据技术方法对中国雾霾污染问题的研究对象的选择上,鉴于涉及相关领域的国内官方相关关键数据的不公开,致使无法构建海量数据库而只能依靠大数据技术抓取公开非主流数据的现状下,剔除雾霾污染对生态系统和人造环境危害的方面,主要研究对人类身心健康、对旅游业的影响。所以,在建立的雾霾污染大数据平台上,既包括结构型数据库,也增加了非结构型数据库,而非结构型数据库管理主要基于文本数据挖掘方法进行神经网络模型的构建与统计分析。在对雾霾污染问题的区域选择上,课题组选择以雾霾污染较为严重地区——华北区的京津冀、山东、长三角区的上海为研究对象,剔除 $PM_{2.5}$ 浓度较低不构成污染问题的地区。

雾霾的形成主要受气候、地形、人类生产与生活排污等诸多复杂因素的综合影响,从学科分类属性上一般偏向于自然方向及经济方向。为了能够明确知识边界,以便能够在有限的领域内将研究深入,本书的讨论范围主要在雾霾污染对上述研究对象影响程度问题有关的研究与应对方面,而对学术界争论已久或分歧较大的雾霾成因问题,比如自然学科与经济学科领域内的相关问题诸如雾霾发生的自然原因、经济结构调整之类,本书不做分析论述。

1.2.4　研究内容与论文框架

1. 雾霾污染的成因、特征及传导机制分析

首先科学地界定雾霾、$PM_{2.5}$ 等概念,阐述雾霾污染的特性、雾霾污染问题的影响途径以及雾霾污染传导机制。

2. 相关理论基础与测度方法设计

阐述涉及雾霾污染问题相关理论基础,包括社会学、经济学、生态学、统计学、计算机科学、系统科学;分析大数据概念的界定和基本特征;进一步阐述雾霾污染问题的数据分析和算法系统理论与测度方法;归纳并设计基于大数据关联分析的中国雾霾污染问题统计理论。

3. 雾霾污染问题的大数据分析和算法系统的构建

依托雾霾污染大数据平台,进行雾霾污染问题数据库管理,大数据价值链挖掘,通过大数据关联分析、云计算及系统科学方法,依据系统建立的基本原则,建立雾霾污染问题的数据分析和算法系统。海量雾霾污染问题大数据平台总体初步设计框架如图 1.3 所示。

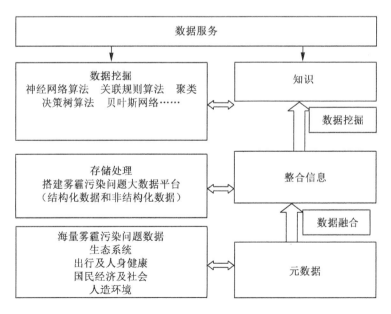

图 1.3　雾霾污染问题大数据平台

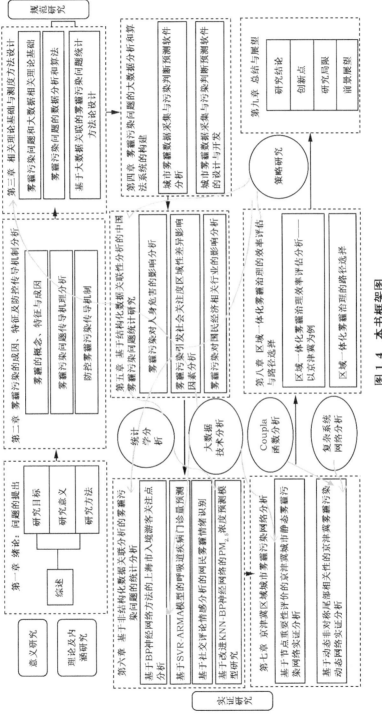

图 1.4　本书框架图

4. 基于结构化数据关联性分析的中国雾霾污染问题统计研究

基于所构建城市雾霾数据采集与污染判断预测软件系统进行数据挖掘，构建结构化数据，应用传统统计学方法，分析雾霾污染对人身危害、引发社会关注度区域性差异、对包括农业和交通运输业以及旅游业等国民经济相关行业的影响。

5. 基于非结构化数据关联分析的雾霾污染问题的统计分析

基于BP神经网络方法的上海市入境游客关注点分析，基于SVR-AR-MA模型的呼吸道疾病门诊量预测，基于社交评论情感分析的网民雾霾情绪识别，基于改进KNN-BP神经网络的$PM_{2.5}$浓度预测模型研究。

6. 京津冀区域城市雾霾污染网络分析

在基于节点重要性评价的京津冀城市静态雾霾污染网络实证分析后，又基于动态非对称尾部相关性进行京津冀雾霾污染动态网络实证分析。

7. 区域一体化雾霾治理的效率评估与路径选择

首先在建立区域一体化雾霾治理效率评估指标体系基础上，以京津冀为例进行案例分析，找出问题与瓶颈，并提出相应的对策和建议；根据分析结论验证大数据关联分析测度方法的科学性、有效性与普适性，提出区域一体化雾霾治理的有效路径。

本书框架参见图1.4。

参考文献

[1]国家发改委. 节能减排形势严峻,产业发展潜力巨大——2013年上半年节能减排形势分析[EB/OL]. [2013 − 07 − 10]. https://www.ndrc.gov.cn/fgsj/jjxsfx/201307/t20130710_1173083.html.

[2]贺泓,王新明,王跃思,等. 大气灰霾追因与控制[J]. 中国科学院院刊,2013,28(3):344−352.

[3]Davis D L. A Look Back at the London Smog of 1952 and the Half Century Since[J]. Environmental Health Perspectives,2002,110(12):A734.

[4]Chass R L,Krenz W B,Nevitt J S,et al. Los Angeles County Acts to Control Emissions of Nitrogen Oxides from Power Plants[J]. Journal of the Air Pollution Control Association,1972,22(1):15−19.

[5]董树屏,刘涛. 用扫描电镜技术识别广州市大气颗粒物主要种类[J]. 岩矿测试,2001,20(3):202−207.

[6]刘田,裴宗平. 枣庄市大气颗粒物扫描电镜分析和来源识别[J]. 环境科学与管理,2009,34(2):151−155.

[7]Chaloulakou A,Kassomenos P,Spyrellis N,et al. Measurements of PM_{10} and $PM_{2.5}$

Particle Concentrations in Athens,Greece[J]. Atmospheric Environment,2003,37(5)：649－660.

[8]Hu S,McDonald R,Martuzevicius D,et al. UNMIX Modeling of Ambient PM$_{2.5}$ near An Interstate Highway in Cincinnati,OH,USA[J]. Atmospheric Environment,2006,40：378－395.

[9]李祚泳,倪长健,丁晶. 粗集理论应用于大气颗粒物的源解析[J]. 四川大学学报(工程科学版),2004,35(4):112－114.

[10]叶文波. 宁波市大气可吸入颗粒物 PM$_{10}$ 和 PM$_{2.5}$ 的源解析研究[J]. 环境污染与防治,2011,33(9)：66－69.

[11]Okamoto S,Hayashi M,Nakajima M,et al. A factor Analysis-multiple Rregression Model for Source Apportionment of Suspended Particulate Matter[J]. Atmospheric Environment. Part A. General Topics,1990,24(8)：2089－2097.

[12]Ho K F,Cao J J,Lee S C,et al. Source apportionment of PM 2.5 in urban area of Hong Kong[J]. Journal of hazardous materials,2006,138(1)：73－85.

[13]邹本东,徐子优,华蕾,等. 因子分析法解析北京市大气颗粒物 PM$_{10}$ 的来源[J]. 中国环境监测,2007,23(2):79－85.

[14]朱志超,孔玲莉,夏锴. 武汉市 PM$_{10}$ 源解析及其对策研究[J]. 环境科学与技术,2009,32(9)：64－67.

[15]Reshef D N,et al. Detecting Novel Associations in Large Data Sets[J]. Science,2011,334.

[16]朱建平,章贵军,刘晓葳. 大数据时代下数据分析理念的辨析[J]. 统计研究,2014,31(2)：10－19.

[17]Grobelnik M. Big-data Computing:Creating Revolutionary Breakthrough in Commerce[EB/OL]. Science and Socitty. 2012. http://videolectures. net/eswc2012 grobelnik big data/.

[18]维克托·迈尔－舍恩伯格、肯尼思·库克耶著,盛杨燕、周涛译. 大数据时代——生活、工作与思维的大变革[M]. 杭州:浙江人民出版社,2013(1)：102.

第二章 雾霾污染的成因、特征及传导机制分析

2.1 雾霾的概念与成因

2.1.1 雾霾的概念与成分

按气象学的定义,雾是近地面层空气中水汽凝结(或凝华)的产物,是由大量悬浮在近地面空气中的微小水滴或冰晶组成的气溶胶系统[1]。按中华人民共和国气象行业标准《霾的观测和预报等级》[2]的定义,霾由包含 PM$_{2.5}$在内的大量颗粒物飘浮在空气中形成。霾是排放到空气中的尘粒、烟粒或盐粒等气溶胶的集合体,是大气污染所致[3]。形成霾的核心物质是空气中的悬浮的灰尘颗粒,称为气溶胶颗粒。气象学上的雾和霾是两种完全不同的气象概念,而一般来讲,雾和霾的区别主要是水分含量的大小:通常将相对湿度大于 90%时的低能见度天气称之为雾,而湿度小于 80% 时称之为霾,相对湿度介于 80%～90%之间时则是霾和雾的混合物共同形成的,称之为雾霾。其具体的区别见表 2.1。

表 2.1　　　　　　　　　　　　　　　　雾和霾的区别

现象	成分	相对湿度	是否可见	能见度	颜色	边界线	主要成因
雾	水滴、水晶	饱和	肉眼可见	<1km	乳白色	清晰	水滴含量多
霾	气溶胶颗粒	不饱和	肉眼不可见	<10km	黄、橙色	不清晰	颗粒物增多

2.1.2　PM$_{2.5}$的定义及其与雾霾的关系

PM(Particulate Matter)是指空气中的颗粒物,根据颗粒物直径的大小可以分为 PM$_{10}$、PM$_{2.5}$、PM$_1$ 等。PM$_{2.5}$ 是指空气动力学直径≤2.5μm 的颗粒物,也叫可入肺颗粒物,它的直径比人头发丝直径的 1/20 还小。直径在 0.1~1μm 的颗粒物在空气中停留一到两周,能传输几千公里。因其可吸入、粒径小、停留时间长、扩散范围广,对人体健康和环境危害较大[4]。PM$_{2.5}$ 的污染源较为复杂,分为自然源和人为源。自然源包括土壤扬尘和自然灾害如森林火灾和火山爆发等的细颗粒物排放等;人为源主要是各种燃料的燃烧和交通运输业的尾气排放等。PM$_{2.5}$ 污染源的复杂性决定了它的化学成分(主要包括元素碳、有机碳化合物、硫酸盐、硝酸盐、铵盐等)的复杂性[5]。PM$_{2.5}$ 对光的散射和吸收效应导致大气能见度降低,对交通运输业和农业都会产生负面影响,高速公路和机场首当其冲;植株的光合作用和呼吸作用受限导致农业也受损。PM$_{2.5}$ 化学成分复杂、且有毒有害物质含量丰富、可入肺,甚至能进入血液循环系统,会对人的身体健康危害严重。

雾霾与 PM$_{2.5}$ 之间不是全等的关系,两者之间有相互促进的作用。雾霾天气能加剧 PM$_{2.5}$ 的集聚,而 PM$_{2.5}$ 也被视为雾霾形成的"元凶"。雾霾主要由二氧化硫、氮氧化物和可吸入颗粒物组成,前两者是气态污染物,后者是细微颗粒物,后者是加重雾霾的重要原因。作为大气中最常见的污染物之一,SO$_2$ 无色有刺激性气味易溶于水,被人体吸入时会在湿润的呼吸道黏膜上生成亚硫酸,亚硫酸是一种酸性腐蚀品,对人的黏膜具有很强的腐蚀作用。氮氧化物主要是指能引起空气污染的 NO 和 NO$_2$,NO 不稳定,可与空气中的氧气反应生成 NO$_2$(具腐蚀性、有毒)。空气动力学粒径小于等于 2.5μm 的颗粒物 PM$_{2.5}$ 则是雾霾中含量最高、危害最大的组成部分。PM$_{2.5}$ 的形成主要与污染源的排放有关,而雾霾的形成除与工业废气排放、汽车尾气排放、建筑扬尘排放等污染源相关之外,与特定的天气条件如静风、逆温等导致的污染物难以扩散关系密切,而一些不利于扩散的地形也是雾霾形成因素之一。

2.1.3　雾霾的危害

雾霾对生态系统、交通系统、经济系统、人的身心健康都会造成负面影响(付文艺、王文鑫,2010[6];王守强,2013[7];滕飞,2014[8])。首先,雾霾成分中的气溶胶粒子经散射作用形成棕色云团,对太阳光照的吸收和散射,削弱了植物的光合作用,雾霾中的有害气体附着于植物表层,影响植物的呼吸作用。削弱植物光合作用和呼吸作用,扰乱植物的正常生长,破坏正常的生态环境。宋聃(2014)[9]指出,首先,雾霾污染会导致生态系统的多样性丧失,不仅削弱生物的生产力,使土壤以及微生物环境恶化,还会降低其在遗传、种群上的多样性。其次,雾霾严重降低大气能见度,影响驾驶速度和安全性,提高交通事故发生的概率。重度雾霾发生时会导致高速公路封闭和飞机迫降,给人们生活带来极大的不便。再次,雾霾污染对工业、农业和旅游业的影响显著。雾霾频发引起社会公众的担忧和政府的重视,雾霾的源头治理、过程控制、排放处理会对工业企业的成本和利润产生影响,工业产业受到更严格的环境规制;雾霾严重时会造成农作物减产,农业受到雾霾污染的危害;一个区域雾霾污染的出现,不仅会导致国内游客大量减少,还会影响入境旅游人数。最后,持续的雾霾天气导致呼吸系统、心血管发病率上升,给人们带来压抑烦闷的心情,使得血压升高,进而导致心理疾病发病率的上升。

2.2　中国雾霾污染的特性

2.2.1　雾霾污染的特性

雾霾污染是一种大气污染状态,是对大气中各种悬浮颗粒物的产生、扩散和危害过程的一种概括。我们不能笼统地将雾霾和雾霾污染等同,雾霾仅仅是一个概念,是对雾和霾形成的混合物的一种统称。而雾霾污染的形成机理牵涉到污染物的来源、扩散方式、危害途径(中介)及造成的影响一系列过程。

1. 季节性

雾霾有很显著的季节性特征,在华北、华东地区,尤以每年冬季11月到次年 1 月最严重。2014 年 4 月—2016 年 12 月,华北平原的三个代表城市 (北京、天津和河北的唐山)秋冬季月均 $PM_{2.5}$ 浓度均超过《环境空气质量标准》(GB3095-2012) 的一级标准值 $35\mu g/m^3$,且其中每个城市的 11 月、12 月 $PM_{2.5}$ 浓度均超过二级标准值 $75\mu g/m^3$,因此秋冬季三个城市都属于超标的污染状况[10]。

2. 频发性

自 2011 年以来,京津冀、长三角和华北等区域频繁出现雾霾污染。孟晓艳等(2014)研究结果表明:2013 年 1 月京津冀地区平均雾霾天数发生了 21.7 天,PM_{10} 月均浓度为 0.317 mg/m^3,$PM_{2.5}$ 为 0.219 mg/m^3,高浓度的颗粒物致使污染物浓度超标严重,气象要素表现为地面风速小、相对湿度高、大气层稳定,更加促进大气污染物累积,并有利于颗粒物吸湿增长,致使空气质量恶化,强雾霾事件频发[11]。

3. 空间集聚和持续性

通过对 2011—2013 年雾霾污染的研究成果推断,$PM_{2.5}$ 值较高的地区主要集中在北京、天津、河北、江苏、山东、上海等经济发达和人口密集省份,该地区不仅经济活动较为密集,而且地理位置接近,雾霾污染呈现出显著的集聚特征(王美霞,2017)[12]。雾霾污染在不同地区间存在较为显著的空间依赖,局部空间自相关检验发现可吸入颗粒物高值集聚主要集中在华北和西北地区,北京、天津、石家庄、济南四市几乎都出现在每年的名单中,研究结果在一定程度上为京、津、冀、鲁屡次成为雾霾重灾区提供了理论依据(卢华、孙华臣,2015)[13]。正是由于空间集聚特征的存在,雾霾防治需要加强区域联防联控。

4. 显著的空间溢出效应

王美霞(2017)研究表明,雾霾污染空间溢出效应随距离变化的趋势:在 1 500 公里范围以内时,雾霾污染的空间溢出效应会随着地理距离的增大而逐渐上升,这可能是由于在大气环流和大气化学的双重作用下,污染物通过远距离的传输,在区域空间充分混合、接触、反应,加重了污染的复合型特征,促使雾霾污染溢出效应增强,并在一定区域范围内向中心集聚,从而加剧了核心区的污染程度。当距离超过 1 500 公里时,雾霾污染的空间溢出效应会逐渐减弱;在 2 500 公里时,溢出效应基本消失,由于空间距离的增加,驱动因素叠加互动的可能性急剧降低,对雾霾的外溢已经不具有推动作用,高污染地区难以远距离扩散。

5. 雾霾污染的驱动因素在于区域间经济结构存在明显差异

对于东部地区,经济发展、交通压力、农业生产是导致其成为高污染区域的主要原因,而自身的产业结构已经优化,能源结构中煤炭消费比重较低,难以对雾霾产生影响(王美霞,2017)。对于中部地区,产业结构、能源结构、农业生产是形成雾霾的关键因素;对于西部地区,产业结构和能源结构是形成雾霾的主要原因,具体来说主要有:东部地区在进行产业结构调整过程中,将高污染、高能耗的企业向中、西部地区转移,而中部、西部地区为实现西电东送,建设大量的燃煤发电厂,将清洁电能输送到东部,而将污染物排放留在了本地(卢华、孙华臣,2015)。

6. 危害的严重性

概括而言,粗放型发展方式下,中东部地区较大的经济规模产生了大量的空气污染物,由于污染物跨区域输送的叠加与反馈作用,使其成为雾霾的重灾区,对城市生态系统、居民出行及身心健康、国民经济和社会造成严重的影响(李小函,2014)[14]。

7. 可控性

2008年周边地区与北京同步实施空气质量保障措施,可吸入颗粒物莫兰指数显著下降。2013年国务院印发的《大气污染防治行动计划》明确提出建立京津冀、长三角区域大气污染防治协作机制,统筹区域环境治理,为未来大气污染防治指明了方向,目前雾霾高发期以上地区的$PM_{2.5}$浓度有明显下降。西北地区也是可吸入颗粒物的高值集聚区,只是该地区经济规模、能源消费总量、汽车保有量、人口密度等因素导致的污染物排放量还不足以引起雾霾的大范围集中出现,但西北地区应防患于未然,避免成为雾霾的下一阵地。

2.2.2　中国雾霾频发的成因分析[15]

1. 高浓度$PM_{2.5}$是根本原因

雾霾中$PM_{2.5}$细小颗粒物,既可作为"凝结核"促成水汽的凝结,又可促进细小微粒的长大。因为$PM_{2.5}$的组成中含有大量人为排放的硫酸盐、铵盐、硝酸盐或有机酸盐等,这些物质都是吸入性很强的物质,很容易促成大气中的细颗粒物的膨胀,最终导致大气灰蒙蒙的一片,形成雾霾。

2. 机动车数量的迅速增加是主要因素

近年来,受雾霾天气影响,全国各省市高速公路局部路段通行受阻,资源流通性明显下降。居民的生活也受到严重影响,究其原因,机动车数量增加造成的车辆尾气排放不容忽视。随着私家车不断增加,汽车尾气的排放量也逐年增加,对空气的污染也呈上升趋势。受到此次雾霾影响,多个省市均列入限号出行行列,这样不仅可以缓解日趋紧张的交通压力,同时也对解决空气污染做出贡献。以上海市为例,上海市大气中的 NO_x 和降雨中的 NO_{3-} 与上海机动车数量呈显著的相关关系,而雾霾中的首要危害粒子 $PM_{2.5}$ 中也含有大量的硫酸盐、硝酸盐、铵盐粒子,有理由相信机动车数量的增加带来的尾气排放增加是造成大气雾霾的一个重要原因。另外,将上海市历年细颗粒物中硝酸盐、硫酸盐的比值作计算并最终绘制成的相关关系图得出,硝酸盐比例的相对增加与大气细颗粒物污染有很强的相关关系,而硝酸盐比例的增加正是机动车辆增加的真实写照,从生物成分分析显示,机动车尾气污染会带来大量的硝酸盐分子。所以我们有理由相信,机动车数量的显著增加是大面积雾霾天气的主要因素。

3. 工业排放的显著增加是不可忽视的来源

影响空气质量的因素,包括燃煤、燃油、燃烧产生的气体、尾气和扬尘。其中工业企业的排放量是最大的,根据我国的产业结构,热电、钢铁、建材都是以煤为主。在查阅我国近年的统计年鉴获知,第二产业仍然是我国的主体产业,虽然第三产业略高于第二产业,但与西方发达国家相比第二产业比重依然较重,几乎占据国内生产总值的半壁江山。我国占比最大的工业细分为重工业与轻工业,通过统计我国工业增加值和轻、重工业增加值发现,采矿业、钢铁制造业、冶炼业等重工业增加值依然很高,这些重工业都会产生大量的硫酸、硝酸、铵盐离子,与大气中的沙尘、海盐、黑炭以及生物排放物一起混合而成复合污染气溶胶,并对光产生了大量的衰减作用,使得大气灰霾一片。我国能源结构不合理,产业结构过分依赖工业,重工业是导致我国空气污染不可忽视的原因。

4. 城市扬尘和建筑粉尘是雾霾的直接推手

城市粉尘和建筑扬尘与空气中的水汽以及工业排污凝结在一起可以加速雾霾的产生,城市粉尘可由多种因素产生,移动源造成的污染不仅体现在移动源本身的排污,还体现在移动源移动带来的灰尘扩散,由于机动车辆的迅速增加,城市扬尘也日益严重,城市交通中心地带往往空气质量较差,灰尘弥漫。建筑施工会产生建筑粉尘,沙石、泥土、水泥等施工材料堆积,如遇有风天气或者移动源行驶经过,粉尘自然飞散开来,造成周围迷茫一片,能见度较低,若此段时间天气潮湿、空气不易流通,雾霾便极易产生。虽然这一因素并不是雾霾产生的必要条件,但足以加速雾霾的到来,加重雾霾严重程度。

城市有关部门可以定期为路面洒水,敦促建筑施工有关方改变工作方法,"轻拿轻放",减少施工材料堆积和挥发。

2.3 雾霾污染问题传导机理分析

雾霾仅仅是一个概念,是对雾和霾形成的混合物的一种统称。而雾霾污染的形成机理牵涉污染物的来源、扩散方式、危害途径(中介)及造成的影响一系列过程。雾霾污染的传导机理如下所示:雾霾污染源→雾霾污染气体排放→雾霾污染的扩散→雾霾污染的危害。

2.3.1 污染物组成

二氧化硫、氮氧化物以及可吸入颗粒物是造成雾霾污染的主要成分。其中,二氧化硫是一种无色有刺激性气味的气体,是大气中最常见的污染物之一。一方面,二氧化硫易溶于水,被人体吸入时会在湿润的呼吸道黏膜上生成亚硫酸,亚硫酸是一种酸性腐蚀品,对人的黏膜具有很强的腐蚀作用;另一方面,二氧化硫在空气中的一些催化剂的作用下会直接生成硫酸,硫酸是酸雨的主要成分,酸雨不仅会导致土壤酸化,对农作物造成损害,还会腐蚀非金属的建筑材料,影响城市景观。

氮氧化物主要是指能引起空气污染的一氧化氮和二氧化氮,主要污染原因是一氧化氮不稳定,可以和空气中的氧气反应生成二氧化氮,二氧化氮是一种具有腐蚀性和有毒性的气体。另外,氮氧化物和碳氢化合物在紫外线照射下会发生化学反应生成有毒的光化学烟雾,该物质会刺激人们眼睛、伤害农作物以及降低大气的能见度。通常氮氧化物都具有一定的毒性,所以也被列入污染物之一。

在雾霾污染物的其他组成成分中,可吸入颗粒物主要指 PM_{10} 和 $PM_{2.5}$。其中 PM_{10} 是指空气动力学粒径小于等于 $10\mu m$ 的颗粒物,也称为飘尘。而我们通常所说的雾霾中含量较高的细颗粒物 $PM_{2.5}$,是指空气动力学粒径小于等于 $2.5\mu m$ 的颗粒物,包含在 PM_{10} 之中。这些可吸入颗粒物很容易被人体吸入,长期积累在呼吸系统中,引发多种呼吸性疾病,尤其是在组成 $PM_{2.5}$ 的成分中,含有大量有毒有害物质,更易对人体健康和环境污染造成危害。

2.3.2　污染来源

雾霾污染物的来源主要是一些人为的因素造成的,其中包括煤炭石油等传统化石能源的消耗、汽车尾气的排放、各种工业和生活废气的排放等。还有一些其他的间接因素如:能源结构、经济发展水平以及环境的自净能力等。

1. 煤炭石油等传统化石能源的消耗

朱成章(2013)[16]通过对我国雾霾形成机制进行研究,认为煤炭和石油的燃烧是导致我国雾霾污染加重的重要原因,并指出防治雾霾污染应先解决好化石能源利用中的环境问题。陈浩等(2014)[17]指出,在 $PM_{2.5}$ 的来源中,燃煤排放占有很大一部分,而且燃煤过程中产生的二氧化硫和氮氧化物排放到大气中后,不仅会造成酸雨和光化学烟雾,还能通过多种方式转化成二次颗粒物。辛天奇(2015)[18]在对北京市雾霾污染的研究中提到,2013 年京津冀地区 $PM_{2.5}$ 主要来源是燃煤产生的污染,约占总量的 34%,第二、第三来源是机动车产生的污染和工业污染,分别占总量的 16% 和 15%。另外,我国的煤炭石油等能源消耗量非常巨大,根据《BP 世界能源统计年鉴》2016 报告,中国 2015 年仍然是世界上最大的能源消费国,占全球消费量的 23% 和全球净增长的 34%。2015 年,世界煤炭产量 80 亿吨,中国煤炭产量达 37.5 亿吨,占世界的 47%。同时,煤炭的消耗量为 39.65 亿吨,同比下降了 3.7%,但仍占世界煤炭消费量的一半。所以,积极改善能源结构,大力开发风能、太阳能和生物质能等清洁能源刻不容缓。

2. 汽车尾气的排放

机动车尾气中包含上百种不同的化合物,其中能对空气造成污染的有固体悬浮微粒、CO、HC、氮氧化物、铅和颗粒物及少量的 SO_2,并且这些都是构成雾霾污染的组成成分,而且 HC 和氮氧化物也可以经过一系列复杂的反应形成光化学烟雾,对空气造成二次污染。除此之外,机动车还直接排放大量人体可吸入颗粒物。刘斯达[19]提出,大型城市(如北京、上海、深圳),交通拥堵严重,汽车等待红绿灯时间较长,会存在汽油不完全燃烧的问题,造成尾气排放量上升,从而导致污染。另外,根据相关研究[20],在 $PM_{2.5}$ 中,北京机动车尾气排放占大气污染物的 23%。关琰珠[21]通过各种方法来解析厦门市大气颗粒物的来源,发现厦门市大气中 NO_2 的来源,机动车占 48.7%。汽车尾气的排放量还将继续增加,据公安部交管局 2016 年发布的统计数据,截至 2015 年底,全国机动车保有量已达 2.79 亿辆,其中汽车 1.72 亿辆,2015

年新注册登记的汽车达 2 385 万辆,保有量净增加 1 781 万辆,均为历史最高水平。若要有效应对雾霾污染,除了靠限制车辆出行来减少污染物的排放外,有关部门还应该采取相应措施提高机动车尾气排放标准,以及开发或者引进高质量的车辆排污系统。

3. 各种废气的排放

除了以上两种雾霾污染来源,最常见的还有工业和日常生活中所排出的各种废气。雾霾污染中的悬浮颗粒物中很大一部分来自工业生产排放的废气(贺丰果,2014)[22],譬如:火电、钢铁、水泥行业、机电制造业的工业窑炉与锅炉,还有大量汽修喷漆、建材生产窑炉燃烧排放的废气。还有部分来自建筑工地和道路交通产生的扬尘以及焚烧秸秆、鞭炮燃放等。工业和交通废气、农业和生活烟雾等污染物排放是城市雾霾的重要来源(严少敏,2015)[23],并且由于烧烤、非法秸秆焚烧等排放废气的活动一般在夜间进行,所以夜间 $PM_{2.5}$ 的浓度通常要高于白天。

4. 其他因素

其他污染的来源包括能源结构、经济发展阶段和环境的自净能力等。刘强、李平(2014)[24]指出,我国环境排放标准偏低,而污染物排放总量远远超过了环境可以消纳的能力,导致生态环境系统的自净能力丧失。王宏杰等(2016)[25]利用国内外权威机构发布的数据,得出人口聚集及城镇化的推进带来的能源消耗会加重雾霾污染,能源领域的技术进步可以在一定程度上缓解雾霾污染。冷艳丽(2016)[26]指出,能源价格的扭曲对雾霾污染具有正向影响,同时,产业结构、房屋建筑和城市化水平等都与雾霾污染显著正相关。根据闫冰(2016)[27]的研究,我国现阶段城市化进程的加快,城市发展中能源结构的不合理,高耗能产业发展迅速等都是造成雾霾污染频发的重要因素。所以,我们亟须转变经济发展方式,调整经济结构,保护生态环境,改善我们的空气质量。

2.3.3　扩散条件

自然因素对雾霾污染的扩散起到了很强的推动作用,其中影响比较大的有静风现象、逆温现象等不利的气象条件。

首先,不利的气象条件能对雾霾污染起到推波助澜的作用。彭应登(2013)[28]通过对北京雾霾形成的原因、$PM_{2.5}$ 的组分特征及其来源进行分析,提出了不利气象条件是北京 2013 年初雾霾天气形成的主要原因。孟妙志、卢晔等(2015)[29]利用气象观测资料和PM$_{2.5}$质量浓度资料,对宝鸡市2013年冬季重度雾霾污染的时空特征进行分析发现:宝鸡市的天气形势(地面关中处于高压底部或高压后部)稳定维持,大气混合层低于700米,相对湿度较大,风速较小,连续无降水日长的天气条件易于加重宝鸡市雾霾污染。

其次,静风和逆温现象的增多阻碍污染物的扩散,加剧雾霾污染的形成。吴庆梅、张胜军(2010)[30]通过分析2005年发生在北京的一次持续雾霾天气过程,得出PM$_{10}$对中低空的扰动很敏感,山谷风对北京郊区的定陵浓度有较大影响,以及山谷风将城区的重污染物吹向郊区。徐扬(2014)[31]在探讨雾霾污染的成因时提到大气在水平方向的静风现象和垂直方向上,逆温现象增多,不利于大气污染物扩散,导致大气污染物聚集,形成雾霾。

再次,地形因素和其他自然灾害等也为雾霾污染的形成提供了方便。李岩、林凌等(2015)[32]通过对福建省地面倒槽型的地形分析,得出福州市的雾霾污染很大一部分来自长江三角洲雾霾污染的输入。刘铁柱(2013)[33]在研究雾霾的成因时分析,近年来,全球气候变暖、干旱天气增多、植被面积减少、沙尘暴持续不断等自然现象导致空气中的细颗粒物增加。岳丽(2007)[34]认为,自然界中的自然灾害如火山喷发、森林大火、裸露的煤源大火等会向大气中输送大量的细粒子,从而对雾霾污染提供了自然条件。

2.3.4 雾霾污染的影响途径

1. 严重影响国民经济各行业的发展,尤其对旅游业和农业等产业产生重大影响

首先,一个区域雾霾污染的出现,不仅会导致国内游客大量减少,还会影响入境旅游人数。

其次,雾霾对农业的影响也不容小觑,污染成分中以一氧化氮和二氧化氮为主的氮氧化物在紫外线的照射下会发生光化学反应,形成光化学烟雾。这种烟雾对植物的伤害极大。

最后,雾霾天气时,空气能见度较弱,流动性差,光照不强,从而影响农作物的光合作用和呼吸作用。

2. 影响社会秩序,主要是对交通业造成严重影响

不仅对空气质量要求较高的公路和航空运输有影响,还对铁路运输有影响。其共同点都是雾霾污染天气造成的能见度降低,从而影响驾驶员的视野

和判断。其中,对于公路运输,强雾霾天气可能导致车辆发生车祸。而对于航空运输,雾霾污染天气直接导致全国多地机场航班的起降受到影响。另外,大部分通过空运的货物无法准时到达,也会间接影响进出口经济。雾霾污染天气下,公路和航空运输的受阻又反过来影响铁路运输,大量客流选择乘坐火车高铁等方式,又会对铁路运输造成新的运输压力。

3. 雾霾对人体的身心健康会产生重大影响

大量研究表明,雾霾中含有的数百种有害颗粒物能直接进入并黏附在人体的呼吸道和肺叶中,尤其以 $PM_{2.5}$ 为主,会极大损害人们的呼吸系统,从而增加患肺癌的风险。此外,雾霾污染天气对人们的心理、情绪等产生的间接影响也不容忽视。雾霾天气空气混浊,阴沉暗淡,人们的情绪极易变得失落,心情烦躁,做起事情来没有精神。

4. 雾霾对整个生态系统也会造成很大伤害

雾霾污染会导致生态系统的多样性丧失,不仅削弱生物的生产力,使土壤以及微生物环境恶化,还会降低其在遗传、种群上的多样性(宋聪,2014)。

参考文献

[1]成都气象学院.气象学[M].北京:农业出版社,1980.

[2]中国气象局.霾的观测和预报等级[S].北京:气象出版社,2010.

[3]张建忠,孙瑾,缪宇鹏.雾霾天气成因分析及应对思考[J].中国应急管理,2014(1):16—21.

[4]Engling G,Gelencser A. Atmospheric Brown Clouds:From Local Air Pollution to Climate Change[J]. Elements,2016(6):223—228.

[5]叶文波.宁波市大气可吸入颗粒物 PM_{10} 和 $PM_{2.5}$ 的源解析研究[J].环境污染与防治,2011,33(9):66—69.

[6]付文艺,王文鑫.雾霾成因、危害及预防方法[J].重庆水利电力职业技术学院,2010,23(2):79—85.

[7]王守强.雾霾的成因危害及防护研究[J].河南省罗山县气象局,2013,8(15):11—17.

[8]滕飞.浅析雾霾天气的成因与危害[J].湖北农场气象站,2014,28(3):18—27.

[9]宋聪.雾霾污染对生物多样性的影响[J].科技创新与应用,2014(17):126.

[10]李亿圣.京津冀典型城市的秋冬季雾霾污染特征及防治措施浅析[J].城市建设理论研究,2018(25):83—85.

[11]孟晓艳,余予.2013年1月京津冀地区强雾霾频发成因初探[J].环境科学与技术,2014(1):190—194.

[12]王美霞.雾霾污染的时空分布特征及其驱动因素分析——中国省级面板数据的空

间计量研究[J]. 陕西师范大学学报(哲学社会科学版),2017,46(3):37—47.

[13]卢华,孙华臣. 雾霾污染的空间特征及其与经济增长的关联效应[J]. 福建论坛(人文社会科学版),2015(9):44—51.

[14]李小函. 重庆雾霾的特征、产生原因及防治对策[J]. 科学咨询,2014(7):17—18.

[15]韩颖. 雾霾成因与产业结构调整研究[J]. 农村经济与科技,2015(7):49—51.

[16]朱成章. 我国防止雾霾污染的对策与建议[J]. 中外能源,2013(6):1—4.

[17]陈浩,骆仲泱,江建平,等. 燃煤$PM_{2.5}$的形成机理及控制方法[J]. 科学,2014(2):24—27.

[18]辛天奇,曲宇慧,张滟滋. 北京市雾霾污染防治立法研究——以《北京市大气污染防治条例》为中心[J]. 法制与社会,2015(12):169—170.

[19]刘斯达. 雾霾形成机理以及治理措施研究[J]. 石化技术,2015(3):61—62.

[20]张小曳,孙俊英. 我国雾霾成因及其治理的思考[J]. 科学通报,2013(13):1178—1187.

[21]关琰珠. 加强雾霾防治机制研究力争从源头减少雾霾污染[J]. 厦门科技,2015(2):11—13.

[22]贺丰果,刘永胜. 减少雾霾污染改善大气环境质量政策建议探讨[J]. 经济研究导刊,2014(1):285—288.

[23]严少敏,吴光. 夜间废气排放加重中国雾霾污染[J]. 广西科学,2015(6):675—680.

[24]刘强,李平. 大范围严重雾霾现象的成因分析与对策建议[J]. 中国社会科学院研究生院学报,2014(5):63—68.

[25]王宏杰,杨留辉. 辽宁城镇化的雾霾污染效应[J]. 现代经济信息,2016(1):498.

[26]冷艳丽,杜思正. 能源价格扭曲与雾霾污染——中国的经验证据[J]. 产业经济研究,2016(1):71—79.

[27]闫冰. 城市雾霾污染及治理措施探讨[J]. 山东工业技术,2016(7):291.

[28]彭应登. 北京近期雾霾污染的成因及控制对策分析[J]. 工程研究,2013(3):233—239.

[29]孟妙志,卢晔,王仲文. 2013年冬季宝鸡重度雾霾污染分析[J]. 陕西气象,2015(3):48—52.

[30]吴庆梅,张胜军. 一次雾霾天气过程的污染影响因子分析[J]. 气象与环境科学,2010(1):12—16.

[31]徐扬. 探析雾霾污染的成因及其控制措施[J]. 能源与节能,2014(4):106—107.

[32]李岩,林凌,杨开甲. 福州市污染日的外来雾霾污染影响[J]. 海峡科学,2015(7):20—23.

[33]刘铁柱. 治好雾霾污染 建设美丽中国[J]. 人大建设,2013(5):26—27.

[34]岳丽. 北京市空气细颗粒物($PM_{2.5}$)污染特征及来源解析[D]. 山东师范大学,2007.

第三章　相关理论基础
与测度方法设计

3.1　引　言

上一章分析了雾霾污染的成因、特征及传导机理。雾霾来自自然因素和人类活动。自然因素包括气候(热带、亚热带、海洋季风等气候,涉及湿度、气温、风向等)、地理环境(地貌特征,包括平原、丘陵、高原、盆地等)。人类活动包括工业生产排放的粉尘与废气、交通工具排放的尾气和生活燃煤排放的烟气等。因自然因素与人类活动所引发的雾霾又导致了对人类身心健康与出行、居住环境、经济相关行业(交通运输、旅游、农业等)、生态系统、社会和谐的危害。因此雾霾污染是涉及人口、环境、经济、社会和相关的方方面面而构成的复杂系统问题。在对上述雾霾污染问题进行统计分析时,涉及社会学、经济学、生态学、统计学、计算机科学、系统科学等跨学科的理论与方法。本章在阐述相关理论基础上,需要总结归纳并设计出大数据关联性分析理论与测度方法。

3.2　雾霾污染问题相关理论基础

3.2.1　雾霾污染问题与社会学

众所周知,严重的雾霾天气会给人的身心健康造成不同程度的伤害与负面影响,也直接或间接地增加社会成本,带来巨大的经济损失。同时以持续大范围的雾霾为特征的重污染过程会引发民众的恐慌心理,甚至影响政府的公信力。从引发雾霾天气的社会因素来看,汽车尾气、生活燃煤废气排放是重要因素,这与人们的环保意识、生活方式及社会道德有关。研究雾霾污染的社会问题自然需要用社会学理论来分析并提出解决问题的路径和政策。从本质上讲,雾霾污染问题是特定社会结构及社会过程的产物,是社会问题。要基于实地研究经验与相关文献材料,试图从社会学的角度探讨雾霾天气频发地区污染加剧且治理难度大的深层社会原因,揭示污染对中国社会结构的影响,探讨国务院正式发布与推进的《大气污染防治行动计划》(2013 年 9 月10 日国发〔2013〕37 号)、《"十三五"节能减排综合工作方案》(2017 年 1 月 5日国发〔2016〕74 号)对区域性雾霾污染联防联控的积极意义、局限和落实效果。

3.2.2　雾霾污染问题与经济学

极端雾霾天气对交通运输、旅游、农业等国民经济相关行业的严重影响和经济损失不可小觑。从引发雾霾天气的经济因素来看,主要是由不合理的能源消费结构、工业粉尘和废气的排放、机械化程度的不断提高以及城镇化发展中的建筑扬尘等综合所致。但从经济学角度,雾霾问题本质上是一种经济负外部性问题。人类的经济行为所关注的是正的经济价值(比如国内生产总值)而忽视了雾霾污染带来的负价值及环境成本。解决区域性雾霾污染问题的途径是建立联防联控联治的合作运行机制,涉及科学技术、政府管理、法律和社会道德,同时也是十分重要的经济问题,需要运用经济学(包括政治经济学、产业经济学、区域经济学、计量经济学、环境经济学、法经济学、福利经济学等)的基本方法进行深入、透彻的分析,提供一个揭示雾霾污染问题全新视野,分析雾霾污染形成的社会经济原因,科学地衡量和评价雾霾污染造成的经济损失,进一步剖析重污染地区雾霾污染的区域性特征与污染控制的属地管理模式的矛盾,找出实现路径。

3.2.3　雾霾污染问题与生态学

严重的雾霾会损害水、土壤和动植物等生态系统单元,甚至会产生污染传递的连锁反应,危害生态平衡。另外,雾霾污染对建筑、人造环境(城镇)也带来危害和负面的影响,致使区域性环境竞争力下降,降低城市的生态、经济、社会持续协调发展的功能。而分析因雾霾污染导致生态系统失衡、环境竞争力与城市综合功能下降的成因、危害程度、生态补偿与恢复等问题离不开生态学(经济生态学、产业生态学、区域生态学、景观生态学、群落和生态系统经济学等)理论的支撑。

3.2.4　雾霾污染问题与统计学

研究主题所属学科是应用经济学下的统计学,自然是以传统意义上统计学范式为基础的应用性研究。一般来说,对雾霾污染问题进行的统计研究,是遵循采集数据、处理数据,找出描述两个随机变量之间统计关系的函数,并验证统计结论的客观性与可靠性。统计学的一个基本原则:即使收集了合理的数据样本,也不应先检验地确定数据要用什么函数去拟合。因为用来拟合数据的函数总是一个"统计假设",要通过对拟合结果的"检验"才能被肯定或被否定。这一个过程是对结构性数据进行描述性统计与检验,而面对大量的样本数据,需要借助最常用的大型统计软件,如 SAS、SPSS、MATLAB、R 语言等,这需要借助计算机科学的理论与方法。

3.2.5　雾霾污染问题与计算机科学

在人类刚进入信息时代时,计算机科学最主要的研究对象或最重要的应用是开发各种软件和应用系统,并不是数据,在行业中重要的目的也不是数据分析。随着互联网、社交网络或移动互联网的发展,人类进入大数据时代,除了存储数据和产生数据之外,计算机科学对数据分析领域最大的帮助就是提供了有力的分析工具。对全国历年、各月甚至每时反映雾霾污染程度大小的空气指标($PM_{2.5}$、PM_{10})、雾霾污染指标(疾病门诊量、健康指标、出入境旅游人数等)可以借助数据科学家应用 Python、Hadoop、Sparks 等软件编写程序代码短时间内从网页公开数据中抓取,也可以进行深度学习进行数据挖掘。

3.2.6　雾霾污染问题与系统科学

雾霾污染是涉及环境、经济、社会等各方面的复杂系统问题。解决复杂系统问题需要用系统科学与系统工程学科来解决。从系统科学与系统工程学科视野来看,复杂系统内的子系统具有自组织、自适应、自协调的特征。而区域性雾霾污染是以各城市节点的子系统所组成的复杂网络系统。从系统科学的层次观点来说,雾霾污染复杂系统都具有层次结构,系统的性质和运动都是按层次展现的,层次间既制约又互动,要从经济社会和自然环境构成的大系统的高层次来分析区域性雾霾污染问题,这里需要先进行各城市节点的子系统之间的静态分布及相关性分析,进而进行动态网络互动研究。而上述研究要在建立理论模型基础上进行网络实证分析,包括采集数据、处理数据、从包含噪声与统计涨落的数据中提取统计规律以及分析它的普遍性或者特殊性,其目的是为了寻找雾霾污染复杂系统演化的普适描述方法和普适动力学机制、借助网络描述揭示系统的重要特征。可以说,基于复杂网络系统模型的雾霾污染问题研究,是传统统计学方法的升华,属于本主题基于大数据关联性分析理论的范畴。

3.3　大数据概念界定和特征分析

3.3.1　大数据内涵

2010 年,Apache Hadoop 定义"大数据"为"通过传统的计算机在可接受的范围内不能捕获、管理和处理的数据集合"。2011 年,麦肯锡咨询公司认为:通过传统的数据库软件不能获得、存储和管理如此大量的数据集,而大数据具备这个能力。据此,大数据包含两个内涵:

第一,符合大数据的标准的原型随着时间的推移和技术的进步正在发生变化;

第二,符合大数据的标准的原型因不同的应用而彼此不同[1]。

3.3.2　大数据基本特征

2001 年 Garflner 分析员道格·莱尼在演讲中指出,数据增长有 4 个方向的挑战和机遇:数量(Volume),即数据多少;多样性(Variety),即数据类型繁多;速度(Velocity),即资料输入、输出的速度;价值(Value),即追求高质量的数据。在莱尼的理论基础上,IBM 提出大数据的 4V 特征[2]:

①数量(Volume)。这是指大数据能处理巨大的数据量(数量的单位从 TB 级别跃升到 PB 级别甚至 ZB 级别)与保障数据完整性。

②多样性(Variety)。随着传感器、智能设备以及社交协作技术的飞速发展,数据也变得更加复杂,因为它不仅包含传统的关系型数据,还包含来自网页、互联网日志文件(包括点击流数据)、视频、图片、地理信息、搜索索引、社交媒体论坛、电子邮件、文档、主动和被动系统的传感器数据等原始、半结构化和非结构化数据。大数据可以发掘这些形态各异、快慢不一的数据流之间的相关性。

③速度(Velocity)。人与人、人与机器之间的信息交流互动,这些都不可避免地带来数据交换。速度快、实时性、智能化是大数据处理技术和传统的数据挖掘技术最大的区别。

④价值(Value)。大数据技术可以将 ZB、PB 级的数据,利用云计算、智能化开源实现平台等技术,提取出有价值的信息并发现规律,促成正确的决策和行动。

3.3.3　大数据技术的理性分析

当前大数据尚不能完全取代传统结构化数据。与传统数据处理类似,大数据的处理流程包括:

①获取相关、有用的数据,并合成便于存储、分析、查询的形式;

②分析数据的相关性,得出属性并预测发展方向;

③采用适当方式展示分析结果。

但截至目前,大数据理论尚在构建之中,其技术与方法并不成熟,技术与方法的应用尚在探索之中,在其发展的过程中还将面临多种挑战;尚未成熟的大数据技术难以从持续剧增的海量数据中准确提取有价值的信息,我们不应绝对依赖或过分夸大其功能。也就是说,尽管大数据关注的非结构化数据的绝对数据量占总数据量的一半以上,但其价值偏低,有效的非结构化数据与结构化数据相比并不占绝对优势,对于某些特定的应用,结构化数据仍然占据主导地位。

3.4 雾霾污染问题的数据分析和算法系统理论与测度方法

3.4.1 雾霾污染问题的数据分析和算法系统理论

1. 复杂网络相关理论

复杂网络是由诸多节点与边所构成,而复杂网络中的一个图 G 可以表示为一个对 (V,E),记为 $G=(V,E)$,其中 V 是节点的集合,E 是边的集合[3]。网络的邻接矩阵 $\mathbf{A}$ 包含了网络最基本的拓扑性质,刻画出各个节点之间的邻接关系。对于无向图中邻接矩阵 $\mathbf{A}$ 的矩阵元 a_{ij} 可以表示成[4]:

$$a_{ij}=\begin{cases}1, & \text{若节点 } i \text{ 与节点 } j \text{ 邻接,} \\ 0, & \text{若节点 } i \text{ 与节点 } j \text{ 不邻接.}\end{cases} \quad \text{式}(3.1)$$

而对于带有权重的无向图中邻接矩阵 $\mathbf{A}'$ 的矩阵元 w_{ij} 可以表示为:

$$w_{ij}=\begin{cases}w_{ij}, & \text{若节点 } i \text{ 与节点 } j \text{ 邻接,} \\ 0, & \text{若节点 } i \text{ 与节点 } j \text{ 不邻接.}\end{cases} \quad \text{式}(3.2)$$

其中,w_{ij} 为节点 i 同节点 j 相互连接时邻接边的权重。

接着,本节将介绍三种常见的节点重要性评价方法:度与集群系数、网络效率与脆弱性及基于度与集群系数的节点重要性综合评价方法。

(1)度与集群系数

节点 i 的度(Degree)可以定义为该节点的所有邻点数之和[5],表示为:

$$k_i=\sum_{j\in\mathbf{A}}a_{ij} \quad \text{式}(3.3)$$

集群系数(Clustering coefficient)描述了一个网络中节点的邻点也互为邻点的比例,即小集团结构的完美程度(何大韧等,2009)。在无权网络中,节点 i 的集群系数可以记为:

$$C_i=\frac{2l_i}{k_i(k_i-1)} \quad \text{式}(3.4)$$

其中,l_i 表示节点 i 的邻点间的总连边数,k_i 表示节点 i 的度。

然而,无权网络只能给出节点间相互作用存在与否的定性描述。在实际的网络中,仅仅考虑节点的连边信息并不能完全体现出网络的全部性质,对节点间相互作用强度的定量分析往往发挥着至关重要的作用[6]。因此,在无权网络集群系数的基础上,进一步考虑了包含边权的加权网络集群系数。Barrat 等人提出一个节点的集群系数可以定义为[7]:

$$C_B^w(i) = \frac{1}{s_i(k_i-1)} \sum_{(j,k)} \frac{w_{ij}+w_{ik}}{2} a_{ij}a_{jk}a_{ik} \qquad 式(3.5)$$

其中,w_{ij} 表示两个节点(i,j)所连边的边权,$s_i = \sum_j w_{ij}$,即节点 i 的所有邻边的边权和,a_{ij} 表示网络无权邻接矩阵的矩阵元,当 $a_{ij}a_{jk}a_{ik} \neq 0$ 时,则表示以节点 i,j,k 为顶点构成了一个三角形,也称为"三环"或"三完全图";当 $a_{ij}a_{jk}a_{ik} = 0$ 时,则表示节点 i,j,k 构成了一个"三元组",即缺少了一边的三角形。三角形与三元组如图 3.1 所示。

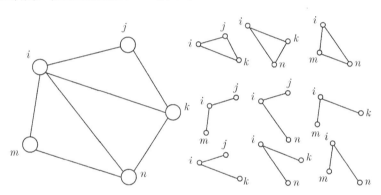

图 3.1　三角形与"三元组"

图 3.1 是一个含有 i,j,k,m,n 五个节点的网络,以节点 i 为例,包含节点 i 一共有三个三角形($\triangle ijk$,$\triangle ikn$,$\triangle imn$)及六个"三元组"(jim,jin,kim,kij,kin,min)。所以在这个无权网络中,节点 i 的度是4,集群系数是0.5。

但 Barrat 所定义的集群系数的值介于 $[0,0.5]$ 之间,因此本书选用了 Holme 等人所提出的加权网络的集群系数[8]:

$$C_H^w(i) = \frac{\sum\limits_{jk} w_{ij}w_{jk}w_{ik}}{\max\limits_{ij} w_{ij} \sum\limits_{jk} w_{ij}w_{ki}} \qquad 式(3.6)$$

其中,w_{ij} 表示两个节点 i 与 j 所连边的边权,若权重 $w_{ij}=0$,则节点 i 与 j 不进行连边,当所有权重 $w_{ij}=1$ 时,则加权网络退化为无权网络。$\max\limits_{ij} w_{ij}$ 是网络中的最大权重。

然而,Holme 所提出的加权网络的集群系数仍存在一定的局限性,这种局限性表现为忽视了节点的度对集群系数的影响。由于一般的集群系数仅考虑了包含网络结构的完美度,当节点的度较小时更倾向有较大的集群系数。以包含八节点的无权网络为例(见图 3.2),在整个网络中,节点 i 的重要性明显大于节点 o 的重要性。但计算退化的加权集群系数发现,节点 o 的度是 3,集群系数等于 0.33,而节点 i 的度是 5,集群系数仅等于 0.3,小于节点 o 的集群系数。显然,仅考虑网络结构的集群系数并不能完全体现出节点的综合重要性。因此,将度的影响纳入集群系数中,构造一个度的权重 $w_i'=ki/\overline{k}$,w_i' 表示是节点 i 的集群系数的权重,ki 为节点 i 的度,$\overline{k}$ 为所有节点的平均度。新的加权集群系数可以记为:

$$C_H^w(i)'=w_i' \cdot C_H^w(i)   \qquad 式(3.7)$$

上式中的权重 w_i' 可以理解成一个修正因子,若节点 i 的度大于平均度,即 $w_i'>1$,则新的加权集群系数比原加权集群系数大;反之,若节点 i 的度小于平均度,即 $w_i'<1$,则新的加权集群系数比原加权集群系数小。这样的修正过程会降低由于度的大小所带来的集群系数出现偏差的问题。同样以图 3.2 为例,计算节点 i 与节点 o 修正后的加权集群系数 $C_H^w(i)'$ 与 $C_H^w(o)'$ 分别为 0.5 和 0.33,表示节点 i 相对于节点 o 更为重要,这也同事实相符。

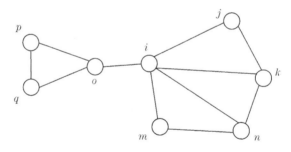

图 3.2　八节点网络图

在修正后加权集群系数的基础上,整个网络的集群系数可以表示成网络中所有节点集群系数的算术平均值,记为:

$$C=\frac{1}{N}\sum_i C_H^w(i)'   \qquad 式(3.8)$$

集群系数能有效地反映整个网络的集聚程度,若网络中某个节点的集群系数大于网络的平均集群系数,则表示在网络中这个节点能对其他相邻节点带来较大的直接影响,即处于相对重要的地位。因此,集群系数在一定程度上能反映出节点的重要性。

（2）网络效率与脆弱性

对于一个无权网络，测地线可以定义为两个节点 i 与 j 之间边数最少的一条道路，而测地线的边数就称为节点 i 与 j 之间的距离 d_{ij}。如果考虑边权，则测地线的长可以定义为两个节点 i 与 j 之间各边权倒数之和的倒数（何大韧等，2009），即：

$$d_{ij}^w = \frac{1}{\sum_{l \in L} \frac{1}{w_l}} \qquad \text{式（3.9）}$$

其中，l 表示"道路" L 上的一条边，w_l 表示这条边的边权。

由于一个城市到另一个城市有众多的连接方式，且经过两个及两个以上城市相连的权重几乎不足以影响两城市节点间的测地线长。因此，本书仅考虑节点 i 与 j 直接相连的"道路" l_{ij}，这里的测地线长就等于权重，记为：

$$d_{ij}^w = \frac{1}{\sum_{l \in L^*} \frac{1}{w_l}} \qquad \text{式（3.10）}$$

其中，l 表示两节点直接相连"道路" L^* 上的一边，w_l 表示这条边的边权。网络效率通常用来衡量网络整体连通性的好坏，网络的整体连通性越好，则网络效率越高[9]。网络效率定义为：

$$E = \frac{1}{N(N-1)} \sum_{i \neq j} \frac{1}{d_{ij}^w} \qquad \text{式（3.11）}$$

根据网络效率可以进一步得到网络中节点的脆弱性，一个节点 i 的脆弱性记为：

$$V_i = \frac{E - E_i}{E} \qquad \text{式（3.12）}$$

上式中的 E_i 表示从网络中去除节点 i 之后的网络整体效率，E 为未去除节点的网络整体效率。由此可知，若 $E_i < E$，则说明去除节点 i 之后的网络整体效率降低，网络的脆弱性增加，因此可以判断节点 i 属于网络中十分重要的节点；反之，若 $E_i \geqslant E$，则说明去除节点 i 之后的网络整体效率提高，网络的脆弱性降低，节点 i 对于整个网络来说发挥着不显著的作用。根据去除节点后的网络效率和脆弱性的变化也可以分析网络中节点的重要性。

（3）基于度和集群系数的节点重要性综合评价方法

度能有效反映一个节点自身的连边状况，却不能反映其邻点的连边状况；与之相反，集群系数能反映一个节点的邻点的连边状况，却不能体现其邻点的规模大小。如果可以将度与集群系数结合起来评价节点的重要性，则会使得节点重要性的评价更为科学、全面。

在此思想上,任卓明等人综合考虑节点的邻点数及其邻点间的连边状况,提出了一种基于度与集群系数的节点重要性综合评价方法[10],其评价指标 P_i 记为:

$$P_i = \frac{f_i}{\sqrt{\sum_{j=1}^{n} f_i^{\,2}}} + \frac{g_i}{\sqrt{\sum_{j=1}^{n} g_i^{\,2}}} \qquad 式(3.13)$$

式(3-13)中, f_i 表示节点 i 的度与其邻点的度之和,即 $f_i = k_i + \sum_{u \in \Gamma(i)} k_u$。其中, k_u 表示节点 u 的度, $\Gamma(i)$ 表示节点 i 的邻点集合。 g_i 可表示为:

$$g_i = \frac{\max_{j=1}^{N}\left\{\frac{c_j}{f_j}\right\} - \frac{c_i}{f_i}}{\max_{j=1}^{N}\left\{\frac{c_j}{f_j}\right\} - \min_{j=1}^{N}\left\{\frac{c_j}{f_j}\right\}} \qquad 式(3.14)$$

上式中的 c_i 为节点 i 的集群系数。

对于式(3-13), f_i 反映的是自身的度与邻点的度的信息,刻画出节点的整体规模。而 g_i 反映的是节点的邻点间的紧密程度,刻画出节点的邻点连通性。使用同趋化函数对 f_i 与 g_i 处理,得到了综合评价指标 P_i。 P_i 越高则说明节点 i 的重要性越强。

2. Copula 函数相关理论

(1)Copula 函数

在线性相关关系的研究中,传统的线性相关系数 ρ 常常被用来刻画变量间线性相关程度的强弱。如果 $\rho = 0$,则说明两者不存在一种线性相关的关系,但并不能证明两者不相关。以 $Y = X^2$ 为例,虽然 X 和 Y 的 $\rho = 0$,但显然 X 与 Y 之间存在明显的非线性相关关系。因此,用传统的线性相关系数 ρ 去度量变量间的非线性相关关系时,往往会得到错误的结论。而在 Copula 函数被提出后,就在非线性相依关系的研究中得到了广泛的应用。

Copula 函数,也称为"连接函数",它可以将多维联合分布表示为一维边缘分布的函数组合,这一过程可借助 Sklar 定理完成[11],二维 Sklar 定理可写成:

$$H(x,y) = C(F(x), G(y)) \qquad 式(3.15)$$

其中, $H(x,y)$ 是随机变量 x 和 y 的二维联合分布函数, $F(x)$ 和 $G(y)$ 分别是 x 和 y 的边缘分布函数, C 表示 Copula 函数。

结合二维 Sklar 定理可将上尾条件概率表示为:

$$P(X>x \mid Y>y) = \frac{P(X>x,Y>y)}{P(Y>y)}$$

$$= \frac{1-F_X(x)-F_Y(y)+C_{XY}(F_X(x),F_Y(y))}{1-F_Y(y)}$$

式(3.16)

进一步,三维条件概率可以通过边缘分布和 Pair-Copula 函数表示为:

$$P(X_1>x_1 \mid X_2>x_2,X_3>x_3)$$

$$= \frac{P(X_1>x_1,X_2>x_2 \mid X_3>x_3) \cdot P(X_3>x_3)}{P(X_2>x_2,X_3>x_3)}$$

式(3.17)

$$= \frac{C_{1,2|3}(F_{1|3}(x_1 \mid x_3),F_{2|3}(x_2 \mid x_3)) \cdot (1-F_3(x_3))}{1-F_2(x_2)-F_3(x_3)+C_{23}(F_2(x_2),F_3(x_3))}$$

Copula 作为一种"连接函数",包含了很多分布族,常见的两个分布族是椭圆分布族和 Archimedean 分布族[12]。椭圆分布族包括正态分布族和 t 分布族,而 Archimedean 分布族中主要的三种 Copula 函数是:Gumbel Copula、Clayton Copula 和 Frank Copula[12]。由于 PM$_{2.5}$ 的浓度分布具有厚尾特征,因此本书采用的是 Archimedean 分布族(见表 3.1)。

表 3.1　　　　　　　　　　　　　三种 Copula 函数

函数名称	函数形式
Gumbel Copula	$C(u,v) = \exp\{-[(-\ln u)^\theta + (-\ln v)^\theta]^{1/\theta}\}$
Clayton Copula	$C(u,v) = [u^{-\theta} + v^{-\theta} - 1]^{-1/\theta}$
Frank Copula	$C(u,v) = -\theta^{-1}\ln[1 + (e^{-\theta u}-1)(e^{-\theta v}-1)/(e^{-\theta}-1)]$

图 3.3 给出了 Archimedean 分布族中主要的三种 Copula 函数的概率密度图,图 3.4 给出了三种 Copula 函数的模拟散点分布图,Copula 函数所连接的两个边际分布函数均为标准正态分布,而参数的选取是基于三个分布的 Kendall 的 τ 为 0.5。

由图 3.3 和图 3.4 可以看出,Gumbel Copula 函数对变量间在上尾部分布的变化较为敏感,因此常用于上尾相关性较强的变量间相关关系的研究;与 Gumbel Copula 函数对应的是 Clayton Copula 函数,它对变量之间在分布的下尾部变化较为敏感,能够捕捉到变量在下尾部的变化特征;而 Frank Copula 函数具有对称的尾部,因此无法描述具有非对称尾部相依结构的变量。

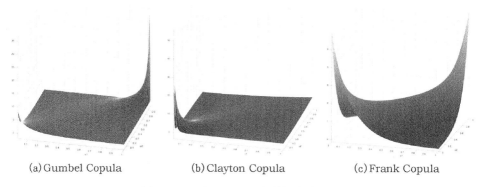

(a) Gumbel Copula   (b) Clayton Copula   (c) Frank Copula

图 3.3　三种 Copula 函数的概率密度图

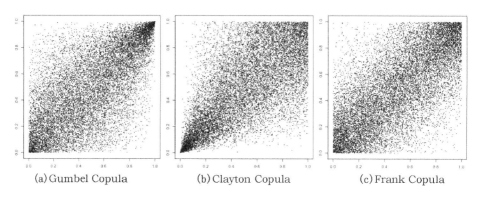

(a) Gumbel Copula   (b) Clayton Copula   (c) Frank Copula

图 3.4　三种 Copula 函数的模拟散点图

　　而为了确定参数 θ 的值,需要进行参数估计。常见的 Copula 函数参数估计方法有极大似然估计法、两阶段估计法、半参数估计法等[13]。本书采用极大似然估计法估计出参数 θ,再通过赤池信息准则(AIC)及贝叶斯信息准则(BIC)对三种 Copula 函数进行检验,得到拟合效果最佳的 Copula 函数。

　　相关性分析多采用相关系数来反映相关程度的强弱。传统的 Pearson 相关系数是用来衡量变量间线性相关程度的指标,且仅适用于服从正态分布的两个变量。而 Copula 函数突破了传统 Pearson 相关系数的局限性,对变量的分布形式没有要求,能够有效地对变量间的非线性相关进行刻画,并能较好地描述变量的非对称性与厚尾性。而 Copula 函数除了能刻画变量间的非线性相关关系外,还有以下诸多优越的性质[14]:

　　①不同于多元联合分布函数受其边缘分布的限制,Copula 函数对于边缘分布的形式没有严苛的要求,即 Copula 函数所连接的边缘分布可以为不

同类型的分布。

②在变量单调递增变换的情况中，Copula 函数的形式不会发生变化，而由 Copula 函数所给出的相关性测度值，诸如 Spearman 的 ρ、Kendall 的 τ 等都不会发生变化，这也使得 Copula 函数计算变量间的非线性相关产生了极大的便利。传统相关系数是关于变量间的线性相关程度的测度，测度值只有在线性变换的情况下才不会发生变化，这也限制了线性相关系数的应用。

③Copula 函数是一种连接边缘分布的函数，其形式不受边缘分布函数的限制。因此，可以将 Copula 函数与边缘分布函数进行分别考虑。

④Copula 函数的形式多种多样，在相依性上，既可为上尾相依，也可为下尾相依，抑或为上尾与下尾相依结合在一起的混合 Copula 形式；在结构上，Copula 函数可以是对称的，也可以是非对称的，甚至可以是半对称与半非对称结合的混合 Copula 函数形式。

（2）Pair-Copula 函数

Copula 函数在非线性相关的研究中具有一定的优势，但是大部分应用都局限在二维 Copula 函数。在高维情况下，多维 Copula 函数并不能准确地捕捉到多变量间复杂的相依结构，在精度和灵活性方面都有所下降[15]。于是，Bedford 等人提出了一种规则藤（Regular Vines）的图论模型来描述 Pair-Copula 分解的逻辑结构[16]。Pair-Copula 的分解存在多种逻辑结构，在规则藤中最常用的是 C 藤（Canonical Vine）和 D 藤（D-Vine），图 3.5 分别是 C 藤和 D 藤的四维结构图。C 藤和 D 藤具有不同的逻辑结构，因此，不同的藤适用于不同的情况。当变量之间存在引导与被引导关系时，即存在一个与其他变量的相关性都很高的主要变量时，使用 C 藤较为恰当；反之，当变量之间相对独立时，使用 D 藤更为恰当。[17]

而对于三维的密度函数，C-Vine 和 D-Vine 的结构完全一致，密度函数可以被分解为[18]：

$$f(x_1, x_2, x_3)0 = f_1(x_1) \cdot f_2(x_2) \cdot f_3(x_3) \cdot c_{1,2}(F_1(x_1), F_2(x_2))$$
$$\cdot c_{1,3}(F_1(x_1), F_3(x_3)) \cdot c_{2,3|1}(F(x_2|x_1), F(x_3|x_1))$$

式(3.18)

则三维条件联合分布函数可以表示为：

$$F(x_1, x_2|x_3) = C(F(x_1|x_3), F(x_2|x_3))$$
$$= C\left(\frac{C_{13}(F_1(x_1), F_3(x_3))}{F_3(x_3)}, \frac{C_{23}(F_2(x_2), F_3(x_3))}{F_3(x_3)}\right)$$

式(3.19)

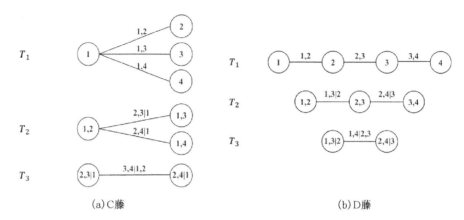

(a) C 藤　　　　　　　　　　　(b) D 藤

图 3.5　四维 C 藤和 D 藤结构图

3. 上尾相关系数相关理论

由于 $PM_{2.5}$ 浓度的上升或下降往往是短时间内的变化,且存在周期性及趋势性的特征,那么仅仅考虑整段时间序列势必会丢失许多信息。而滑动窗口变换法可以将一维的时间序列分解成多维的子序列[19],从而反映出更多 $PM_{2.5}$ 浓度的变化特征。因此本书采用滑动窗口分解原有的时间序列(如图 3.6 所示)。

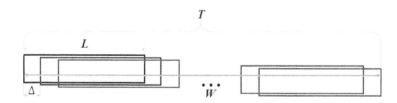

图 3.6　时间序列滑动窗口示意图

考虑 A、B 两个城市日均 $PM_{2.5}$ 浓度时间序列:$C_A = \{c_{A,1}, c_{A,2}, \cdots, c_{A,T}\}$,$C_B = \{c_{B,1}, c_{B,2}, \cdots, c_{B,T}\}$,序列长度为 T。取窗宽为 L 的窗口沿该序列进行滑动,滑动步长为 Δ,这样就可以将原序列转变为 W 个时间片断[20],A 地与 B 地第 k 期的时间片断可表示为:

$$\begin{bmatrix} X_k \\ Y_k \end{bmatrix} = \begin{bmatrix} c_{A,\Delta \cdot (k-1)+1}, c_{A,\Delta \cdot (k-1)+2}, \cdots, c_{A,\Delta \cdot (k-1)+L-1} \\ c_{B,\Delta \cdot (k-1)+1}, c_{B,\Delta \cdot (k-1)+2}, \cdots, c_{B,\Delta \cdot (k-1)+L-1} \end{bmatrix}, k = 1, 2, \cdots, W$$

式(3.20)

同理,两地滞后一期的时间片断为:

$$\begin{bmatrix} X_k^1 \\ Y_k^1 \end{bmatrix} = \begin{bmatrix} c_{A,\Delta \cdot (k-1)+2}, c_{A,\Delta \cdot (k-1)+3}, \cdots, c_{A,\Delta \cdot (k-1)+L} \\ c_{B,\Delta \cdot (k-1)+2}, c_{B,\Delta \cdot (k-1)+3}, \cdots, c_{B,\Delta \cdot (k-1)+L} \end{bmatrix}, k=1,2,\cdots,W$$

式(3.21)

其中，$c_{A,\Delta \cdot (k-1)+L}$ 表示 A 地第 k 期第 $\Delta \cdot (k-1)+L$ 天 $PM_{2.5}$ 浓度值；$W=(T-L)/\Delta+1$，表示时间片段数。

由于一个城市当前的 $PM_{2.5}$ 浓度也与该城市前一期的 $PM_{2.5}$ 浓度相关，为了消除这种自相关，本书构造了上尾相关系数来刻画两个城市间雾霾污染的不对称动态尾部相关性。A 地与 B 地在 t 期的不对称上尾相关系数 $\lambda_{Ut}^{A \to B}, \lambda_{Ut}^{B \to A}$ 可以表示为：

$$\lambda_{Ut}^{A \to B} = P(B_t|B_{t-1},A_t) - P(B_t|B_{t-1}) \qquad 式(3.22)$$

$$\lambda_{Ut}^{B \to A} = P(A_t|A_{t-1},B_t) - P(A_t|A_{t-1}) \qquad 式(3.23)$$

其中，$\lambda_{Ut}^{A \to B}$ 表示 A 地对 B 地的影响，$\lambda_{Ut}^{B \to A}$ 表示 B 地对 A 地的影响。A_t 和 B_t 分别表示 A 地和 B 地在 t 期 $PM_{2.5}$ 浓度大于某一阈值的事件；同样地，A_{t-1} 和 B_{t-1} 分别表示 A 地和 B 地在 $t-1$ 期 $PM_{2.5}$ 浓度大于某一阈值的事件。

根据式(3.16)与式(3.17)进一步对式(3.23)中的两个条件概率进行推导可得：

$$\begin{aligned} P(A_t|A_{t-1}) &= P(X_t > F_1^{-1}(u)|X_{t-1} > F_2^{-1}(v)) \\ &= \frac{P(X_t > F_1^{-1}(u), X_{t-1} > F_2^{-1}(v))}{P(X_{t-1} > F_2^{-1}(v))} \\ &= \frac{1-u-v+C(u,v)}{1-v} \end{aligned}$$

式(3.24)

$$\begin{aligned} &P(A_t|A_{t-1},B_t) \\ &= P(X_t > F_1^{-1}(u_1)|X_{t-1} > F_2^{-1}(u_2), Y_t > G^{-1}(v)) \\ &= \frac{P(X_t > F_1^{-1}(u_1), X_{t-1} > F_2^{-1}(u_2)|Y_t > G^{-1}(v))P(Y_t > G^{-1}(v))}{P(X_{t-1} > F_2^{-1}(u_2), Y_t > G^{-1}(v))} \\ &= \frac{(1-v) \cdot C'\left(\dfrac{1-u_1-v+C''(u_1,v)}{1-v}, \dfrac{1-u_2-v+C'''(u_2,v)}{1-v}\right)}{1-u_2-v+C'''(u_2,v)} \end{aligned}$$

式(3.25)

其中，X_t, X_{t-1}, Y_t 的边缘分布分别是 $F_1(x_t), F_2(x_{t-1})$ 和 $G(Y_t)$；C, C', C'' 和 C''' 分别代表不同的 Copula 函数。

3.4.2　雾霾污染问题的测度方法

1. 传统统计学理论及方法测度雾霾污染问题优缺点

传统的统计可以分为以下几个过程：

①收集数据，即根据目标的要求收集一切相关数据，无论是结构化数据或是非结构化数据；

②处理数据，即根据需要的数据类型按一定的准则对数据进行分类、排序，并排除掉错误数据；

③分析数据，对数据进行适当的处理，得出数据所代表的一种趋势或者是规律；

④解释数据，通过数据所呈现出来的趋势解释出可能的结果或者是原因。

但随着大数据时代的到来，传统统计学也需要进行适当程度的传承与革新。大数据时代是希望通过一定的技术挖掘出依附于海量数据中的价值，从而达到分析、改进、支持、预测的目的。人们借助一定工具对获得的样本数据进行预处理，再利用统计推断（参数估计、假设检验、方差分析、回归分析等）得出我们想要的结果。这一整个过程其实就是挖掘数据潜在价值的过程。

因此传统的统计学与大数据时代下的统计学存在不同之处：

①传统的统计学研究对象是样本，而大数据时代下的统计学随着数据量的增加研究对象成为总体。在没有相应的技术以及设备作为支持以前，传统的统计学缺乏获得总体数据的手段，只能通过数据的随机性，采用抽样调查的方法，希望用随机的样本得出的结果来反映出真实的结果。而随着计算机技术和互联网技术的高速发展，衍生出了云计算（cloud computing）以及分布式数据库（distributed data base）的概念，人们可以通过各种各样的渠道获取不同结构、不同形式的全体数据。观察的数据数目愈大，则抵消个别偶然原因的作用而显露必然性作用的可能性就愈大。

②传统的统计学对数据的精确性有极高的要求，而大数据时代下的统计学则降低了数据精确性的要求。传统的统计学采用抽样的方法，而抽样调查中，一点小小的误差都可能被无限地放大，进而导致对结果带来极大的影响，因此传统的统计学对数据的精确性有着极高的要求，而大数据时代下的统计学随着数据量的增加，个别数据所带来的误差就被减小，最后得到的结果几乎接近真实的结果。因此在大数据时代下，统计中对于数据的精确度方面会

适当地降低要求。

③传统的统计学处理数据的算法相对简单，而大数据时代下的统计学处理数据的算法则极其复杂。由于传统的统计学样本数据基本都是结构化数据，因此处理起来相对较为容易，处理的算法也较为简单。而在大数据时代，数据类型可以分为结构化、非结构化以及半结构化的数据，要处理各种各样类型的数据就不能依靠原有的简单算法，而需要更为深层次的复杂算法。因此在大数据时代下，统计中算法的复杂度也会变得极其复杂。

2. 空间计量学理论及方法的嵌入

由于我国雾霾污染的区域空间性、复杂系统性、协同创新性等特征，因此，在对我国雾霾污染进行区域性研究时，必须纳入地理空间因素。雾霾污染在地理空间上的效应主要表现为空间相关性和空间差异性。空间相关性主要表现为邻近地区的雾霾污染之间存在着相互的关联和影响。空间差异性指空间上的区域缺乏均质性，存在重度污染区域与轻度污染区域空间结构，从而导致雾霾污染问题诸多差异。当空间相关性与空间差异性共同存在时，国内外大量研究证明：传统统计学主要研究"属性"的特征而不涉及属性的空间分布，经典统计方法已不再适用，而空间统计模型或空间计量方法是考察地区间空间依赖性的计量方法（其核心之一是空间权重矩阵的确定）则是处理此类问题的有效办法。因此本主题嵌入空间计量学理论及方法，深入分析论证雾霾污染的统计测度方法，并构建科学、普适性、可操作性的雾霾污染评估体系。

3. 融入大数据技术、应用理论及测度方法的必要性

近年来雾霾问题成为民众关注的焦点。相邻地区发生极端雾霾天气存在一定的相关性，而这种相关性会对相邻地区交通、卫生、农业、旅游等产生一定的影响，因此研究两地发生极端雾霾天气的相关性具有重要的现实意义。以北京、天津为例，采用三年内两地日均 $PM_{2.5}$ 浓度数据作为样本观测数据，针对两地发生极端雾霾天气尾部相关性强的特点，利用 Copula 函数能有效描述变量间复杂相关性的优势，通过极大似然估计得到 Copula 函数，对两地发生极端雾霾天气的上尾条件概率进行分析，同时采用极值理论中的 POT 模型对两地发生极端雾霾天气边际分布函数分别进行估计，最后结合两个边际分布函数与 Copula 函数推导出上尾条件概率公式。利用求得的上尾条件概率公式计算出两地 $PM_{2.5}$ 浓度大于给定值时具体的概率，推论以表明两地发生极端雾霾天气是否存在高度相关性，并结合现有大气污染防治的政策法规提出了促进区域内大气污染防治一体化的几点建议。

　　综上所述,传统统计学方法是大数据技术的前提和基础,大数据技术是传统统计学方法的扩展,传统统计学只解决结构型数据问题而无法解决非结构型数据问题,而摒弃传统统计学方法的大数据技术会成为无源之水或空中楼阁,必须有机结合起来构建方法论体系。本主题所研究的中国雾霾污染问题的测度方法是大数据(广义)关联分析方法,是用来分析结构型数据的传统统计学与分析非结构型数据的大数据技术(狭义)方法的集成,用大数据技术及其软件系统(Python 等)不只抓取搜集海量的非结构性数据(文本、图像等),还快速、实时、准确地抓取、搜集各级政府、企业、事业单位公开发布在互联网上的结构型数据,以建立海量大数据库以供课题研究所用。

3.5　基于大数据关联分析的中国雾霾污染问题统计方法论设计

3.5.1　设计思想

　　通过"时间尺度、空间尺度、政策层面"的三维相关分析、独立性分析和灰色层次分析相融合,建立一套涵盖结构性与非结构性的海量数据库平台,采用云计算、系统科学及相关性统计方法,并辅以云计算、统计学、系统动力学仿真软件、雾霾污染问题的数据分析和算法系统软件,进行数据价值链挖掘,提出具有普适性的雾霾污染问题的大数据关联分析统计测度方法。

3.5.2　Python 技术概述

　　Python 是一种面向对象直译式计算机程序设计语言,也是一种功能强大的通用型、解释型脚本语言,拥有强大的标准库;其核心只包含数字、字符串、列表、字典、文件等常见类型和函数,而由 Python 标准库提供了系统管理、网络通信、文本处理、数据库接口、图形系统、XML 处理等额外的功能,可以应用于 Web 及 Internet 开发、科学计算和统计、人工智能、教育、桌面界面开发、软件开发、后端开发等领域。

3.5.3 大数据挖掘技术

大数据挖掘方法包括:描述和预测。描述性挖掘是利用数据与概念或类的相关性,进行关联性分析,得到数据库中数据的一般特征或规律,进行数据分类,并为这种特征或规律的解释提供数据支持。预测性挖掘是对离散的与连续的目标变量进行分类与回归,计算得到特征或者规律,为现实应用提供现象预测。

3.5.4 机器学习理论

机器学习是赋予机器自主学习能力,它主要使用归纳、综合而不是演绎。从实际操作的角度来说,机器学习是一种通过输入训练集数据,训练出模型,然后使用训练好的模型对测试集进行预测的一种方法。

通常将机器学习分为有监督、无监督、半监督的学习三种[21]。

①有监督学习,主要实现分类问题,即所训练的数据是有标签的。通过有标签的数据集进行训练,之后对无标签的新数据集进行预测,常用的有监督学习算法有:回归、支持向量机、决策树、神经网络等。

②无监督学习,主要实现聚类问题,即所训练的数据集是无标签的,目标是通过模型找到数据的内部结构,常用的无监督学习算法有:聚类算法、降维算法。

③半监督学习,有一小部分数据有标签,另外一大部分数据是无标签的,是一种介于有监督和无监督学习之间的一种机器学习。

3.5.5 人工神经网络理论

人工神经网络(artificial neural network,ANN)是在现代神经科学的基础上发展起来的,能够模拟人脑活动的抽象数学模型(丁建丽,2001)[22]。本书采用的 BP 神经网络是一种按误差逆传播算法训练的多层前馈网络(王钰,2005)[23],通过最速下降法不断调整进而求得最终参数,而无须事前定义好数学方程关系(谢浩,2014)[24]。

1. BP 神经网络

典型的神经网络结构包括 3 层,分别为:输入层、隐含层、输出层。图

3.7 为 BP 神经网络目标信号和网络输出之间误差 Δ 反向传播的示意图。

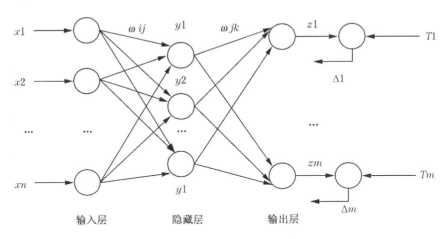

输入层　　　　隐藏层　　　　输出层

图 3.7　BP 神经网络结构示意图

资料来源:王钰,2005;谢浩,2014。

BP 神经网络是先将数据输入模型得到初次误差,接着对其进行反向传播,连续调整并更改网络的连接权值 w,尽量减小误差。其学习过程包括:信号正向传播与误差反向传播。

(1)前向计算

隐层节点的输出为:

$$y_h^k = f\Big(\sum_{i=1}^{N_1} w_{ij.} \cdot x_i^k + \theta_k \Big) \qquad 式(3.26)$$

输出层节点的输出为:

$$\begin{aligned} Z_j^k &= f\Big(\sum_{h=1}^{N_2} w_{jk.} \cdot y_h^k + \gamma_j \Big) \\ &= f\Big(\sum_{h=1}^{N_2} w_{jk.} \cdot f\Big(\sum_{i=1}^{N_1} w_{ij.} \cdot x_i^k + \theta_k \Big) + \gamma_j \Big) \end{aligned} \qquad 式(3.27)$$

(2)反向传播

定义误差函数为:

$$E = \frac{1}{2} \sum_{k,j}^{p,N_3} (T_j^k - Z_j^k)^2 \qquad 式(3.28)$$

其中,x_i:输入层变量,y_h:隐藏层节点的输出,z_j:输出层节点的输出;T_j:目标信号,w_{ij}:输入层节点 i 到隐藏层节点 j 的连接权值,w_{jk}:隐藏层节点 j 到输出节点 k 的连接权值。N_1:输入层节点数目,N_2:隐藏层节点数目,N_3:

输出层节点数目。

最速梯度下降法可以快速找到使得误差达到最小的参数,因此常采用此方法优化权值参数。权值参数的优化总是从输出层开始,然后再修正前一层的权值参数,即先调整 w_{hj} 后调整 w_{ih},这也是反向传播的一个方面体现。

权值调整量为:

$$\Delta w = -\eta \frac{\partial E}{\partial w} \qquad 式(3.29)$$

修正权值为:

$$w = w + \Delta w = w - \eta \frac{\partial E}{\partial w} \qquad 式(3.30)$$

θ_h 为隐层节点 h 的阈值,γ_j 为输出节点 j 的阈值,f 为传递函数,η 为学习步长,P 为样本数,$k=1,2,\cdots,P$。

在正向传播过程中,输入信号从输入层经隐藏层逐层进行传递,直至输出层,每一层神经元的状态只影响下一层神经元的状态,若输出层得不到期望输出,则转入反向传播,以此最小化网络的误差平方和,最终使得预测输出值逼近期望输出值(李廷刚,2019)[25]。

2. 带权重的 KNN-BP 神经网络

单一的 BP 神经网络只能对现有的数据做出简单的预测,没有考虑时序和相关性的影响[26],考虑到历史节点对未来数据的影响,在全部的历史时间窗口内,挑选对当前影响较大的节点,且影响力度应有所不同,因此笔者选用带权重的 KNN-BP 神经网络算法。

(1)挑选近邻

原始数据矩阵为 $X(X_1, X_2, \cdots, X_n) \in \mathbf{R}^D$,其中 n 为样本数,D 为节点的变量数,为每个节点挑选近邻时,以当前节点 X_i 为计算对象,在全部数据集中用 K 近邻算法挑选出距离节点 X_i 欧式距离最近的 K 个节点。KNN是一种分类算法[27],基本思想是:1 个样本与数据集中的 K 个样本最相似,如果这 K 个样本中的大多数属于某个类别,则该样本也属于这个类别。相似性的度量是通过空间内 2 个点的距离来度量的,距离越大表示 2 个点越不相似。距离的选择方法主要采用欧式距离,计算公式如下:

$$d = \sqrt{\sum_{k=1}^{D} (X_{ik} - X_{jk})^2} \qquad 式(3.31)$$

式中:D 为维度数,k 为维度,X_i、X_j 为两样本点,X_{ik}、X_{jk} 为对应的特征值。

（2）计算权重

考虑到相似性越高的节点，即距离 X_i 越近的节点应赋予越大的影响权重，但是在小到一定范围内时应保持特定权重不再变化，可以采用隶属度函数来计算。隶属度函数是指若对论域（研究的范围）U 中的任一元素 d，都有一个数 $A(d) \in [0,1]$ 与之对应，则称 A 为 U 上的模糊集，$A(d)$ 称为 d 对 A 的隶属度。当 d 在 U 中变动时，$A(d)$ 就是一个函数，称为 A 的隶属函数。$A(d)$ 越接近于 1 表示 d 属于 A 的程度越高，$A(d)$ 越接近于 0 表示 d 属于 A 的程度越低。用取值于区间 $(0,1)$ 的隶属函数 $A(d)$ 表征 d 属于 A 的程度高低。常见的隶属度函数有偏小型柯西分布，计算公式如下：

$$A(d) = \begin{cases} 1, d \leqslant a \\ \dfrac{1}{1+\alpha(d-a)^\beta}, d > a, (\alpha > 0, \beta > 0) \end{cases} \qquad 式(3.32)$$

式中，a、α、β 为参数。

最后将 K 个节点按照 X_i 的欧氏距离作为变量计算隶属度权重。

（3）重建 BP 神经网络

将 K 个节点（包含 X_i 本身）赋予隶属度权重后的变量作为 BP 神经网络的输入层数据，并对全部数据集完成上述步骤后建立模型。

3.5.6 长短期记忆网络理论

长短期记忆网络（long short-term memory，LSTM）是一种特殊的循环神经网络[①]，又被称作门限 RNN。初衷是为了缓解 RNN 存在的梯度消失、梯度爆炸等问题，LSTM 比 RNN 更易于学习长期依赖，在 20 世纪 90 年代中期，由德国研究人员 Sepp Hochreiter 和 Jürgen Schmidhuber 所提出并在随后的工作中被许多人改进和推广，在 *Seq2Seq* 问题上得到了良好的预测效果。

LSTM 输入层中的神经元数量等于解释变量的数量，即特征空间的维度，输出层的神经元数量代表输出张量的维度，即预测目标的维度。LSTM 网络的主要特征包含在由存储单元组成的隐藏层中，每个存储单元具有 3 个门，即遗忘门 f_t，输入门 i_t，输出门 o_t，用来维持和调整其单元状态 S_t（参见图 3.8、图 3.9）。门（gates）可以实现让信息选择性地通过，由 sigmoid 层和

---

① 循环神经网络（recurrent neural network，RNN）作为深度学习的一个重要分支，是一类专门处理序列数据问题的神经网络的总称。时间序列数据是指基于某个横截面的同一属性处于不同时期的特征，整个序列波动记录了这一事物或现象随时间的变化趋势。

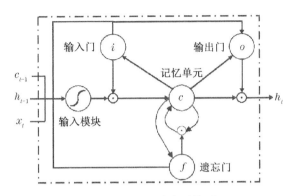

图 3.8　LSTM 内部结构图

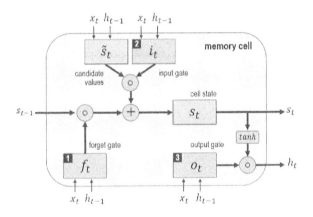

图 3.9　LSTM 流程图

逐点乘法运算组成。sigmoid 向量中的元素均为一个 $0\sim1$ 的实数,调整权重大小来控制信息允许通过多少,当值为 0 时,代表不让任何信息通过,值为 1 代表所有信息不做过滤全部保留。

遗忘门 $f_i^{(t)}$ 控制(时刻 t 和细胞 i)控制渗漏单元,定义哪些信息从细胞状态中移除。

$$f_i^{(t)} = sigmoid\left(\mathbf{b}_i^f + \sum_j U_{i,j}^f x_j^{(t)} + \sum_j W_{i,j}^f h_j^{(t-1)}\right) \qquad 式(3.33)$$

其中,$sigmoid$ 为常见的激活函数,其函数表达式为:

$$y(x) = \frac{1}{1+e^{-x}} \qquad 式(3.34)$$

其导数 $y' = y(1-y)$,$sigmoid$ 激活函数的曲线图如下:

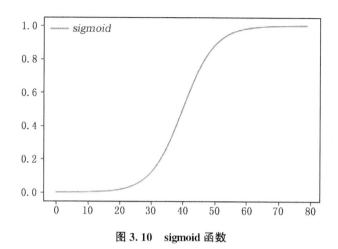

图 3.10　sigmoid 函数

由图 3.10 可以看到,$sigmoid$ 函数是一个 S 型函数,可以将输出平滑且连续地限制在$(0,1)$范围内[28]。在信息科学中,由于其单增以及求导方式简单等性质,可大大提高网络计算速率,$sigmoid$ 函数常被用作神经网络的激活函数。

接着,通过外部输入门(external input gate)单元 $i_i^{(t)}$,决定哪些信息保留下来,指定将哪些信息添加到单元状态。"输入门"的公式如下:

$$i_i^{(t)} = \sigma\left(b_i^i + \sum_j U_{i,j}^i x_j^{(t)} + \sum_j W_{i,j}^i h_j^{(t-1)}\right) \qquad 式(3.35)$$

$o_i^{(t)}$ 为输出门,控制单元状态的哪些信息作为最终输出值,

$$o_i^{(t)} = \sigma\left(b_i^o + \sum_j U_{i,j}^o x_j^{(t)} + \sum_j W_{i,j}^o h_j^{(t-1)}\right) \qquad 式(3.36)$$

其中 b°,U°,W°分别为偏置,输入权重,遗忘门循环权重。

$g_i^{(t)}$ 为输入门相关状态值,通过当前的输入和前一时刻的输出计算而得,在 RNN 中直接拿 $g_i^{(t)}$ 作为输出,$S_i^{(t)}$ 为单元状态值,$h_i^{(t)}$ 为当前隐藏状态的输出:

$$g_i^{(t)} = \tanh\left(b_i^g + \sum_j U_{i,j}^g x_j^{(t)} + \sum_j W_{i,j}^g h_j^{(t-1)}\right) \qquad 式(3.37)$$

$$s_i^{(t)} = f_i^{(t)} \cdot s_i^{(t-1)} + i_i^{(t)} \cdot g_i^{(t)} \qquad 式(3.38)$$

$$h_i^{(t)} = \tanh(s_i^{(t)}) \cdot o_i^{(t)} \qquad 式(3.39)$$

tanh 为另一种常见的激活函数:

$$y(x) = \frac{e^x - e^{-x}}{e^x + e^{-x}} \qquad 式(3.40)$$

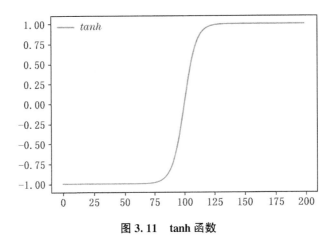

图 3.11　tanh 函数

tanh 是一种双曲函数,其导数为 $y'=1-y^2$,从图 3.11 中可以看到, $y=\tanh(x)$ 是一个严格单调递增的奇函数,可将输出"压缩"至 $(-1,1)$,相比 $sigmoid$ 函数扩大了值域范围从而改进了其变化过于平缓的问题。

倘若将 LSTM 的输入门都设为 1,遗忘门均设为 0,输出门均设为 1,那么此时 LSTM 就几乎等同于 RNN。所以说,RNN 实际上是 LSTM 的一种特殊形式。LSTM 利用"门"机制从而可以"自主"决定当前时刻的输出是由当前时刻的输入决定,抑或是以往任意时刻的输入所决定,从而解决了序列的长期依赖问题。

3.5.7　支持向量机理论

支持向量机理论在 1995 年被 Vapnik 等人在统计学习理论的 VC 维理论和结构风险最小原理基础上率先提出。SVM 拥有较为完整的数学理论及推导过程,在与其他方法的比较中也表现出了较好的推广泛化能力。它在小样本、非线性特征的模式识别问题上也显示出自身极大的优势。SVM 自提出以来就得到了广泛应用,其理论及发展也一直是机器学习领域的研究重点(崔静、刘本永,2001)[29]。

起初,支持向量机是作为一种线性分类算法被提出的。给定训练样本集 $D=\{(x_1,y_1),(x_2,y_2),\cdots,(x_m,y_m)\},y_i\in\{-1,+1\}$,分类学习的基本思路是在样本空间中找到一个基于训练集 D 的划分超平面,将不同类别的训练样本进行分离。如图 3.12 所见(周志华,2016)[30],有许多划分超平面可以将这两类训练样本进行分离,那么在这么多的划分超平面中哪一个是最优的?把分类效果做得最好?

图 3.12　存在多个划分超平面分离两类训练样本

SVM 的不同之处是在这不同的超平面中基于间隔最大化原理找到最优的超平面。此外,SVM 还可以运用核技巧,这使得它不再局限于处理线性问题上。SVM 的学习策略就是间隔最大化,可以将问题形式化为一个求解凸二次规划(convex quadratic programming)的凸优化问题[33]。随着国内外学者对 SVM 的不断深入和创新,SVM 在回归领域得到了广泛应用,被称为支持向量回归机(support vector regression,SVR)算法。这也为支持向量机解决实际预测问题开辟了一些新的途径。在查阅有关 SVR 的文献过程中,发现 SVR 适用于解决一些非线性、小样本的回归预测问题。

为了更加有效地理解 SVM 中寻找最大间隔划分超平面这一概念,先从函数间隔与几何间隔入手,继而通过间隔最大化与对偶问题引出支持向量机的相关概念。

(1)函数间隔与几何间隔

对于已知的训练样本集 D 和超平面(ω,b),超平面有关样本点(x_i,y_i)的函数间隔表达式为:

$$\hat{\gamma_i}=y_i(\omega^T x_i+b)=y_i f(x_i) \qquad 式(3.41)$$

可以看到函数间隔其实就是类别标签与 $f(x)$ 的值的乘积,该值永远是大于等于 0 的,刚好符合了距离的概念。

超平面(ω,b)有关训练样本集 D 的函数间隔是超平面中有关 D 中所有

样本点的函数间隔的最小值,即:

$$\hat{\gamma} = \min_{i=1,2,\cdots,N} \hat{\gamma}_i \qquad 式(3.42)$$

函数间隔可以用来表达分类预测结果的正确性和可靠性,但是仅仅凭函数间隔并不能够选择最优的分离超平面。因为在成比例改变 ω 和 b 的过程中,随之发生变化的只是函数间隔,超平面并没有发生变化。为了解决这个问题,可以选择在分离超平面的法向量上添加一些约束,比如规划 $\|\omega\|=1$,也就是引入几何间隔的概念。

对于已知的训练样本集 D 与超平面 (ω,b),定义超平面有关样本点 (x_i, y_i) 的几何间隔表达式为:

$$\gamma_i = y_i \left(\frac{\omega}{\|\omega\|} x_i + \frac{b}{\|\omega\|} \right) \qquad 式(3.43)$$

其中,$\|\omega\|$ 为 ω 的 L2 范数。定义超平面 (ω,b) 有关训练样本集 D 中样本点之间几何间隔为超平面关于 D 中所有样本点的几何间隔的最小值,即:

$$\gamma = \min_{i=1,2,\cdots,N} \gamma_i \qquad 式(3.44)$$

根据以上定义,如果 $\|\omega\|=1$,那么函数间隔与几何间隔相等。几何间隔和函数间隔的关系是:

$$\gamma = \frac{\hat{\gamma}}{\|\omega\|} \qquad 式(3.45)$$

(2)间隔最大化

相对于训练数据集或者特征空间来说,加入数据时是完全线性可分的,则学习好的模型可以称之为硬间隔支持向量机,除此之外还有软间隔支持向量机(近似线性可分的情况下)、非线性支持向量机这几种方法。SVM 的目标就是要寻找一个使得几何间隔达到最大的超平面,最优化问题可以表示为:

$$\max_{w,b} \gamma \qquad 式(3.46)$$

$$s.t. \quad y_i \left(\frac{\omega^T x_i + b}{\|\omega\|} \right) \geqslant \gamma \quad i=1,2,\cdots,N$$

根据式(3.46)以及函数间隔 $\hat{\gamma}$ 的取值对于最优化问题的求解并不会产生影响。可以取 $\hat{\gamma}=1$,同时将最大化 $\frac{1}{\|\omega\|}$ 转化为等价的 $\frac{1}{2}\|\omega\|^2$,此时式(3.46)可以转化为以下的线性可分 SVM 的最优化问题:

$$\min_{w,b} \frac{1}{2} \|\omega\|^2 \qquad 式(3.47)$$

$$\text{s. t.} \quad y_i(\omega^T x_i + b) - 1 \geqslant 0 \quad i = 1, 2, \cdots, N$$

式(3.47)是支持向量机的基本型。这是一个凸优化问题,同时也是一个凸二次规划问题。

（3）对偶问题

为了对线性可分支持向量机的最优化问题进行求解,可以运用拉格朗日对偶性求解对偶性问题,以此求解。原始问题与其对偶问题思想图(严晨,2018[31];张艳娜,2019[32])如图 3.13 所示。

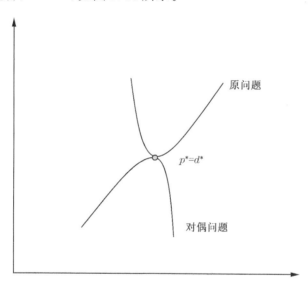

图 3.13　原问题与对偶问题思想图

图 3.13 中的 p^* 代表原始问题的最优值,对偶问题的最优值则用 d^* 来表示,且存在 $p^* \geqslant d^*$,在满足某些条件的情况下,这两者相等,此时就可以通过对对偶问题的求解以此来反映出原始问题。

首先对式(3.47)中的原始问题运用拉格朗日乘子法构造函数如下:

$$L(\omega, b, \alpha) = \frac{1}{2} \|\omega\|^2 - \sum_{i=1}^{N} \alpha_i(y_i(\omega^T x_i + b) - 1) \qquad \text{式(3.48)}$$

原始问题是极小极大问题 $\min\limits_{w,b} \max\limits_{\alpha} L(\omega, b, \alpha) = \frac{1}{2} \|\omega\|^2$。

因此,原始问题的对偶问题是极大极小问题 $\max\limits_{\alpha} \min\limits_{w,b} L(\omega, b, \alpha)$,这里 α_i 是拉格朗日乘子,且满足 $\alpha_i \geqslant 0$,令 $L(\omega, b, \alpha)$ 对 w 和 b 分别求偏导为零可以得到

$$\omega = \sum_{i=1}^{N} \alpha_i y_i x_i \qquad \text{式}(3.49)$$

$$\sum_{i=1}^{N} \alpha_i y_i = 0 \qquad \text{式}(3.50)$$

将式(3.49)与式(3.50)代入 $L(\omega, b, \alpha)$ 中,求解过程如下:

$$L(\omega, b, \alpha) = \frac{1}{2}\|\omega\|^2 - \sum_{i=1}^{N} \alpha_i (y_i(\omega^T x_i + b) - 1)$$

$$= \frac{1}{2}\omega^T \omega - \omega^T \sum_{i=1}^{N} \alpha_i y_i x_i - b \sum_{i=1}^{N} \alpha_i y_i + \sum_{i=1}^{N} \alpha_i$$

$$= \frac{1}{2}\omega^T \sum_{i=1}^{N} \alpha_i y_i x_i - \omega^T \sum_{i=1}^{N} \alpha_i y_i x_i + \sum_{i=1}^{N} \alpha_i$$

$$= \sum_{i=1}^{N} \alpha_i - \frac{1}{2}\left(\sum_{i=1}^{N} \alpha_i y_i x_i\right)^T \sum_{i=1}^{N} \alpha_i y_i x_i$$

$$= \sum_{i=1}^{N} \alpha_i - \frac{1}{2}\sum_{i,j=1}^{N} \alpha_i \alpha_j y_i y_j (x_i, x_j)$$

继续求 $\min\limits_{w,b} L(\omega, b, \alpha)$ 对 α 的极大值,即:

$$\max_{\alpha}\left(\sum_{i=1}^{N} \alpha_i - \frac{1}{2}\sum_{i,j=1}^{N} \alpha_i \alpha_j y_i y_j (x_i, x_j)\right) \qquad \text{式}(3.51)$$

$$\text{s.t. } \alpha_i \geqslant 0, i = 1, 2, \cdots, N$$

$$\sum_{i=1}^{N} \alpha_i y_i = 0$$

从上述间隔最大化的过程中可以求出系数 α_i,并且大多数样本的系数 α_i 为 0,对于少数系数 α_i 不为 0 的样本,我们称之为支持向量(Support Vector, SV)。这些支持向量就是离最优超平面最近的样本点,它们在决策函数中会存在决定性作用。求得最优值 α_i^* 后可以回代得到 ω^* 和 b^*,最终求得分类决策函数为:

$$f(x) = \sum_{i=1}^{N} \alpha_i y_i (x_i, x) + b \qquad \text{式}(3.52)$$

(4)线性支持向量机

在处理线性不可分训练数据的情况时,线性可分的支持向量机方法是不可行的(李航,2012)[33]。但是为了满足函数间隔大于 1 这一约束条件,可以对每一个样本 (x_i, y_i) 都引入一个松弛变量 $\xi_i \geqslant 0$,使得函数间隔与松弛变量相加所得到的值大于等于 1,此时约束条件变成:

$$y_i(\omega x_i + b) \geqslant 1 - \xi_i \qquad \text{式}(3.53)$$

此时,目标函数变成:

$$\min_{\omega,b}\frac{1}{2}\|\omega\|^2+C\sum_{i=1}^{N}\xi_i,C\geqslant 0 \qquad 式(3.54)$$

在式(3.54)中,C 是惩罚参数且满足 $C\geqslant 0$。C 的值越大就表示被错误分类的惩罚越大,即模型的精度越高,得到的结果越好。当 $C\to\infty$ 时,线性 SVM 会降为线性可分 SVM,表示此时不能分错训练数据。如果数据存在过拟合的风险,或者想要模型的泛化能力好一些,可以将惩罚参数 C 的值适当调小。

线性 SVM 的目标函数可以写成:

$$\min_{\omega,b}\frac{1}{2}\|\omega\|^2+C\sum_{i=1}^{N}\xi_i \qquad 式(3.55)$$
$$\text{s. t.}\quad y_i(\omega^*x_i+b)\geqslant 1-\xi_i,i=1,2,\cdots,N$$
$$\xi_i\geqslant 0,i=1,2,\cdots,N$$

仍然可以使用拉格朗日乘子法解决,带松弛因子的 SVM 朗格朗日函数为:

$$L(\omega,b,\xi,\alpha,\mu)=\frac{1}{2}\|\omega\|^2+C\sum_{i=1}^{N}\xi_i$$
$$-\sum_{i=1}^{N}\alpha_i(y_i(\omega^*x_i+b)-1+\xi_i)-\sum_{i=1}^{N}\mu_i\xi_i$$
$$式(3.56)$$

对 ω、b 和 ξ_i 分别求偏导,得到:

$$\frac{\partial L}{\partial \omega}=0\Rightarrow\omega=\sum_{i=1}^{N}\alpha_i y_i x_i$$

$$\frac{\partial L}{\partial b}=0\Rightarrow\sum_{i=1}^{N}\alpha_i y_i=0$$

$$\frac{\partial L}{\partial \xi_i}=0\Rightarrow C-\alpha_i-\mu_i=0$$

将上述三个结果回代到 L 中,继续简化,得到:

$$\min_{w,b,\xi}-\frac{1}{2}\sum_{i=1}^{N}\sum_{j=1}^{N}\alpha_i\alpha_j y_i y_j(x_i,x_j)+\sum_{i=1}^{N}\alpha_i \qquad 式(3.57)$$

对式(3.57)求关于 α 的极大值,得到:

$$\max_{\alpha}-\frac{1}{2}\sum_{i=1}^{N}\sum_{j=1}^{N}\alpha_i\alpha_j y_i y_j(x_i,x_j)+\sum_{i=1}^{N}\alpha_i \qquad 式(3.58)$$
$$\text{s. t.}\quad \sum_{i=1}^{N}\alpha_i y_i=0$$

$$0 \leqslant \alpha_i \leqslant C, i = 1, 2, \cdots, N$$

整理一下可以得到对偶问题：

$$\min_{\alpha} \frac{1}{2} \sum_{i=1}^{N} \sum_{j=1}^{N} \alpha_i \alpha_j y_i y_j (x_i, x_j) - \sum_{i=1}^{N} \alpha_i \qquad 式(3.59)$$

$$\text{s. t.} \sum_{i=1}^{N} \alpha_i y_i = 0$$

$$0 \leqslant \alpha_i \leqslant C, i = 1, 2, \cdots, N$$

计算

$$\omega^* = \sum_{i=1}^{n} \alpha_i^* y_i x_i \qquad 式(3.60)$$

$$b^* = \frac{\max\limits_{i: y_i = -1} \omega^* x_i + \min\limits_{i: y_i = 1} \omega^* x_i}{2} \qquad 式(3.61)$$

求得分离超平面 $\omega^* x + b^* = 0$。

最终分类决策函数为 $f(x) = sign(\omega^* x + b^*)$。

（5）核函数

核函数的理论渊源比较古老，可以追溯到 1909 年 Mercer 提出的核的定理和条件；1992 年，Vapnik 等人利用核函数的技术优势成功处理了 SVM 的非线性问题。根据模式识别方面的理论研究，将非线性映射到高维特征空间，可以实现低维空间的线性可分离目的。然而，如果直接在高维特征空间中对核函数进行分类或者回归的操作，则会出现非线性映射函数的形式和参数、特征空间维数等难题。其中难度最大的就是在高维特征空间中进行运算时存在的"维数泛滥"情况。通常的做法就是选择一个函数 $\varphi(x)$ 将 x 映射到另一个空间中，核心就是如何选择 $\varphi(x)$，一般有三种方法：①核函数；②手动设计；③深度学习。一般采用第一种方法来处理维度泛滥问题（张如艳，2011；张兴，2018）[34—35]。

假设 $x, z \in X$，且 X 属于 $R(n)$ 空间，非线性函数 Φ 可以实现从输入项 X 到特征空间 F 之间的映射，其中 F 属于 $R(m), n \ll m$。依据核函数技术存在：

$$\kappa(x, z) = (\Phi(x), \Phi(z)) \qquad 式(3.62)$$

其中 $(,)$ 为内积，$\kappa(x, z)$ 为核函数。

核函数方法的广泛应用与其自身特点是密不可分的。

①核函数的引入避免了"维数泛滥"的问题，有效减少了中间过程的计算复杂度。并且输入空间的维数 n 对核函数矩阵并没有产生影响，因此核函数

可以用来处理高维度的输入问题。

②不需要对非线性变换函数 Φ 的形式以及参数进行研究。

③核函数形式和参数的变化会在潜移默化中改变从输入空间到特征空间过程的映射,从而对特征空间的性质发生影响,最后影响多种核函数的性能。

④核函数可以运用于不同的算法,从而形成各种不一样的基于核函数的算法。同时这两部分设计可以单独进行,并且可以帮不同的应用情况选用适合的核函数及算法。

核函数的选择并不很难,只要满足 Mercer 定理的函数就可以作为核函数[36]。常用的核函数及表达式可见表 3.2:

表 3.2   常用核函数及内容

名称	表达式	参数
线性核	$\kappa(x,y) = x^T y + c$	
多项式核	$\kappa(x,y) = (ax^T y + c)^d$	$d \geqslant 1$ 为多项式次数
高斯核(RBF)	$\kappa(x,y) = \exp\left(-\dfrac{\|x-y\|^2}{2\sigma^2}\right)$	$\sigma > 0$ 为高斯核的带宽
拉普拉斯核	$\kappa(x,y) = \exp\left(-\dfrac{\|x-y\|}{\sigma}\right)$	$\sigma > 0$
Sigmoid 核	$\kappa(x,y) = \tanh(ax^T + c)$	Tanh 为双曲正切函数

3.6   本章小结

本章首先在借鉴前人研究成果的基础上,阐述了涉及中国雾霾污染问题的跨学科的基础理论,探讨了解决中国雾霾污染问题的测度方法,具体分析了传统统计学理论及方法测度雾霾污染问题的优缺点,进一步引入大数据概念继而构建数据分析和算法系统及设计其测度方法,以解决非结构型数据统计问题。解决中国雾霾污染问题所应用的"大数据关联性分析理论",包括:基于数学的 Copula 函数、上尾相关系数理论,基于传统统计学的相关性理论,基于系统科学的复杂网络系统理论,基于大数据技术的机器学习、人工神经网络及长短期记忆网络、支持向量机等大数据关联理论等。建立一套涵盖结构性与非结构性的海量数据库平台,采用云计算、系统科学及相关性统计方法,并辅以云计算、统计学、系统动力学仿真软件、雾霾污染问题的数据分析和算法系统软件,进行数据价值链挖掘,提出具有普适性的"大数据关联分析统计测度方法"。

参考文献

[1]麦肯锡咨询公司.海量数据,创新、竞争和提高生产率的下一个新领域[EB/OL].2011—05—12. https://wenku. baidu. com/view/37d199671cd9ad51foldc281e53a580216fc5ob9. html.

[2]Michael Wessler. Big Data Analytics for Dummies[M]. New Jersey: John Wiley&Sons, INC. 2013.

[3]杨博,刘大有,Liu J,等.复杂网络聚类方法[J].软件学报,2009,20(1):54—66.

[4]何大韧,刘宗华,汪秉宏.复杂系统与复杂网络[M].北京:高等教育出版社,2009:117—119.

[5]刘建国,任卓明,郭强,等.复杂网络中节点重要性排序的研究进展[J].物理学报,2013,62(17):178901.

[6]李梦辉,樊瑛,狄增如.加权网络的结构、功能和演化[A].第三届全国复杂网络学术会议文集[C].香港:上海系统科学出版社,2008:107—143.

[7]Barrat A,Barthelemy M,Pastor-Satorras R,et al. The architecture of complex weighted networks [J]. Proceedings of the National Academy of Science of the United States of America,2004,101(11):3747—3752.

[8]Holme P,Park S M,Kim B J,et al. Korean university life in a network perspective: Dynamics of a large affiliation network [J]. Physica A:Statistical and Theoretical Physics, 2007,373:821—830.

[9]Vragovic I,Louis E,Diaz-Guillera A. Efficiency of informational transfer in regular and complex networks [J]. Physical Review E,2005,71(3):036122—036131.

[10]任卓明,邵凤,刘建国,等.基于度与集群系数的网络节点重要性度量方法研究[J].物理学报,2013,62(12):128901.

[11]王丽芳.Copula分布估计算法[M].北京:机械工业出版社,2012:26—27.

[12]吴建华,王新军,张颖.相关性分析中Copula函数的选择[J].统计研究,2014,31(10):99—107.

[13]于波,陈希镇,杜江.Copula函数的选择方法与应用[J].数理统计与管理,2008,27(6):1027—1033.

[14]李霞.Copula方法及其应用[M].北京:经济管理出版社,2014:4—5.

[15]胡祥,张连增.极值Copula的统计推断及实证研究[J].数理统计与管理,2017,36(1):151—161.

[16]Bedford T,Cooke R M. Vines:a new graphical model for dependent random variables [J]. Annals of Statistics,2002,30(4):1031—1068.

[17]Sukcharoen K,Leatham D J. Hedging downside risk of oil refineries：A vine copula approach [J]. Energy Economics,2017,66：493—507.

[18]韩超,严太华. 基于高维动态藤 Copula 的汇率组合风险分析[J]. 中国管理科学,2017,25(2)：10—20.

[19]Zhou L,Qiu L,Gu C G,et al. Immediate causality network of stock markets[J]. Europhysics Letters,2018,121(4)：48002.

[20]Qiu L,Gu C G,Xiao Q,et al. State network approach to characteristics of financial crises[J]. Physica A：Statistical Mechanics and its Applications,2018,492：1120—1128.

[21]王志昊,王中卿. 面向半监督情感分类的特征选择方法研究[J]. 中文信息学报,2013,27(6)：96—102.

[22]丁建丽,塔西甫拉提特依拜,刘传胜. 人工神经网络模型及其在遥感中的应用[J]. 新疆大学学报(理工版),2001(3)：269—276.

[23]王钰,郭其一. 基于改进 BP 神经网络的预测模型及其应用[J]. 计算机测量与控制,2005(1)：39—42.

[24]谢浩. 基于 BP 神经网络及其优化算法的汽车车速预测[D]. 重庆：重庆大学,2014.

[25]李廷刚,陈勇. 基于 BP 神经网络的合金收得率预测模型[J]. 山西冶金,2019(3)：15—16.

[26]Zheng Y,Yi X W,Li M,et al. Forecasting Fine-grained Air Quality based on Big Data[M]. Sydney：Association for Computing Machinery,2015：1231—1239.

[27]Zheng Y,Capra L,Wolfson O,et al. Urban Computing：Concepts,Methodologies and Applications[J]. ACM Transaction on Intelligent Systems and Technology,2014.

[28]Jun H,Claudio Morag. The Influence of the Sigmoid Function Parameters on the Speed of Backpropagation Learning[J]. Natural to Artificial Neural Computation,1995：195—201.

[29]崔静,刘本永. 基于分组 SVR 和 KNR 的单帧图像超分辨[J]. 计算机工程与应用,2012(23)：185—190.

[30]周志华. 机器学习[M]. 北京：清华大学出版社,2016.

[31]严晨. 基于混合模型的水果需求量预测应用研究[D]. 合肥：安徽工业大学硕士论文,2018(5).

[32]张艳娜. 互联网金融中基于 GBDT 的三类信用风险度量及其驱动的海萨尼转换[D]. 武汉：武汉科技大学硕士论文,2019(5).

[33]李航. 统计学习方法[M]. 北京：清华大学出版社,2012.

[34]张如艳,王士同. t 分布下基于核函数的最大后验概率分类方法[J]. 计算机应用,2011(4)：1079—1083.

[35]张兴. 基于转移学习的单分类的研究与应用[D]. 大连：大连理工大学硕士论文,2018(6).

[36]李硕. 客运专线管桩复合地基沉降特性及预测方法研究[D]. 北京交通大学,2017.

第四章 雾霾污染问题的大数据分析和算法系统的构建

4.1 引 言

本章依托雾霾污染大数据平台,进行雾霾污染问题数据库管理和大数据价值链挖掘,通过大数据关联分析、云计算及系统科学方法,依据系统建立的基本原则,建立雾霾污染问题的数据分析和算法系统。

海量雾霾污染问题大数据平台总体初步设计框架如图 4.1 所示。

4.1.1 系统设计与开发的背景

随着中国经济迅速发展,人们生活水平逐渐提高,工厂和汽车的数量也在急速增加,工厂废气的排放和汽车的尾气等原因对国内的空气质量造成了很严重的影响。雾霾主要是由空气中 $PM_{2.5}$、PM_{10} 等颗粒物的存在。有研究表明,$PM_{2.5}$ 来源非常复杂,既有煤炭燃烧、汽车尾气、沙尘暴等原因直接造成排放的细颗粒物,也有空气中二氧化硫、氮氧化物和其他的一些挥发性有机物在发生各种复杂的化学反应后转化再形成的二次细颗粒物。AQI 指数的评价因子包括二氧化硫、臭氧、氮氧化物、一氧化碳、PM_{10}、$PM_{2.5}$ 等。2015 年柴静拍摄了纪录片《穹顶之下》,阐述近几年来中国日益严重的雾霾情况。她在采访中表示,她的女儿在没出生前便患有肿瘤,一出生就开始接

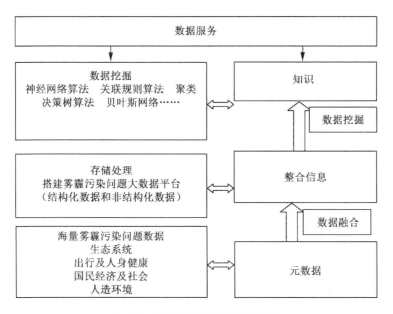

图 4.1　雾霾污染问题大数据平台

受手术治疗,这也促使她对雾霾的情况展开调查。在一年的调查中,她围绕"什么是雾霾? 雾霾从哪儿来? 我们该怎么应对雾霾?"进行了一系列调查。柴静亲自去多个污染严重的现场寻找雾霾的根源,并前往多个国家实地拍摄各地对雾霾的治理经验。在这部纪录片中,她描述了雾霾的状况、起因以及我们的应对措施。中国近几年的经济增长迅速,工厂数量也在逐渐增加,但是由于工厂对废气的排放量以及工业加工生产中对污染气体的排放没有控制等原因,导致近几年的雾霾状况严重加剧,也正因为近年来雾霾情况的迅速发展,让人们开始重视空气质量的情况。

　　在寻找和查看了多个 $PM_{2.5}$ 以及空气质量的网站后发现,在现在 $PM_{2.5}$ 查询网站上,可以实现空气质量查询并不少见,但是很少有把相关的数据用图表的形式来展现的,本软件旨在将城市雾霾的数据通过分析用可视化的方法来展现大量的数据,让广大群众能对过去雾霾的情况趋势有更加直观的了解。该系统不仅可以满足普通群众对空气质量有所了解的需求,也提供数据下载,满足专业人士的需求,根据各自的需要对数据进行分析。

　　而在数据采集和分析领域,通过一些网络手段来获取数据,并通过各种分析方法来对所获得的数据进行分析。该系统采用网络数据采集。网络数据采集,又称为网页抓取,是一种通过从目标网页上获取需要的信息,在经过一定的处理之后,使获取的数据成为可用的数据。该系统用了 Python 来获取网页上的空气质量各指数,并使用百度地图的 API(Application Programming Interface)来展现可缩放的世界地图,来实现热力图。API 是应用程序编程接口,通过预先定义的函数,提供应用程序,让开发人员可以在无须访问源码的情况下访问一组例程。

API 与网络数据抓取的区别在于:①网站没有基础设施或技术能力去建立一个 API。②想要的数据非常小众化,网站没有特地建立的 API。③想要收集的数据来自多个不同的网站,没有一个可以综合各个网站数据的 API。并且,API 即使存在,也可能受到请求内容和次数的限制,API 可以提供的数据类型或者数据格式也可能无法满足我们的需求。如果存在 API,则 API 比写一个网络爬虫程序来获取数据更加方便,但是很多情况下,我们需要的API 并不存在。

4.1.2　系统设计与开发的目的

该系统设计与开发的目的在于对获取的雾霾数据进行分析,并将数据通过可视化显现出来,使得雾霾数据的走势更加明了,并通过分析获得对雾霾影响最大的污染物。

(1)通过数据分析软件 SPSS 和数据可视化软件 Tableau,对雾霾数据进行分析和可视化,令雾霾数据更加易懂明了,并且可以预测雾霾的发展趋势。

(2)通过热力图的显示,用不同的颜色表示不同程度的雾霾情况,表现出各个城市雾霾的严重程度。

(3)查询城市雾霾相关的科普知识。通过模块展示城市雾霾形成的各种原因、主要因素,以及各类污染物对城市空气污染的程度,让大家对城市雾霾的形成因素以及影响等有一个基本的认识,同时也让人们认识到雾霾对城市的影响之大,掌握一些防范措施。

(4)搜索城市的雾霾指数。通过对雾霾数据的分析,列出雾霾最严重的城市和空气质量最优的城市。

(5)用户注册和登录账号。新用户可以注册并登录账号,在登录后可以查看网页上的内容,并且可以下载 Excel 形式的数据。用户在注册时如果登录名已存在,则注册不成功。在登录时,如果用户名或密码有误,也不能登录成功。用户每次登录时,都会将登录名和登录时间读入登录记录表中。

(6)数据的上传以及下载。用户在登录账号之后,可以将网页的数据下载为 Excel 文件。管理员可以在登录后上传数据文件以供下载。

（7）区分各类用户的权限。游客可以查看和访问数据,已登录用户可以查看数据并且下载相关数据文件,管理员 admin 账户可以上传数据文件。

（8）预测雾霾情况的趋势。根据已有数据的雾霾情况,推测在类似天气情况和雾霾情况下的雾霾数据的走势,通过对折线图和各种可视化图表的分析,大致预测之后几天的空气质量走势。

4.1.3　系统设计与开发的意义

雾霾数据的来源是通过 Web 数据抓取来进行雾霾数据的采集,通过 Python 爬取,并且存入 Excel 表格中。目前有很多网站都有雾霾数据的查看功能,但是很少有网站通过各种可视化的方法来体现雾霾数据。单纯的数据文件虽然准确,却不能让人们对其数据的走势有大致的了解,很多人也不会花费时间来仔细查看大量的雾霾具体数据。综上所述,从市场需求和发展前景的角度来看,城市雾霾数据采集与污染判断预测软件是有意义的,既可以满足大众对雾霾数据的大致了解,也可以满足需要查看和下载详细数据的群体。同时也让人们可以对现在的雾霾情况有清楚的认识,在生活中从自我做起,减少生活中的碳排放,企业也能够严加管制工程废气的排放量。

4.1.4　软件源文档组织架构说明

该软件源文档分为两部分:非正文部分和正文部分。

非正文部分包括承诺书、摘要、目录、参考文献以及两个附录。其中附录一是 Python 爬虫部分的代码,附录二为利用 IE 浏览器前台读取 Excel 部分的代码。

正文分为七部分,主要内容如下:

①描述系统分析与设计的背景、目的和意义。

②城市雾霾数据采集与污染判断预测软件的可行性分析。从经济可行性、技术可行性两方面来描述该城市雾霾数据采集与污染判断预测软件的可行性。

③城市雾霾数据采集与污染判断预测软件开发理论与工具的描述和介绍。

④利用面向对象方法的分析阶段,内容包括各项信息系统分析的方法

（该系统选择的是面向对象的系统分析方法），以及 UML 图。

⑤城市雾霾数据采集与污染判断预测软件的界面设计、数据库设计以及功能模块的开发，主要包括系统中运用到的软件、语言以及方法的具体内容。

⑥城市雾霾数据采集与污染判断预测软件中数据采集、数据可视化以及数据分析模块，主要包括 Python 爬虫脚本、动态热力图的显示以及数据分析的结果及分析。

⑦本软件开发的总结、评价与难点。表述在整个软件开发设计过程中的收获、感受，并进行全面的评价与总结。

4.2　系统可行性分析

4.2.1　可行性分析概述

系统可行性分析是通过对顾客需求、系统功能的主要内容是否符合一些标准而做的分析判断，可在经济、技术、系统结构、运营管理、市场及法律等层面进行可行性分析，进而得出关于该系统经全面考虑后是否值得开发、实现的结论。可行性分析应该具有一定的预见性。

4.2.2　经济可行性分析

经济可行性分析也称作成本效益分析，是对信息系统项目所需要的花费和项目开发成功并投入实际使用之后所能带来的经济效益的分析。经济可行性分析包括以下两个方面，一方面是对开发过程中需要用到的人力、资金等资源的利用分析，另一方面是分析在系统实施过程中的成本和所获得的收益。经济可行性研究的目的是使一个新开发的系统能达到以最小的开发成本取得最佳的经济利益，不仅要考虑在开发过程中需要用到的人力、物力和财力，也要考虑系统在后期投入实施使用中的运营和维护的费用。该系统的参考文献以及软件可从学校图书馆和知网免费获得，所以该系统在经济上是可行的。

4.2.3　技术可行性分析

　　技术可行性是指决策和决策方案的技术能不能突破组织所拥有的或项目相关人员所掌握的技术资源条件的边界。技术可行性研究就是要明白现有的硬件和软件设施能否满足系统开发的需求,现在的人员配置能否具有一定的技术能力来顺利完成系统的开发、部署以及后期的运营维护的工作。该系统用到的软件有 Visual Studio、Python、Server 等。在系统程序的开发阶段,选用了 Visual studio 中的 ASP. net 来完成动态网页的制作,其运用的语言为 C♯,其他还用到了 JavaScript。在系统程序的分析阶段,运用了面向对象分析方法来分析系统,并运用用例图、UML 静态图和动态图从各个方面对系统的功能、系统的用户等进行描述。该系统所使用的技术以及编程原因都是比较通行的,易于操作和学习,所以该系统在技术上是可行的。

　　Python 是一种面向对象的、直译式的计算机程序设计语言。Python 拥有各种强大的库。该系统在 Python 中运用了 Beautiful Soup 和 Xlwt。Xlwt 是 Python 的第三方库,用于写入 Excel。BeautifulSoup 是 Python 众多类库里的一个,它的主要功能是抓取网页上我们需要的数据,通过处理导航、搜索、修改分析树,来解析文档,操作方便。Beautiful Soup 还可主动将输入的文档的编码转换为 Unicode 编码,并以 utf-8 编码的形式输出文档。Beautiful Soup 如今已可以为用户灵活提供不同的解析策略和较快的运行速度。

4.2.4　系统结构可行性分析

　　城市雾霾数据采集与污染判断预测软件共分为五个模块,各模块及其系统结构可行性分析如下:

　　①用户注册登录模块:该模块包括新用户的注册以及用户登录的功能。用户分为普通用户和管理员用户。普通用户的权限可以查看搜索雾霾数据,登录,查看数据可视化内容以及下载城市雾霾的数据文件。管理员权限可以查看搜索雾霾数据,登录,查看数据可视化内容,以及上传和下载城市雾霾的数据文件。访客有部分权限,分别为注册和查看搜索雾霾数据评分。因此该用户注册登录模块是不可缺少的。

　　②雾霾常识查看模块:此模块通过网页展示引起雾霾的主要原因、预防措施以及关于雾霾知识的科普,集中各类有用的雾霾常识,让人们更加直接

地了解雾霾的起因、雾霾的主要构成成分和防范措施。

③数据查看及搜索模块：可以通过搜索来查看某个城市在某一天的某个空气质量指标的雾霾数据。

④数据分析与可视化模块：该模块主要分为动态热力图、柱状图、折线图等来分析并可视化城市雾霾的数据。其中热力图用的是 heatmap.js。

⑤文件上传与下载模块：网页上显示的只有当前的数据，如果想要获取近一段时间的数据，可以在网页中选取数据文件并下载。上传的功能由系统管理员来完成，同时，系统管理员还要负责城市雾霾数据文件的更新和维护。

4.2.5　运营管理可行性分析

城市雾霾数据采集与污染判断预测软件共有三个身份，分别是访客、用户和系统管理员。只有系统管理员才是该系统平台的日常运营管理者，他们的主要职责是进行日常的运营、维护、管理等工作，具体为对网页的数据和文件进行更新，上传最新的城市雾霾数据文件。这些管理职责均可通过简单的计算机软件如 SQL Server、Microsoft Visual Studio 等操作完成，是一项非高难度、非专业化的技术工作，管理员只需要具备基础的计算机软件知识或者经过短时间培训后即可胜任管理工作，3～4 名系统管理员则可轻松、高效地运营该系统。因此，在运营管理方面是可行的。

4.2.6　市场可行性分析

该系统是针对城市雾霾数据的采集和分析的信息系统。之所以做这个系统，是因为已经存在的空气质量查询网站的功能相对单一，展现形式也只有数据的呈现，该系统将着重于数据的分析以及数据的可视化展示，可视化后的数据更加容易看懂，也更加适合大众。该网站还提供数据的文件下载，用户可以通过下载文件，根据自己的需要对数据进行筛选、分析等。

4.2.7　可行性分析结论

在进行了上述经济可行性分析、技术系统结构可行性分析、运营管理可行性分析、市场可行性分析后，分析结果表明这个系统均符合各个可行性要求。综上所述，该城市雾霾数据采集与污染判断预测软件是可行的、有价值的,并且是可实现的。

4.3 系统开发理论与工具

4.3.1 系统开发理论——面向对象开发方法

按照系统的分析要素,可以将信息系统分析方法分为三种,分别是面向处理方法、面向数据方法以及面向对象方法。其中面向对象方法还可以细分为两种:一种是面向功能,从系统需要实现的功能出发;另一种是面向过程的分析方法,从企业运营的业务流程出发,以过程为单位划分。面向数据分析方法是通过分析企业的信息需求,建立企业的信息模型,并为其建设共享数据库。而面向对象分析方法分析企业的对象,结合描述对象的数据和对象的操作,也就是结合功能和数据。结合该系统的功能和性质,该系统使用的是面向对象的系统开发方法。

该系统运用了面向对象的分析方法,将对象世界中的一切都视为各种对象,按照各自特征分类,研究其内部状态、机制和规律。

1. 面向对象方法的开发过程

①系统调查和需求分析。在按照具体的管理问题与用户需求确定系统目标基础上,进行系统需求调查分析,厘清系统需要实现的功能。

②分析问题的性质和求解问题。在复杂问题域中识别出对象、行为、结构、属性和方法。明确了解可以施于对象的操作方法,为对象和操作建立接口。

③详细设计问题并给出对象的实现描述。依次进行整理问题、设计对象、抽象分析结果、归类整理、确定范式等工作。

④程序的实现。应用面向对象的程序设计语言来实现范式形式,使其成为应用程序软件。

⑤系统测试。运用面向对象的技术方法测试软件的有效性。

2. 面向对象的开发方法的优缺点

可以利用全新的面向对象的思想,使用符合人们思维习惯的方式描述系统以及建立信息模型。此方法有利于在系统开发的过程中与开发人员和用户的交流和沟通,及时了解用户的需求,提高系统开发的准确性和效率,实现用户的众多需求。也可以和分布式处理等发展趋势互相结合,具有广阔的应用前景。

但是,面向对象的分析方法也是有缺点的,比如,它要按照一定的原件技术支持;其次,因为必须以结构化系统开发方法的自顶向下的整体性系统调查和分析作基础,所以在一些大型的系统开发的项目中具有一定的局限性。

4.3.2 系统开发工具

1. ASP. net

ASP. net 是用于生成基于 Web 应用程序的框架,由微软公司推出的脚本语言,ASP. net 基于 Windows 的 . NET Framework,ASP. net 具备开发网站应用程序的一切解决方案,包括调试和部署等功能。ASP. net 与其底层框架 NET 结合,为动态的 Web 开发技术提供了很多强大的类库资源。ASP. net 的后台语言可用 C♯编写。ASP. net 的优点有:方便管理,安全性高,易于部署,并且具有良好的扩展性和可用性。Asp. net 支持通过拖曳控件来进行前端的设计,操作方便,并且可以通过工具栏中的工具来添加界面标签。

2. C♯

C♯是一种由微软公司开发的通用的面向对象的编程语言,保留了 C 和 C++功能,特点是安全、稳定,具有简单、可视化操作和高运行效率的特点。

3. SQL Server 2008 R2

SQL Server 系列软件是 Microsoft 公司推出的关系型数据库管理系统。它可以直接从 Excel 中将数据导入到数据库,也可以直接在数据库中设计表格,设置字段名、字段的属性以及其值是否为空值,并且可以通过数据库语句的编写对数据进行查询、搜索、增加、删除、运算和分析等操作。

4. Python

Python 是一种纯粹的自由软件。Python 语法简明清晰,具有强制用空白符作为语句缩进的特点。同时,Python 具有很多丰富且强大的类库,在该系统中常用的是 BeautifulSoup 和 Xlwt 这两个库。

该系统利用 Python 写爬虫软件,抓取网页上(各监测点)最新的雾霾各指标的实时数据,可以实时更新系统数据。网络数据采集是一种通过多种手段收集网络数据的方式,不光是通过 API 交互的方式。

Web 数据抓取是一种通过从互联网上提取数据的计算机软件技术，Web 数据抓取最终的目的是将网页中大量的非结构化信息抽取出来再按照结构化的方式存储，储存的形式可以有 csv、JSON、XML、Access、SQl Server等。

热力图是利用不同的颜色高亮，在地图上展现各区域事件发生的强度。用几种颜色标记不同程度雾霾 API 指数，可以清晰地看到中国各区域的空气质量情况。而热力图中的数据通过 Python 爬虫来获取，这样就可以避免每隔一段时间手动更新。通过 Web 抓取更能够保障数据的准确性，人工获取数据可能会造成数据遗漏、错误的情况，并且 API 数据是实时更新的，如果每次都要人工获取数据再输入，不仅工作量大，还不能及时更新，可能会有延迟。

Python 爬虫的难点在于，很多网站都为了数据或资源不被别人恶意采集设置了反爬虫策略，在短期内多次抓取数据可能会导致网站单个 IP 的并发连接数受限，所以在写爬虫代码时需要添加一个 header，将爬虫脚本伪装成浏览器等来实现数据的抓取。

写爬虫脚本最重要的一步是分析目标网页的源代码，通过分析其 CSS样式来定位具体的需要爬取的数据位置。CSS 样式是指层叠表达式，主要用于修饰静态网页，使得网页的前端界面更加美观，也可以结合动态的脚本语言对前端界面的元素进行格式化。CSS 样式中的标签有 a 标签（用于定义超链接）、class 标签（选取带有指定类的标签）、td 标签（用于定义 HTML 表格中的标准单元格）等。通过对这些标签和元素的层级分析，以唯一的表达式定位到数据的具体位置，再通过 Python 爬取指定位置的数据。

BeautifulSoup 是基于 Python 的一个 HTML/XML 解析器，最主要的功能是从网页上抓取需要的数据，能够处理不规范的标记，并且生成剖析树。

图 4.2 是 BeautifulSoup 安装方法，具体步骤为：

打开 cmd 命令提示符，输入 D:更换路径到 d 盘下。

输入 cd Python，更换目录到 D 盘下的 Python 文件夹。

输入 cd beautifulsoup4-4.2.1，更换目录到 D 盘 Pythonbeautifulsoup4-4.2.1 文件夹。

输入 setup . py build 构建 Beautifulsoup；

输入 setup. py install 安装 Beautifulsoup。

xlwt 是 Python 语言中写入 Excel 文件的扩展工具。相应的有 xlrd 扩展包，专门用于 Excel 读取。可以实现指定表单、指定单元格的写入。

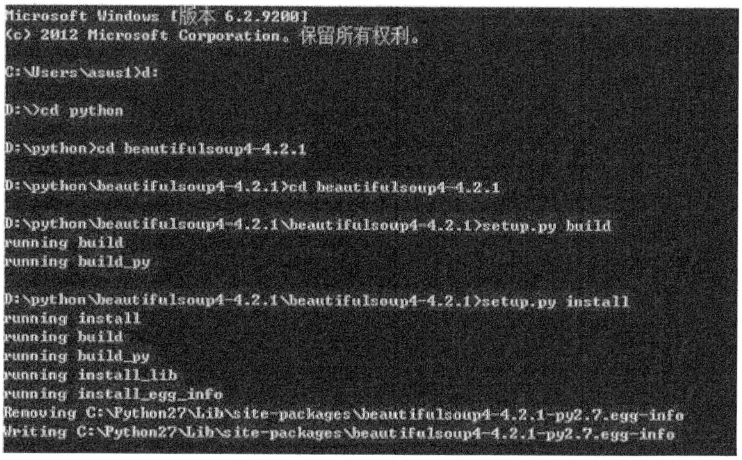

图 4.2 安装 BeautifulSoup

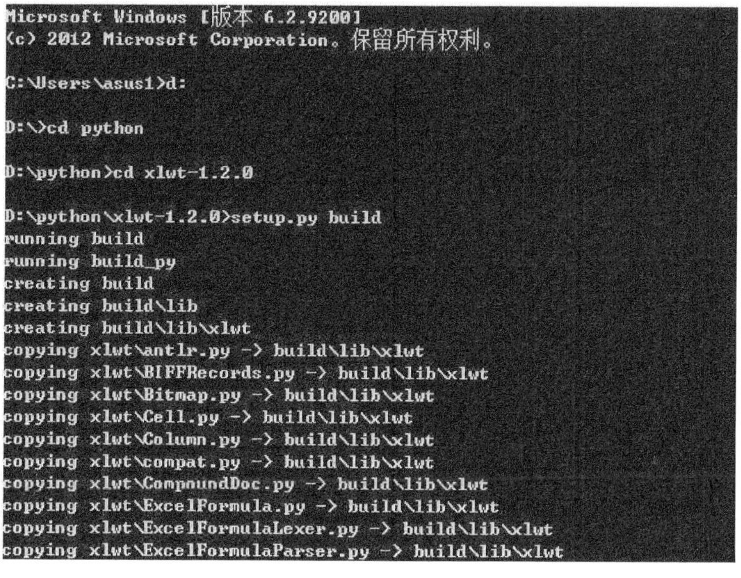

图 4.3 安装 xlwt

图 4.3 是 xlwt 的安装步骤:首先,打开 cmd 命令提示符,输入 D:更换路径到 d 盘下。

输入 cd Python,更换目录到 D 盘下的 Python 文件夹。

输入 cd xlwt-1.2.0,更换目录到 D 盘 Python 中的 cd xlwt-1.2.0 文件夹中。

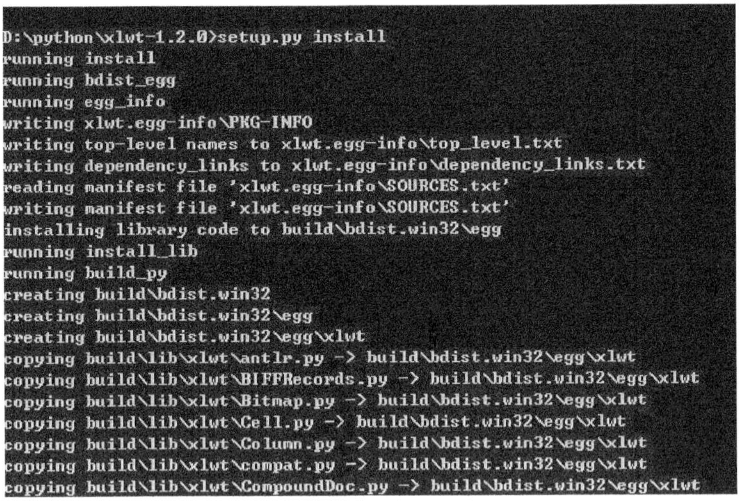

图 4.4　安装配置 xlwt

图 4.4 是使用 cmd 命令提示符来安装配置 xlwt。setup. py 是安装包中的应用程序文件,需要通过 cmd 来配置。图 4.4 为 setup. py build 的配置过程。

输入 setup . py build 构建 xlwt。

输入 setup. py install 安装 xlwt。

4.4　城市雾霾数据采集与污染判断预测软件的分析

4.4.1　UML 概述

UML(Unified Modeling Language),是统一建模语言,是一个 OMG(Object Management Group,对象管理组织)标准,支持模型化和软件系统开发的可视图形化。UML 从不同角度界定了用例图、类图、活动图、序列图、部署图等图的含义。这些图从不同的几个方面对系统进行阐述,通过整合这些对各个方面的描述,分析得出完整的系统模型。在该系统的分析阶段,所用到的图有用例图、部署图、活动图、类图和顺序图。

4.4.2 用例图

用例图是指由参与者、用例以及它们之间的关系构成的用于描述系统功能的视图,代表了整个系统完整的功能模块,能实现计算机和用户间的交互功能。在 UML 中,用例为系统根治性的一系列动作,而外部参与者可以察觉到动作结果,且用例只能针对功能性的需求。在画用例图前,应先提取用例和参与者,再对每个参与者分配他们的用例。

用例图有以下三个特点:
①用例只能够代表某些用户可见的功能;
②用例由参与者激活,并提供确切的值给参与者;
③用例可大可小,是对一个具体用户完整目标的描述。

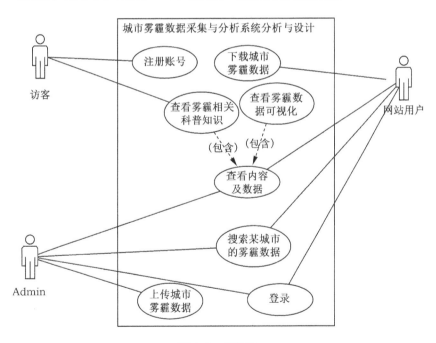

图 4.5 用例图

图 4.5 是该系统的用例图。在方框外的是系统的参与者,方框内的是该系统的用例。

该系统中的参与者包括访客、用户和管理员。用例包括注册账号、登录、查看雾霾相关内容和数据、搜索城市的雾霾数据、下载城市雾霾数据文件和上传城市雾霾数据文件。其中查看雾霾数据及相关内容包含了查看雾霾相关科普知识和查看雾霾数据可视化及分析。

参与者访客指的是还没有注册账号的使用者。访客要成为系统的用户需要注册,仅能使用部分功能。访客的用例包括注册账号、查看雾霾相关科普知识和查看雾霾数据可视化及分析。

参与者用户是指那些已经注册了账号,并且已经成功登录的使用者。用户的权限包括登录、查看雾霾相关科普知识、查看雾霾数据可视化及分析、搜索城市的雾霾数据和下载城市雾霾数据文件。

参与者管理员(admin)指的是系统管理员,负责维护和更新系统中的内容,系统管理员可以通过上传城市雾霾数据文件以供下载,定期更新文件,并维护城市雾霾数据文件上传和下载模块。系统管理员的用例包括登录、查看雾霾相关内容和数据、搜索城市的雾霾数据、下载城市雾霾数据文件和上传城市雾霾数据文件。

4.4.3　UML 静态图

UML 静态建模规定了系统中对象之属性、操作以及对象间的相互关系,包括类图和部署图等。

1. 类图

类图是以类为中心来组织的,是构建其他图的基础。类图中不仅定义系统中的类,描绘出类与类间的静态关系,也需要表达类的内部结构。

图 4.6 是网站用户的类图。该系统的使用者分为访客和管理员。网站用户包含的字段有用户名、密码和登录状态,具有登录、查看数据可视化、查看城市数据和下载文件的功能。管理员在继承了网站用户的字段和方法后,还增加了一个上传数据文件的功能。登录记录表包括网站所有用户的登录记录,所以网站用户和管理员均与登录记录有关联关系。登录记录由用户名和登录时间两个字段组成。

图 4.7 是雾霾数据的类图。全国的雾霾数据由各个城市的雾霾数据文件组成,各城市的雾霾数据由各个污染物的详细数据组成,$PM_{2.5}$ 数据、二氧化硫数据和氮氧化物数据都和单个城市的雾霾数据是聚合关系,各个单个城市的雾霾数据与全国雾霾数据是聚合关系。

图 4.8 是数据可视化类图。数据可视化的内容分为饼图、折线图和柱状图,它们与数据可视化是聚合关系。

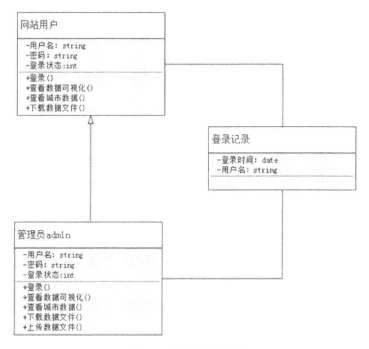

图 4.6　用户管理类图

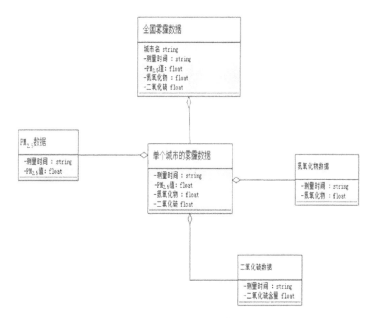

图 4.7　雾霾数据类图

图 4.8　数据可视化类图

2. 部署图

部署图用来显示节点的拓扑结构、通信路径以及制品等。通信路径是用来指出各部分是如何通信的,可以在其中标出通信协议的信息;制品是指构件的实现,也就是软件的物理体现,通常为文件等;节点是软件的宿主,代表可计算资源的类型,如使用的硬件设备或者操作系统。部署图采取描述的形式或者实例的形式来对软件系统在物理硬件上的分布进行建模。

图 4.9 是该城市雾霾数据采集与污染判断预测软件的部署图。网站服务器的功能有:查看数据可视化,下载/上传雾霾数据文件,登录,注册账号和搜索数据。其中,登录、注册与数据库相关联,数据库使用的是 SQL Server 2008 R2,通过数据库表单的读取和存入来进行用户管理,数据库中的表单包括用户表和用户的登录记录表;数据可视化通过软件 Tableau 的应用,生成可视化的图表;系统中的雾霾数据来源则通过 Python 爬虫从网页抓取实时的雾霾数据。

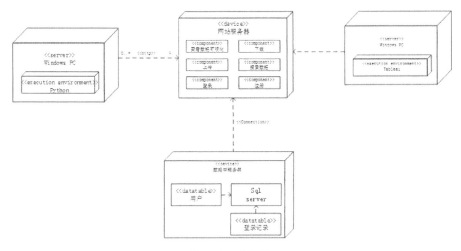

图 4.9　部署图

4.4.4 UML 动态图

动态模型包括活动图、顺序图和状态图等。

1. 活动图

活动图,又称为 OO 流程图,是指用于说明业务用例执行的工作流(参见图 4.10)。业务流程说明必须为企业所有者提供所需的价值的业务。商业用例由一系列活动组成,这些活动共同为商业主角生产某些工件。

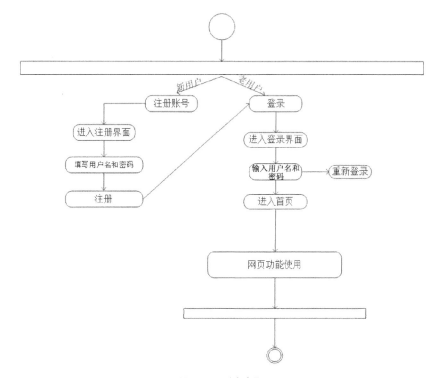

图 4.10 活动图

活动图:用户进入网站后,若是新用户,则需进入注册界面注册账号,再到登录界面用已注册的账号进行登录。用户可以使用网站的几个功能。其中,网站的主要功能分为以下几部分:上传,下载,搜索和查看(参见图 4.11)。

上传:管理员用户定期维护和更新网页上的文件,在后台添加数据文件。

下载:用户选择需要下载的数据文件链接进入下载界面,选择需要下载的数据文件后确定并下载文件。

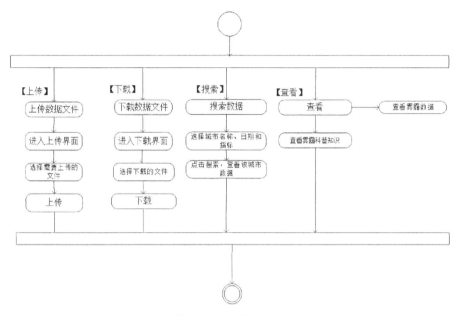

图 4.11　活动图细分

　　搜索:用户选择搜索城市雾霾的链接,在进入搜索界面后,选择需要查看的城市名字、日期以及需要查看的空气指标类型,并点击查询,可以查看某个特定城市某一天的雾霾数据。

　　查看:查看内容的功能可分为查看雾霾相关的科普知识和查看雾霾数据可视化。其中,查看数据可视化必须是在用户登录账号之后才可以进行操作。

　　2. 顺序图

　　顺序图显示在单个用例内部的按照信息传递时间顺序排列的若干对象间的动态协作关系。顺序图有两个坐标,横坐标表示的是不同的对象,纵坐标表示的是时间。时间从上而下,描述了参与者和对象的生命期,并且显示出了消息的顺序。

　　顺序图:访客在进入系统后,应先注册账号,注册后成为网站用户,再进行登录。在进入主页后则可以选择各个不同的功能进行操作。在登录前,用户和访客都可以进行雾霾数据的查看和搜索功能,用户在登录之后,或者访客在注册账号并登录之后,可以查看雾霾数据的可视化情况以及下载数据文件。管理员在登录后可以使用该网站的所有功能,并且由系统管理员负责网上下载文件的整理和更新工作,以保证网上可以下载到最新的城市雾霾数据(参见图4.12)。

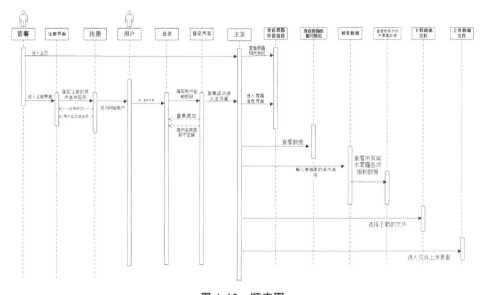

图 4.12　顺序图

4.5　城市雾霾数据采集与污染判断预测软件的设计与开发

4.5.1　数据库设计

图 4.13 是系统的用户表。username 为用户名,code 为密码。当用户注册成功后,用户所注册的用户名和密码会存入这张表中。

图 4.13　用户表

图 4.14 是系统的用户登录记录表。username 为用户名,logintime 为用户登录的时间记录。每次用户登录时,都会将用户的登录名和登录时间写入这张表中。

列名	数据类型	允许 Null 值
▶ username	nchar(10)	☑
logintime	nchar(10)	☑

图 4.14   用户登录记录

图 4.15 是系统的雾霾数据表。date 是要查看的日期,city 是城市名,type 是需要选择的雾霾指标类型,count 是选择的某日期某城市某指标的数值。

列名	数据类型	允许 Null 值
date	float	☑
city	nvarchar(255)	☑
type	nvarchar(255)	☑
count	float	☑

图 4.15   雾霾数据表

4.5.2   系统开发

1. 用户注册登录模块

图 4.16 为系统的登录界面。用户输入的登录名、密码和数据库中的用户信息相匹配,如果存在用户则登录成功,如果不存在用户或者密码输入错误则不能成功登录。

图 4.16   登录界面

登录成功后,在界面上显示用户的用户名,见图 4.17。点击退出登录,则退出登录状态。

图 4.18 为系统的注册界面。用户获取注册用户填写的用户名和密码,如果该用户名已经存在,则显示"该用户名已被注册",如果不存在该用户名,

图 4.17 登录后显示用户名

图 4.18 注册界面

则可以成功注册。并且将该用户注册的用户名和密码写入到数据库的用户信息表中。

2. 查看雾霾科普知识

通过 ASP. net 的前端界面,添加雾霾相关的知识,如空气质量各个指数的含义和指标等内容。

图 4.19 列出雾霾各个指标的标准,用户可以对比标准和搜索的数据来查看雾霾的严重程度。

图 4.20 是防范雾霾的措施,所有用户都可以查看。

3. 搜索雾霾数据

在界面的下拉框中选择日期、城市以及查看空气质量指标类型,点击搜索查看。

图 4.21 为该系统搜索部分的界面,用户可以通过在下拉框中选择年份日期、城市以及指标名称来查看。

图 4.22 为通过筛选条件后获取具体数据的搜索结果界面,其中界面中的表格选用的是 Asp. net 中的 gridview 控件。下拉框选用的是 dropdownlist 控件。

图 4.19　雾霾指标界面

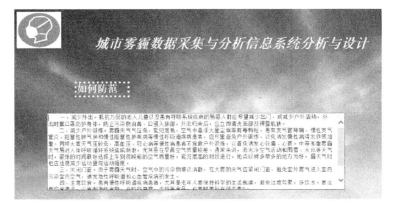

图 4.20　应对雾霾的措施

图 4.21　搜索数据

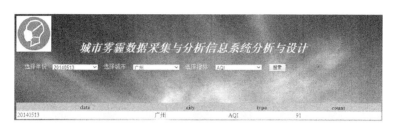

图 4.22　搜索结果

4. 查看数据可视化

数据可视化,是将数据的变化和各类数据的比较通过图表的形式来展现,让纷繁复杂的数据更容易理解和查看。通过对数据进行分析和对比,用图表的形式将数据更加清晰明了地展现出来,由几何图形来展现数据的值以及变化波动的程度和速度。

该系统的数据可视化分为两个部分:第一部分是热力图,第二部分是各个指标数据的折线图、柱状图等。

其中,在热力图中用到的工具有百度地图 API、heatmap. js、Python 以及 JavaScript。

该系统使用的是百度免费提供的地图 API。百度地图 API 的基本地图功能包括展示 2D 图、平移、缩放、拖拽等。

在系统实现的初期,尝试使用普通地图图片,但是这样的图片难以识别城市的经纬度,导致无法定位城市的位置,后来在查阅各种参考资料后,改为使用百度地图提供的 API 接口,不仅可以支持实际经纬度的城市定位,还可以对地图进行缩放和拖拽的功能,使得界面更加灵活,便于查看。

但是 API 接口的使用也会有一定的约束。比如:使用 API 接口一定要在双方都接受条款约束时采用,并且不能将其用于商业目的。另外,有些 API 对使用期限会有一定的限制,比如,只能使用几个月且在使用期间必须保持提供接口的版权信息。

图 4.23 和图 4.24 是两张在不同时间段截取的动态热力图。可以看到,在这两张图中,各个城市的热力点颜色和大小都不同,其中图 4.24 中的杭州(右下角)的颜色特别深,为红色。这表明当天当时在杭州的 AQI 空气质量比较高。而其他城市的颜色均为淡蓝色,说明其 AQI 空气质量指数比较低。在 AQI 的值越高时,热力图中显示出的颜色越深,为红色;若 AQI 的值比较低,则在热力图显示出来的颜色越浅,为蓝色。由浅到深,热力图的颜色变为

图 4.23　动态热力图显示 1

图 4.24　动态热力图显示 2

蓝色、黄色、绿色、红色的四色渐变。现在只是以 10 个城市为例所做的热力图,若将城市细分到每个区域,增加每个城市的数据量,并将位置的经纬度的数目增加到上百甚至上千,则热力图的显示会更加清晰明显。

　　在百度地图 API 的基础上,加上 heatmap.js 实现热力图。Heatmap.js 是一个 JavaScript 库,可以实现各种动态热力图的网页。Heatmap 是用来呈现一定区域内的统计度量,不同的数据量会显示不同的颜色,并且分布在地图上,让各个地区的数据可以明显地显示出来,通过地图中显示的颜色或颜色深浅来展现该地区的雾霾状况。

　　静态的热力图需要在每次更新时手动输入每个地区的数据,工作量太大不可行,所以利用 Python 爬虫从 http://www.pm25.com/中实时抓取各个城市的空气质量指数,并将其数据保存到 Excel 中,然后用 IE 浏览器读取 Excel 的数据来动态覆盖 Heatmap.js 中的数值部分。使用 IE 浏览器是因为只有 IE 浏览器支持前端直接读取 Excel 的数据。若使用其他的浏览器还需要请求后台,在后台读取到 Excel 中的数值再返回对象到前台。

```
# -*- coding: utf-8 -*-
# by ustcwq
import sys,os
import urllib2
import threading
import csv
from time import ctime
from bs4 import BeautifulSoup
def getPM25(cityname):
    site = 'http://www.pm25.com/' + cityname + '.html'
    html = urllib2.urlopen(site)
    soup = BeautifulSoup(html)
    city = soup.find(class_ = 'bi_loaction_city')   # 城市名称
    aqi = soup.find("a",{"class","bi_aqiarea_num"})  # AQI指数
    print city.text + u'AQI指数：' + aqi.text
    print '*'*20 + ctime() + '*'*20

def save(cityname):
    global i
    reload(sys)
    sys.setdefaultencoding('utf-8')
    site = 'http://www.pm25.com/' + cityname + '.html'
    html = urllib2.urlopen(site)
    soup = BeautifulSoup(html)
    aqi = soup.find("a",{"class","bi_aqiarea_num"})  # AQI指数
    csvFile = open(os.getcwd()+"\\ccc.csv","ab+")

    try:
        writer = csv.writer(csvFile)
        i+=1
        writer.writerow((i,cityname,aqi.text))
    finally:
        csvFile.close()
```

图 4.25　Python 爬虫代码 1

```
def one_thread():
    print 'One_thread Start: ' + ctime() + '\n'
    save('beijing')
    save('shanghai')
    save('guangzhou')
    save('shenzhen')
    save('hangzhou')
    save('tianjin')
    save('chengdu')
    save('nanjing')
    save('xian')
    save('wuhan')

if __name__ == '__main__':
    i=0
    csvFile = open(os.getcwd()+"\\ccc.csv","ab+")
    try:
        writer = csv.writer(csvFile)
        writer.writerow(('i','cityname','aqi'))
    finally:
        csvFile.close()
    one_thread()
```

图 4.26　Python 爬虫代码 2

　　图 4.25 和图 4.26 是 Python 爬虫脚本的代码。其中定义了两个方法，一个是 $getPM_{2.5}$，用于抓取数据的内容。使用了 BeautifulSoup 类库，通过浏览不同城市的数据网页和 CSS 样式的定位，获取单独的数据内容。因为该网站的 CSS 样式很规律，所以所抓取的数据是单独的数据，没有其他的标签及乱码等，免去了数据清洗的步骤。另一个是用 save 方法定义了一个将数据保存到 Excel 中，以编号、城市名和 AQI 空气质量指数的数值为格式，保

存到 ccc. csv 文件中。若不存在此文件，则会主动创建一个新的 Excel 文件，文件名为 ccc. csv。

图 4. 27 是 Python 在爬取数据之后存入 Excel 的形式，从这张 Excel 表中读取数据覆盖 Heatmap. js 中的数值部分。

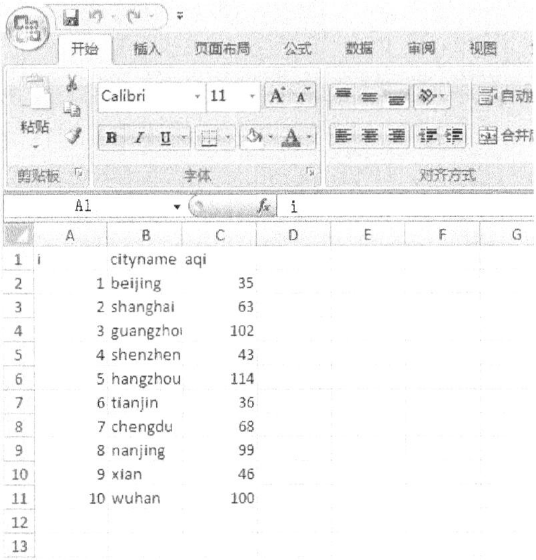

	A	B	C
1	i	cityname	aqi
2	1	beijing	35
3	2	shanghai	63
4	3	guangzhou	102
5	4	shenzhen	43
6	5	hangzhou	114
7	6	tianjin	36
8	7	chengdu	68
9	8	nanjing	99
10	9	xian	46
11	10	wuhan	100

图 4. 27 Python 爬虫存入 Excel

另外在该系统中，还使用了 Tableau 来绘制每月的空气质量各指标的折线图等，通过可视化的方法来显示每个城市的雾霾变化情况以及雾霾严重程度。Tableau 是一款用于画数据可视化图表的软件，该软件致力于让人们更好地理解和解读数据，且操作方便，支持将大数据拖拽到 Canvas 画布上。图 4. 28 和图 4. 29 便是通过 Tableau 软件画的城市雾霾数据的折线图和柱状图。

图 4. 28 和图 4. 29 是 2017 年 4 月北京雾霾各个指标数据的可视化。其中用到的指标包括 AQI 空气质量指数、二氧化氮(NO_2)、二氧化硫(SO_2)、臭氧(O_3)、一氧化碳(CO)、$PM_{2.5}$。图 4. 28 是以折线图的形式来展现北京在这一个月中的雾霾数据的趋势和波动。由图中可以看到，4 月 16 日到 4 月 18 日折线变化幅度最大，雾霾情况在这几天波动较大，其中 4 月 18 日达到了 4 月的 AQI 空气质量指数的峰值。由图中也可以看出，其他各指数都与空气质量的变化趋势相同，唯有臭氧的趋势在某几天与 AQI 指数的趋势相反，这也印证了在相关性分析中，臭氧与 AQI 空气质量指数呈负相关关系。在臭

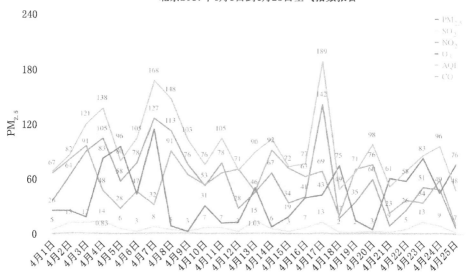

图 4.28　雾霾数据折线图

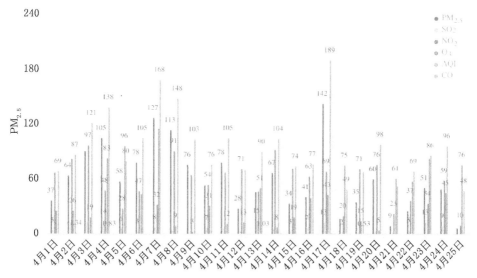

图 4.29　雾霾数据柱状图

氧没有达到一定浓度的情况下,对空气质量有着净化作用,但是一旦达到了一定的浓度,臭氧对人体的危害也是不容小觑的,在某些方面对人体的影响甚至比其他指标都要更加严重。图 4.29 是雾霾数据的柱状图,可以清楚地看到各个数据的值的浮动以及数值的变化。

5. 下载城市雾霾数据文件

管理员通过后台维护来管理下载的文件内容,定时更新和维护文件。

图 4.30 为系统的下载界面。选择下载文件后点击下载按钮则会弹出下载窗口,可以更改文件名和下载路径。

图 4.30　下载文件界面

4.6　城市雾霾数据分析

4.6.1　应用软件及方法

数据分析使用的是 SPSS 数据分析软件,软件包含从统计描述到复杂的多因素统计分析方法,比如因子分析、统计分析、回归分析等,还支持构建图表。可以通过向 SPSS 导入数据对数据进行分析。

4.6.2　数据分析结果

在众多的城市雾霾数据文件中,挑选了 50 天的数据作为分析样本。该系统使用 SPSS 对雾霾的数据进行相关性分析。SPSS 选取了 2017 年 1 月到 4 月,通过整合和整理后,整理出共 50 条雾霾数据。将数据的 Excel 表格导入,并在菜单栏"分析"一栏中选择自己需要用来分析的方法。该系统选择的是相关性分析中的双变量分析,分别将 CO、NO、SO_2、O_3、$PM_{2.5}$ 与 AQI 进行双相关分析,得出对空气质量指数 AQI 影响最大的指标。在相关性分析中,使用的是 Spearman 系数。以下是通过 SPSS 的双相关分析得出的结果。

表 4.1 为 AQI 与 O_3 的相关性分析。50 是指一共有 50 条数据样本,相关系数为 -0.631,两者呈负相关关系。说明如果 O_3 的浓度越高,AQI 指数反而越低,反之亦然。但是该相关系数的绝对值比较大,说明 O_3 和 AQI 空气质量指数之间存在相关性。

表 4.1   **AQI 与 O_3 相关性分析**

		AQI	O_3
AQI	相关系数	1.000	-0.631
	Sig.(双侧)	0.000	0.000
	N	50	50
O_3	相关系数	-0.631	1.000
	Sig.(双侧)	0.000	0.000
	N	50	50

表 4.2 为 AQI 与 CO 的相关性分析,相关系数为 0.884,两者呈正相关关系。

表 4.2   **AQI 与 CO 相关性分析**

		AQI	CO
AQI	相关系数	1.000	0.884
	Sig.(双侧)	0.000	0.000
	N	50	50
CO	相关系数	0.884	1.000
	Sig.(双侧)	0.000	0.000
	N	50	50

表 4.3 为 AQI 与 NO$_2$ 的相关性分析,相关系数为 0.797,两者呈正相关关系。

表 4.3 **AQI 与 NO$_2$ 相关性分析**

		AQI	NO$_2$
AQI	相关系数	1.000	0.797
	Sig.(双侧)	0.000	0.000
	N	50	50
No$_2$	相关系数	0.797	1.000
	Sig.(双侧)	0.000	0.000
	N	50	50

表 4.4 为 AQI 与 SO$_2$ 的相关性分析,相关系数为 0.626,两者呈正相关关系。

表 4.4 **AQI 与 SO$_2$ 相关性分析**

		AQI	SO$_2$
AQI	相关系数	1.000	0.626
	Sig.(双侧)	0.000	0.000
	N	50	50
SO$_2$	相关系数	0.626	1.000
	Sig.(双侧)	0.000	0.000
	N	50	50

表 4.5 **AQI 与 PM$_{2.5}$ 相关性分析**

		AQI	SO$_2$
AQI	相关系数	1.000	0.972
	Sig.(双侧)	0	0.000
	N	50	50
PM$_{2.5}$	相关系数	0.972	1.000
	Sig.(双侧)	0.000	0.000
	N	50	50

表 4.5 为 AQI 与 $PM_{2.5}$ 的相关性分析,相关系数为 0.972,比前几个因素的影响程度更大,两者呈正相关关系。且在各个指标中,只有 $PM_{2.5}$ 是以颗粒物的形式存在,相比之下,影响程度没有那么大。

4.6.3 数据分析

整理 SPSS 相关性分析的结果,得出各因素对 AQI 指数的影响程度,如表 4.6 所示。

表 4.6　　　　　　　　　　各指标相关性系数比较

指标名称	与 AQI 的相关性系数
O_3	−0.631
CO	0.884
NO_2	0.797
SO_2	0.626
$PM_{2.5}$	0.972

从分析数据可以看出,在各指标中,只有 O_3 与 AQI 呈现负相关关系,其余的均与 AQI 呈现正相关关系。其中,$PM_{2.5}$ 对 AQI 空气质量的影响最大,其次是 CO、NO_2 和 SO_2。CO、NO_2 和 SO_2 多来自工业生产过程中所排放出来的废气以及交通运输排放的尾气。而 O_3 是在光化学反应的作用下产生的,属于二次污染物。而 CO、NO_2 和 SO_2 之类的碳化物是这种光化学反应中最基本的反应物质。O_3 在浓度低的情况下对空气质量并没有坏处反而有好处,但是当 O_3 的浓度达到一定的量后,就会对空气质量产生严重的影响,并且对人类的呼吸等有着极其严重的影响,所以在这些数据中,由于 O_3 还没有达到一定的浓度,在这样的情况下,O_3 的浓度大小与 AQI 空气质量指数呈负相关。这也可以从侧面说明,目前我国的 O_3 还没有达到非常严重的地步,而且相比于其他污染源,O_3 的稀疏和流动比较快。

而在其他几个指标中,$PM_{2.5}$ 与 AQI 的相关性是最高的,相关系数为0.972。近几年来,由于空气质量的急速下降,空气的可见度下降,严重时,可见度只有 5 米,对人们的出行造成了很大的影响。自 2012 年开始,中国各大城市开始检测 $PM_{2.5}$,$PM_{2.5}$ 进入了人们的视眼中,大家开始了解到 $PM_{2.5}$ 这个名词,对 $PM_{2.5}$ 的关注度日益增长。大家对空气质量更加重视,在出行的时候戴上口罩。真正关心空气质量问题,应当从自己做起,减少碳排放量,减少个人的碳足迹,绿色出行,各大工厂企业也应当注重废气的排放。该系统只能让人们对雾霾问题有所了解并有所警惕,但要想减少城市雾霾的严重程度,要从生活中做起。

与 AQI 空气质量指数相关的第二污染源是 CO,相关性系数为 0.884。CO 虽然无色无味但是会与人体内的血红蛋白结合,导致中毒。CO 的形成多是因为碳的燃烧不够充分,主要来源是汽车尾气、煤气,以及一些工厂的煤炭燃烧造成的废气。

其次是 NO_2,相关性系数为 0.797。人为产生的 NO_2 还会溶解于水形成硝酸,硝酸是酸雨的主要成因之一,会造成各种环境效应。

与其他几个指标相比,SO_2 与 AQI 空气质量指数的相关性最低,但其相关性系数并不算低,为 0.626。SO_2 溶于水会形成亚硫酸,亚硫酸在氧化后会形成硫酸,也是酸雨的主要成因之一,SO_2 的主要污染来源包括含硫燃料的燃烧,如煤和石油;油气井中硫化氢的燃烧排放,含硫矿石的冶炼等的生产过程。

4.7　本软件开发过程的总结

4.7.1　本软件开发总结

在软件开发前期,确定该系统大致的几个模块和功能。在前期需要查看很多现有的城市雾霾数据的网站,从中找到各城市雾霾的查询和搜索网站的共性。虽然现在有很多类似的网站,但是对于数据的分析和可视化的内容几乎没有,所以将该系统的重点放在数据分析和数据可视化上。

在系统的分析设计和开发中,通过各类书籍中对 UML 和面向对象分析方法中各类图的解释和画法,并结合本软件系统的内容和功能,完成了系统分析以及用例图、静态图、动态图的模块,并在后期实现的过程中不断的修改完善。

在写 Python 爬虫代码时,通过阅读一些相关的书籍和网上的教学等,从头开始学习 Python 的基础知识,也一点点地认识到爬虫,通过在网上寻找解决方法,查找出现错误的解决方案,看教学视频等来学习 Python 爬虫。一开始使用的是 http://www.pm25.in/网址中的数据,但是在分析了其 CSS 样式后发现难以定位需要抓取的数据位置,后又改为使用 http://www.pm25.com 网址中的数据。该网站中的 CSS 样式更清晰,并在结合正则表达式后,抓取到网页中的城市雾霾数据。该网址中的数据有很多,包括 AQI、$PM_{2.5}$、PM_{10}、CO、NO_2 等。但是因为 AQI 空气质量指数更具有概括性,所以选择了抓取 AQI 的数据显示在热力图中。

4.7.2　本软件的难点

首先,在该系统中的数据使用 Python 爬虫实时获取。但是面临的一个问题是当前的有些网站会有各种机制的反爬虫技术,导致无法及时抓取数据。有些网站的数据无法爬取,但在大多数情况下,只有在多次运行才会被网站的反爬虫阻止。

浏览器的 User-agent 可以通过在浏览器的地址栏里输入"javascript:alert(navigator.userAgent)"来获取。在 Python 爬虫中写入"headers=所获取的 userAgent"就可以将脚本伪装成该浏览器(参见图 4.31)。

图 4.31　请求浏览器 userAgent

其次,在写 Python 爬虫时,第一步需要分析网页的源代码,通过对网页的 CSS 样式进行分析,通过标签定位所要获取的数据位置。在软件开发初期,使用 http://www.pm25.in/网站上的雾霾和空气质量数据,但是该网站的 CSS 样式不清晰,导致不能准确定位具体的数据位置,后期改用 http://www.pm25.com/网站中的数据,其 CSS 样式可以单独不重复地定位每个城市的雾霾数据的位置。

第五章 基于结构化数据关联性分析的中国雾霾污染问题统计研究

5.1 引 言

基于上一章所构建的城市雾霾数据采集与污染判断预测软件系统进行数据挖掘,构建结构化数据,应用传统统计学方法,分析雾霾污染对以下三方面的影响:人身危害,引发社会关注度区域性差异,包括农业、交通运输业以及旅游业等国民经济相关行业。

5.2 雾霾污染对人身危害的影响分析

5.2.1 引言

近年来,随着我国工业化、城市化进程的加快,京津冀、长三角和珠三角等区域持续性雾霾天气频发[1],对城市居民生活和城市经济发展造成了许多不良影响,PM_{10}、$PM_{2.5}$ 等专业词汇引起了广泛关注[2]。2013 年以来,我国许多城市都遭受雾霾的侵袭,各医院门急诊,尤其是呼吸科急诊人数、心血管就诊人数[3]、皮肤疾病就诊人数明显增加,由此引起了公众对雾霾污染对人体健康影响的关注。

许多流行病学和毒理学研究表明,$PM_{2.5}$ 严重超标会对人类的健康产生严重影响,特别是诱发心血管和呼吸系统疾病,甚至死亡[4]。自20世纪90年代以来专家对中国区域进行了大量与空气污染相关的健康研究,Chen[5]和Kan[6]以及Shang[7]等人进行了综述(2013),发现大多数研究都集中在PM_{10}、SO_2和NO_2上,很少关注$PM_{2.5}$,这主要是因为$PM_{2.5}$在2012年之前尚未被列为中国环境空气质量标准的标准污染物而缺乏常规监测数据。$PM_{2.5}$与心肺呼吸系统死亡率之间的关联程度通常强于与总死亡率的关联,呼吸系统疾病的死亡风险相对高于心血管疾病。这一结论与北美[8]和欧洲[9]的观察结果相一致。有学者指出室外源是室内$PM_{2.5}$的主要污染来源,而室内烟草烟雾、烹饪及人员活动也会严重影响到室内$PM_{2.5}$浓度[10−11]。目前中国$PM_{2.5}$污染的部分原因是煤炭燃烧、扬尘、车辆尾气排放量[12];心血管死亡率和$PM_{2.5}$之间的暴露—反应关系图表明在低暴露水平时图形相对陡峭,并且在较高暴露时趋于平滑[13]。此外,使用不同的统计方法(如统计模型、平滑函数和平滑量)和不同的滞后期和结构(如单个、多个或累积)也可能影响效果估计[14]。

作为长三角核心城市的上海,在长江经济带建设中,承载着积极融入国家重大战略、带动长三角协同发展、增强对长江经济带辐射引领作用的战略使命[15]。近年来上海市雾霾污染较严重,主要污染物包括$PM_{2.5}$、PM_{10}、SO_2、NO_2、CO和O_3[16]。本书收集上海市2013年10月28日—2015年12月31日的雾霾污染物数据、气象数据、某医院相关科室门急诊量数据,运用泊松分布的半参数广义相加模型方法,建立上海市雾霾污染物$PM_{2.5}$与人群健康的暴露—反应关系模型,定量化研究$PM_{2.5}$与居民健康之间的关系,为政府制定控制雾霾污染政策提供参考[17−18]。

5.2.2　资料与方法

1. 研究资料

(1)医院门急诊资料。呼吸内科、心血管内科和皮肤科门急诊量来源于上海市某二级甲等医院信息科的病案记录。分析病例的纳入标准:2013年10月28日至2015年12月31日期间就诊于该医院;患者均为上海市本地居民。

(2)雾霾污染物浓度资料。雾霾污染物主要选取颗粒状的$PM_{2.5}$和PM_{10},以及气态类的SO_2、NO_2、CO、O_3,2013—2015年,每日浓度资料来源于上海市环保局、上海市环境科学研究院以及上海市环境监测中心。

（3）气象监测资料

气象因素数据包括上海市 2013 年 10 月 28 日—2015 年 12 月 31 日的逐日平均气温、气压、相对湿度、风速和能见度等，数据来源于上海市气象局官方网站。

2. 统计学方法

目前，流行病学中对雾霾污染与人体健康的关系研究中所用到的计量模型主要是广义相加模型（GAM）。它是对传统的广义线性模型（GLM）的进一步拓展，该模型可以使用各种不同的函数来拟合非线性关系的变量，之后以加和形式引入模型中。此模型并不是一个事先设定的模型，是由研究时所采用数据的内在联系所决定的，能更好地解释反应变量与解释变量之间的本质关系。

在统计学上，每日居民因呼吸系统疾病、心血管疾病和皮肤病而去医院门急诊相对居民总体而言为小概率事件，近似于泊松分布。但是实际上，医院每日呼吸内科、心血管内科和皮肤科门急诊量的时间序列多为非平稳的时间序列，具有明显的季节趋势和长期趋势等特点[19-20]，这些季节趋势、长期趋势可能主要反映了气象条件变化以及人体健康状况等影响。那么，在研究 $PM_{2.5}$ 对人体健康效应的影响中，仅仅使用泊松回归模型，其计数资料的方差不会独立于均值而存在，往往会随着期望值的增加而增加，那么势必会带来其他因素（如日均气温、相对湿度、气压、风速和能见度等）的明显干扰效应（王天宇，2014）[21-23]。因此本书最终选取泊松分布的半参数广义相加模型，通过控制季节趋势项、长期趋势项和气象因素等混杂因素，将其转化为平稳时间序列后，再对变量雾霾污染物 $PM_{2.5}$ 与呼吸内科、心血管内科和皮肤科日门急诊量进行回归分析。

本书首先构建单污染物模型，即在控制医院呼吸内科、心血管内科和皮肤科日门急诊量的长期趋势、季节趋势以及气象因素的影响后，将当日雾霾主要污染物 $PM_{2.5}$ 引入模型，计算 $PM_{2.5}$ 日均浓度每升高 $10\mu g/m^3$ 时医院呼吸内科、心血管内科和皮肤科门急诊的相对危险度（RR）及滞后效应，并确定模型中 $PM_{2.5}$ 对医院呼吸内科、心血管内科和皮肤科门急诊量影响最强的滞后时间。然后构建双/多污染物模型，即根据单污染物模型中确定的效应最强滞后时间，将同时段的其他雾霾污染物引入模型进行多污染物模型拟合，计算多污染物模型中 $PM_{2.5}$ 浓度每升高 $10\mu g/m^3$ 时医院门急诊的超额危险度（ER：ER＝RR－1）及其 95％置信区间（Confidence Interval，CI）。根据国外的研究经验[2-3]，本书选择时间趋势样条函数的自由度为 7/年。具体模型为：

$$\log[E(Y_i)] = \alpha + \beta X_i + DOW + s(time, v) + s(Z_i, v) \qquad 式(5.1)$$

式中：α——截距；

Y_i——为第 i 日呼吸内科、心血管内科和皮肤科门急诊量，人次；

$E(Y_i)$——观察日 i 医院科室门急诊量期望值，人次；

X_i——观察日 i 的各雾霾污染物浓度，$\mu g/m^3$；

β——回归模型系数；

DOW——星期哑元变量；

s——非参数平滑样条函数（smoothing spline function）；

$time$——日期；

v——自由度；

Z_i——观察日 i 的气象因素变量，包括日均气温、相对湿度、气压、风速和能见度。

利用 SPSS23.0 统计软件对研究期间（2013 年 10 月 28 日—2015 年 12 月 31 日）上海市 $PM_{2.5}$、PM_{10}、SO_2、NO_2、CO、O_3 门急诊量和气象因素进行描述性统计分析。$PM_{2.5}$ 与各变量之间的关系采用 Pearson 简单相关分析，本书将设定与 $PM_{2.5}$ 之间的 Pearson 相关系数 $r < 0.7$ 的变量纳入模型进行控制。本书的作图和时间序列数据的计算全部在 R3.2.5 统计软件中实现。

5.2.3　结果与讨论

1. 雾霾污染物浓度、医院门急诊量和气象因素频率分布

根据表 5.1 中各污染物浓度值，可知在 2013 年 10 月 28 日—2015 年 12 月 31 日间，上海市 $PM_{2.5}$ 浓度略低于空气质量二级标准，并且最低浓度为 $6\mu g/m^3$，最高浓度为 $461\mu g/m^3$。其他污染物 PM_{10}、SO_2、NO_2、CO、O_3 浓度都低于环境空气质量二级标准，同期上海市每日平均气温、平均相对湿度、日均气压、风速和能见度分别为 16.9℃、69.8%、1016.7hpa、12.9m/s 和 7.3km。三年间上海市医院日均呼吸内科门急诊量为 116.3 人次，心血管内科门急诊量为 387.9 人次，皮肤科门急诊量为 90.0 人次。

表 5.1　　上海市雾霾污染物浓度、气象因素和某医院门急诊量分布情况

指标	$\bar{X} \pm s$	最小值	P_{25}	中位数	P_{75}	最大值
$PM_{2.5}(\mu g/m^3)$	56.6 ± 40.4	6	30	46	71	461

指标	$\overline{X} \pm s$	最小值	P_{25}	中位数	P_{75}	最大值
$PM_{10}(\mu g/m^3)$	76.6 ± 47.9	7	46	64	96	475
$SO_2(\mu g/m^3)$	18.6 ± 13.2	5	11	14	21	93
$NO_2(\mu g/m^3)$	45.8 ± 21.2	4	30	42	56	142
$CO(mg/m^3)$	0.87 ± 0.32	0.37	0.64	0.78	1	3.08
$O_3(\mu g/m^3)$	66.8 ± 28.8	9	44	68	87	174
气温(℃)	16.9 ± 8.4	0	9	18	23	34
相对湿度(%)	69.8 ± 13.5	29	60	71	80	96
气压(百帕)	$1\,016.7 \pm 8.9$	992	1\,009	1\,017	1\,024	1\,036
风速(公里/小时)	12.9 ± 4.7	5	10	13	16	37
能见度(km)	7.3 ± 2	1	6	7	9	10
呼吸内科门诊量	116.3 ± 45.7	0	96	116	142	270
心血管内科门诊量	387.9 ± 183.1	30	258	416	514	959
皮肤科门诊量	90.0 ± 44.7	0	63	95	118	240

2. 雾霾污染物 $PM_{2.5}$ 浓度与门急诊量的时间变化趋势

由图 5.1 可知呼吸内科、心血管内科、皮肤科门急诊量与 $PM_{2.5}$ 浓度的变化趋势均在冬季和春季较高,2013 年 12 月同时出现一个较大的高峰,2015 年 8 月份同时出现低谷,但是有时也存在不一致的情况。整体来看上述门急诊量与 $PM_{2.5}$ 浓度呈显著正相关趋势。

3. $PM_{2.5}$ 与呼吸内科门急诊量的泊松广义相加模型的拟合

(1)单污染物模型

由图 5.2 可以看出,$PM_{2.5}$ 日均浓度与当日、滞后 1~4 天的呼吸内科日门急诊量有关,其中对滞后 1 天的呼吸内科日门急诊量的影响最大,另外由表 5.2 可知,在滞后 1 天时,相比于其他雾霾污染物 SO_2、NO_2 和 O_3,$PM_{2.5}$ 浓度对呼吸内科门急诊量的影响是最大的,即 $PM_{2.5}$ 浓度每升高 $10\mu g/m^3$ 呼吸内科门急诊就诊的 RR 为 18.451 5,ER 为 1745.15%,SO_2 浓度每升高 $10\mu g/m^3$ 呼吸内科门急诊就诊的 RR 为 13.508 1,ER 为 1 250.81%,NO_2 浓度每升高 $10\mu g/m^3$ 呼吸内科门急诊就诊的 RR 为 18.414 7,ER 为 1 741.47%,O_3 浓度每升高 $10\mu g/m^3$ 呼吸内科门急诊就诊的 RR 为 13.963 3,ER 为 1 296.33%。

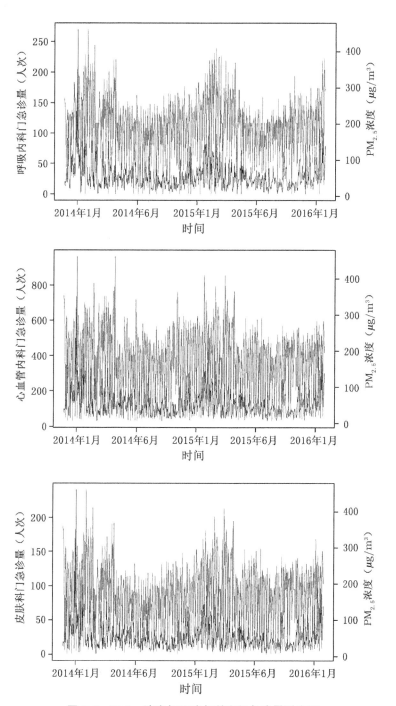

图 5.1　PM$_{2.5}$ 浓度与医院各科室门急诊量时序图

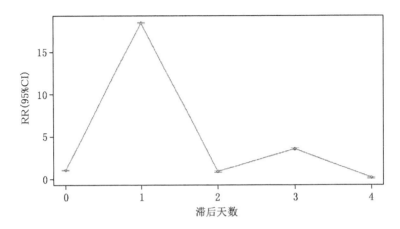

图 5.2 PM$_{2.5}$ 浓度每升高 10μg/m³ 时呼吸内科门急诊就诊的 RR 及滞后效应

表 5.2 雾霾污染物对医院呼吸内科门急诊量的影响(滞后 1 天效应)

雾霾污染物	β	RR	95％CI	P 值	ER
PM$_{2.5}$	0.051 4	18.451 5	18.361 1—18.541 9	0.001 3[*]	1 745.15％
SO$_2$	0.011 1	13.508 1	13.288 9—13.727 3	0.000 0[*]	1 250.81％
NO$_2$	0.037 9	18.414 7	18.337 9—18.491 5	0.005 5[*]	1 741.47％
O$_3$	−0.038 5	13.963 3	13.374 4—14.552 2	0.000 0[*]	1 296.33％

注:[*] 为统计学意义显著性 P＜0.05,ER 表示 PM$_{2.5}$ 浓度每升高 10μg/m³ 时门急诊量的超额危险度。

(2)双/多污染物模型

根据单污染物模型的滞后效应分析,选择具有统计学意义或者效应最大滞后天数(1 天)的 SO$_2$、NO$_2$、O$_3$ 同时引入模型进行双污染物模型和多污染物模型分析,研究引入其他雾霾污染物后它们对呼吸内科门急诊量的影响。由表 5.3 中结果显示,双污染物模型中,分别引入 SO$_2$、NO$_2$、O$_3$ 后,PM$_{2.5}$ 浓度每升高 10μg/m³,呼吸系统疾病门诊就诊的 ER 分别为 58.74％、11.23％、−56.27％。三污染物模型中,同时引入 SO$_2$ 和 NO$_2$ 后,PM$_{2.5}$ 对呼吸系统疾病日门急诊量的影响有所减少但仍有统计学意义,PM$_{2.5}$ 每升高 10μg/m³,呼吸系统疾病门诊就诊的 ER 为 58.04％;同时引入 SO$_2$、O$_3$ 和同时引入 NO$_2$、O$_3$ 后,PM$_{2.5}$ 对呼吸系统疾病日门急诊量的影响有所增加,PM$_{2.5}$ 每升高 10μg/m³,呼吸系统疾病门诊就诊的 ER 分别为 −67.07％和 −54.79％。四污染物模型中,同时引入 SO$_2$、NO$_2$、O$_3$ 后,呼吸系统疾病门诊就诊的 ER

为 46.94%。

表 5.3　PM$_{2.5}$ 浓度每升高 10μg/m³ 时对呼吸内科门急诊量的影响结果

污染物模型 滞后效应	RR(95%CI)	ER*	P 值
PM$_{2.5}$			
Lag0	1.052 7(1.003 8－1.101 6)	5.27%	0.007
Lag1	18.451 5(18.361 1－18.541 9)	1 745.15%	0.015
Lag2	0.894 8(0.804 4－0.985 2)	－10.52%	＜0.001
Lag3	3.555 6(3.465 3－3.645 9)	255.56%	＜0.001
Lag4	0.143 7(0.053 3－0.234 1)	－85.63%	＜0.001
PM$_{2.5}$＋SO$_2$			
Lag0	0.996 6(0.808 7－1.184 5)	－0.34%	＜0.001
Lag1	1.587 4(0.749 8－2.424 0)	58.74%	0.005
Lag2	15.396 1(14.585 5－16.233 7)	1 439.61%	0.034
Lag3	0.703 7(－0.133 9－1.541 3)	－29.63%	0.524
Lag4	4.283 2(3.445 6－5.120 8)	328.32%	0.758
Lag5	0.111 7(－0.725 9－0.949 3)	－88.83%	0.086
PM$_{2.5}$＋NO$_2$			
Lag0	0.931 0(0.647 7－1.214 3)	－6.90%	＜0.001
Lag1	1.112 3(0.943 3－1.281 3)	11.23%	0.035
Lag2	20.751 6(20.582 6－20.920 6)	1975.16%	＜0.001
Lag3	1.013 0(0.843 9－1.182 1)	1.30%	0.228
Lag4	5.308 7(5.139 7－5.477 7)	430.87%	0.345
Lag5	0.190 5(0.021 5－0.359 5)	－80.95%	0.425
PM$_{2.5}$＋O$_3$			
Lag0	1.052 4(1.001 2－1.103 6)	5.24%	＜0.001
Lag1	0.437 3(－0.767 1－1.641 6)	－56.27%	0.013
Lag2	14.747 1(13.542 8－15.951 4)	1 374.71%	＜0.001
Lag3	0.952 2(－0.251 2－2.156 6)	－4.78%	0.516
Lag4	4.532 9(3.328 6－5.737 2)	353.29%	0.431
Lag5	0.155 6(－1.048 7－1.360 0)	－84.44%	0.125

污染物模型 滞后效应	RR(95%CI)	ER*	P 值
$PM_{2.5}+SO_2+NO_2$			
Lag0	0.899 1(0.525 3－1.272 9)	－10.09%	＜0.001
Lag1	1.580 4(0.968 1－2.192 7)	58.04%	0.048
Lag2	1.449 1(0.836 7－2.061 5)	44.91%	0.189
Lag3	15.252 3(14.639 9－15.864 7)	1 425.23%	＜0.001
Lag4	0.857 3(0.244 9－1.469 7)	－14.27%	0.586
Lag5	5.263 4(4.650 9－5.875 9)	426.34%	0.131
Lag6	0.139 9(－0.472 4－0.752 4)	－86.01%	0.845
$PM_{2.5}+SO_2+O_3$			
Lag0	0.859 8(0.417 5－1.302 1)	0.43%	＜0.001
Lag1	0.329 3(－0.539 4－1.197 9)	－67.07%	0.027
Lag2	0.724 1(－0.144 6－1.592 7)	－27.59%	0.031
Lag3	10.518 6(9.649 9－11.387 2)	951.86%	＜0.001
Lag4	0.668 3(－0.200 3－1.536 9)	－33.17%	0.415
Lag5	5.155 5(4.286 8－6.024 0)	415.55%	0.054
Lag6	0.098 9(－0.769 8－0.967 5)	－90.11%	0.847
$PM_{2.5}+NO_2+O_3$			
Lag0	0.934 9(0.664 4－1.205 4)	－6.51%	＜0.001
Lag1	0.452 1(0.266 4－0.637 8)	－54.79%	0.041
Lag2	0.683 9(0.498 2－0.869 6)	－31.61%	0.215
Lag3	15.817 6(15.631 8－16.003 4)	1 481.76%	＜0.001
Lag4	1.062 5(0.876 8－1.248 2)	6.25%	0.056
Lag5	5.422 3(5.236 6－5.608 0)	442.23%	0.436
Lag6	0.193 6(0.007 9－0.379 3)	－80.64%	0.518
$PM_{2.5}+SO_2+NO_2+O_3$			
Lag0	0.896 8(0.518 8－1.274 8)	－10.32%	＜0.001
Lag1	1.469 4(0.828 1－2.110 7)	46.94%	0.035

续表

污染物模型 滞后效应	RR(95%CI)	ER*	P值
Lag2	0.358 5(−0.282 7−0.999 7)	−64.15%	0.434
Lag3	0.849 3(0.208 1−1.490 5)	−15.07%	0.524
Lag4	10.752 2(10.110 9−11.393 3)	975.22%	<0.001
Lag5	0.852 7(0.211 5−1.493 9)	−14.73%	0.054
Lag6	5.442 7(4.801 5−6.083 9)	444.27%	0.095
Lag7	0.127 0(−0.514 3−0.768 3)	−87.30%	0.682

注:Lag0 为当天效应;Lag1 为滞后 1 天效应; * 在 0.05 级别(双尾),相关性显著。

5.2.4 $PM_{2.5}$ 与心血管内科门急诊量的泊松广义相加模型的拟合

1. 单污染物模型

由图 5.3 可以看出,$PM_{2.5}$ 日均浓度与当日、滞后 1~4 天的心血管内科日门急诊量有关,其中对滞后 1 天的心血管内科日门急诊量的影响最大,另外由表 5.4 可知,在滞后 1 天时,相比于其他雾霾污染物 SO_2、NO_2 和 O_3,$PM_{2.5}$ 浓度对心血管内科门急诊量的影响是最大的,即 $PM_{2.5}$ 浓度每升高 $10\mu g/m^3$ 心血管内科门急诊就诊的 RR 为 6.870 4,ER 为 587.04%,SO_2 浓度每升高 $10ug/m^3$ 心血管内科门急诊就诊的 RR 为 3.948 6,ER 为 294.86%,NO_2 浓度每升高 $10\mu g/m^3$ 心血管内科门急诊就诊的 RR 为 6.852 2,ER 为 585.22%,O_3 浓度每升高 $10\mu g/m^3$ 心血管内科门急诊就诊的 RR 为 6.1549,ER 为 515.49%。

表 5.4　雾霾污染物对医院心血管内科门急诊量的影响(滞后 1 天效应)

雾霾污染物	β	RR	95%CI	P值	ER
$PM_{2.5}$	0.061 7	6.870 4	6.177 3−7.563 5	0.004 0	587.04%
SO_2	0.059 7	3.948 6	3.923 9−3.973 3	0.000 0*	294.86%
NO_2	−0.043 6	6.852 2	6.715 6−6.988 8	0.000 0*	585.22%
O_3	−0.015 5	6.154 9	5.627 6−6.682 2	0.038 0*	515.49%

注: * 为统计学意义显著性 $P<0.05$,ER 表示 $PM_{2.5}$ 浓度每升高 $10\mu g/m^3$ 时门急诊量的超额危险度。

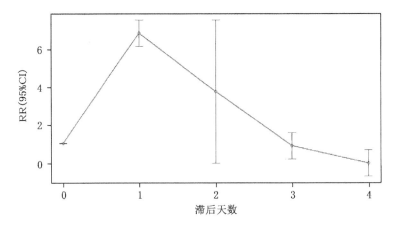

图 5.3　$PM_{2.5}$ 浓度每升高 $10\mu g/m^3$ 时心血管内科门急诊就诊的 RR 及滞后效应

2. 双/多污染物模型

由表 5.5 中结果显示，双污染物模型中，分别引入 SO_2、NO_2、O_3 后，$PM_{2.5}$ 每升高 $10\mu g/m^3$，心血管疾病门诊就诊的 ER 分别为 -59.32%、-80.22%、-86.63%。三污染物模型中，分别同时引入 SO_2、NO_2，同时引入 SO_2、O_3 和同时引入 NO_2、O_3 后，$PM_{2.5}$ 对心血管疾病日门急诊量的影响都有所增加但仍有统计学意义，$PM_{2.5}$ 每升高 $10\mu g/m^3$，心血管疾病门诊就诊的 ER 分别为 $1\,224.86\%$、385.24% 和 $1\,167.53\%$。四污染物模型中，同时引入 SO_2、NO_2、O_3 后，心血管疾病门诊就诊的 ER 为 $1\,519.23\%$。

表 5.5　$PM_{2.5}$ 浓度每升高 $10\mu g/m^3$ 时对心血管内科门急诊量的影响结果

污染物模型 滞后效应	RR(95%CI)	ER*	P 值
$PM_{2.5}$			
Lag0	1.063 6(1.048 1—1.079 1)	6.36%	0.003
Lag1	6.870 4(6.177 3—7.563 5)	587.04%	0.034
Lag2	0.700 3(0.007 1—7.563 5)	−29.97%	<0.001
Lag3	0.929 7(0.236 6—1.622 8)	−7.03%	<0.001
Lag4	0.015 5(−0.677 6—0.708 6)	−98.45%	<0.001

续表

污染物模型 滞后效应	RR(95%CI)	ER*	P 值
$PM_{2.5}+SO_2$			
Lag0	1.097 2(1.062 0−1.132 4)	9.72%	<0.001
Lag1	0.406 8(−2.040 3−2.853 9)	−59.32%	0.005
Lag2	4.720 8(4.273 7−5.167 9)	372.08%	0.034
Lag3	0.428 5(−2.018 6−2.875 6)	−57.15%	0.524
Lag4	0.844 8(−1.602 2−3.291 9)	−15.52%	0.728
Lag5	0.026 2(−2.420 9−2.473 3)	−97.38%	0.086
$PM_{2.5}+NO_2$			
Lag0	0.811 9(0.270 4−1.353 4)	−18.81%	<0.001
Lag1	0.197 8(−0.481 5−0.877 1)	−80.22%	0.035
Lag2	9.722 1(8.877 1−10.567 1)	872.21%	<0.001
Lag3	0.533 4(−0.145 9−1.212 7)	−46.66%	0.228
Lag4	1.638 9(0.959 6−2.318 2)	63.89%	0.345
Lag5	0.049(−0.630 4−0.728 2)	−95.11%	0.425
$PM_{2.5}+O_3$			
Lag0	1.118 3(1.044 2−1.192 4)	11.83%	<0.001
Lag1	0.133 7(−0.578 4−0.845 8)	−86.63%	0.013
Lag2	7.566 2(6.845 8−8.286 6)	656.62%	<0.001
Lag3	0.695 0(−0.017 1−1.407 0)	−30.50%	0.516
Lag4	1.120 2(0.408 1−1.832 3)	12.02%	0.431
Lag5	0.008 1(−0.704 0−0.720 2)	−99.19%	0.125
$PM_{2.5}+SO_2+NO_2$			
Lag0	0.859 8(0.417 5−1.302 1)	−14.02%	<0.001
Lag1	13.248 6(11.286 6−15.210 7)	1 224.86%	0.368
Lag2	0.267 5(−1.694 5−15.210 7)	−73.25%	0.197
Lag3	5.976 2(4.014 2−7.938 3)	497.62%	<0.001
Lag4	0.431 8(−1.530 2−2.393 9)	−56.82%	0.546
Lag5	1.253 9(−0.708 1−3.216 0)	25.39%	0.541
Lag6	0.080 6(−1.881 5−2.042 6)	−91.94%	0.845
$PM_{2.5}+SO_2+O_3$			
Lag0	1.182 3(1.009 3−1.355 2)	18.23%	<0.001

污染物模型 滞后效应	RR(95%CI)	ER*	P 值
Lag1	4.852 4(2.378 1—7.326 8)	385.24%	0.027
Lag2	0.258 4(−2.215 9—7.326 8)	−74.16%	0.031
Lag3	4.847 6(2.373 3—7.321 9)	384.76%	<0.001
Lag4	0.405 7(−2.068 6—2.880 0)	−59.43%	0.433
Lag5	1.012 3(−1.426 0—3.486 7)	1.23%	0.054
Lag6	0.015 4(−2.459 0—2.489 8)	−99.85%	0.847
$PM_{2.5}+NO_2+O_3$			
Lag0	0.858 5(0.417 0—1.300 0)	−14.15%	<0.001
Lag1	12.675 3(11.889 4—13.461 2)	1 167.53%	0.241
Lag2	0.213 7(−0.572 2—13.461 2)	−78.63%	0.215
Lag3	10.538 8(9.572 9—11.144 7)	935.88%	<0.001
Lag4	0.523 1(−0.262 9—1.309 0)	−47.69%	0.076
Lag5	1.589 5(0.803 5—2.375 4)	58.95%	0.436
Lag6	0.021 2(−0.764 8—8.071 4)	−97.88%	0.518
$PM_{2.5}+SO_2+NO_2+O_3$			
Lag0	0.911 7(0.578 2—1.245 1)	−8.83%	<0.001
Lag1	16.192 3(14.167 1—18.217 5)	1 519.23%	0.645
Lag2	5.826 4(3.801 2—18.127 5)	482.64%	0.754
Lag3	0.257 8(−1.767 4—2.282 9)	−74.22%	0.524
Lag4	6.664 4(4.639 3—8.689 5)	566.44%	<0.001
Lag5	0.408 8(−1.616 4—2.434 0)	−59.12%	0.054
Lag6	1.229 5(−0.795 7—3.254 7)	22.95%	0.784
Lag7	0.069 4(−1.955 8—2.094 6)	−93.06%	0.302

注:Lag0 为当天效应;Lag1 为滞后 1 天效应;* 在 0.05 级别(双尾),相关性显著。

5.2.5 $PM_{2.5}$ 与皮肤科门急诊量的泊松广义相加模型的拟合

1. 单污染物模型

由图 5.4 可以看出,$PM_{2.5}$ 日均浓度与当日、滞后 1～4 天的皮肤科日门急诊量有关,其中对滞后 3 天的皮肤科日门急诊量的影响最大,另外由表

5.6 可知,在滞后 3 天时,相比于其他雾霾污染物 SO_2、NO_2 和 O_3,$PM_{2.5}$ 浓度对皮肤科门急诊量的影响是最大的,即 $PM_{2.5}$ 浓度每升高 $10\mu g/m^3$ 皮肤科门急诊就诊的 RR 为 8.603 1,ER 为 760.31%,SO_2 浓度每升高 $10\mu g/m^3$ 皮肤科门急诊就诊的 RR 为 7.429 7,ER 为 642.97%,NO_2 浓度每升高 $10\mu g/m^3$ 皮肤科门急诊就诊的 RR 为 7.836 8,ER 为 683.68%,O_3 浓度每升高 $10\mu g/m^3$ 皮肤科门急诊就诊的 RR 为 8.587 5,ER 为 758.75%。

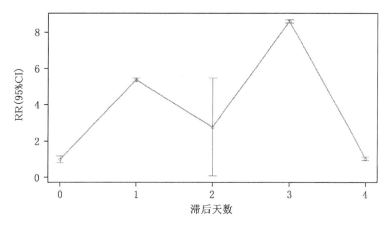

图 5.4　$PM_{2.5}$ 浓度每升高 $10\mu g/m^3$ 时皮肤科门急诊就诊的 RR 及滞后效应

表 5.6　　　　　　　　雾霾污染物对皮肤科门急诊量的影响(滞后 3 天效应)

雾霾污染物	β	RR	95%CI	P 值	ER
$PM_{2.5}$	0.074 4	8.603 1	8.510 7—8.695 5	0.027 5*	760.31%
SO_2	0.008 7	7.429 7	7.403 0—7.456 4	0.000 0*	642.97%
NO_2	0.023 7	7.836 8	7.803 8—7.869 8	0.000 0*	683.68%
O_3	0.064 7	8.587 5	8.342 9—8.832 1	0.466 0	758.75%

注:* 为统计学意义显著性 $P<0.05$,ER 表示 $PM_{2.5}$ 浓度每升高 $10\mu g/m^3$ 时门急诊量的超额危险度。

2. 双/多污染物模型

由表 5.7 结果显示,双污染物模型中,分别引入 SO_2、NO_2、O_3 后,$PM_{2.5}$ 每升高 $10\mu g/m^3$,皮肤科门诊就诊的 ER 分别为 -83.98%、-78.61%、-81.51%。三污染物模型中,同时引入 SO_2 和 NO_2 后,$PM_{2.5}$ 对皮肤科门急诊量的影响有所增加但仍有统计学意义,$PM_{2.5}$ 每升高 $10\mu g/m^3$,皮肤科门诊就诊的 ER 为 376.00%;同时引入 SO_2、O_3 和同时引入 NO_2、O_3 后,

PM$_{2.5}$ 对皮肤科门急诊量的影响有所增加,PM$_{2.5}$ 每升高 $10\mu g/m^3$,皮肤科门诊就诊的 ER 分别为 280.78% 和 310.85%。四污染物模型中,同时引入 SO$_2$、NO$_2$、O$_3$ 后,皮肤科门诊就诊的 ER 为 -61.79%。

表 5.7　　　　PM$_{2.5}$ 浓度每升高 $10\mu g/m^3$ 时对皮肤科门急诊量的影响结果

污染物模型 滞后效应	RR(95%CI)	ER*	P 值
PM$_{2.5}$			
Lag0	0.995 6(0.801 0−1.190 2)	−0.44%	0.054
Lag1	5.379 5(5.287 1−5.471 9)	437.95%	0.015
Lag2	0.178 8(0.086 3−5.471 9)	−82.12%	0.036
Lag3	8.603 1(8.510 7−8.695 5)	760.31%	<0.001
Lag4	1.041 4(0.948 9−1.133 9)	−4.14%	<0.001
PM$_{2.5}$＋SO$_2$			
Lag0	1.035 8(0.891 4−1.180 2)	3.58%	<0.001
Lag1	0.485 3(0.308 1−0.662 5)	−51.47%	0.005
Lag2	5.052 2(4.875 0−5.662 4)	405.21%	0.034
Lag3	0.160 2(−0.017 0−0.337 4)	−83.98%	0.024
Lag4	7.095 2(6.918 0−7.272 4)	609.52%	0.048
Lag5	1.120 8(0.943 6−1.298 0)	12.08%	0.086
PM$_{2.5}$＋NO$_2$			
Lag0	0.917 1(0.554 3−1.279 9)	−8.29%	<0.001
Lag1	0.598 8(−0.256 6−1.454 2)	−40.12%	0.035
Lag2	5.291 2(4.435 8−5.854 2)	429.12%	<0.001
Lag3	0.213 9(−0.641 5−1.069 3)	−78.61%	0.028
Lag4	7.958 2(7.102 8−8.813 6)	695.82%	0.345
Lag5	1.064 1(0.208 7−1.919 5)	6.41%	0.425
PM$_{2.5}$＋O$_3$			
Lag0	1.021 2(0.873 8−1.168 6)	2.12%	<0.001
Lag1	0.302 0(0.094 0−0.510 0)	−69.80%	0.013
Lag2	4.205 5(3.997 5−4.510 0)	320.55%	<0.001
Lag3	0.184 9(−0.023 1−0.392 9)	−81.51%	0.016
Lag4	9.041 8(8.833 8−9.249 8)	804.18%	0.431
Lag5	1.112 0(0.904 0−1.320 0)	11.20%	0.125

续表

污染物模型 滞后效应	RR(95%CI)	ER*	P 值
PM$_{2.5}$＋SO$_2$＋NO$_2$			
Lag0	0.923 4(0.546 9－1.299 9)	－7.65%	＜0.001
Lag1	2.326 5(2.279 8－2.373 2)	132.65%	0.098
Lag2	0.526 8(0.480 2－2.373 1)	－47.32%	0.189
Lag3	4.760 0(4.713 4－4.806 6)	376.00%	0.047
Lag4	0.219 1(0.172 4－0.265 8)	－78.09%	0.586
Lag5	6.574 7(6.528 0－6.621 3)	557.47%	0.005
Lag6	1.141 5(1.094 9－1.188 2)	14.15%	0.356
PM$_{2.5}$＋SO$_2$＋O$_3$			
Lag0	1.071 6(0.986 1－1.157 1)	7.16%	＜0.001
Lag1	0.077 2(－0.184 5－0.339 1)	－92.28%	0.027
Lag2	0.318 6(0.056 8－0.539 1)	－68.14%	0.031
Lag3	3.807 8(3.545 9－4.069 7)	280.78%	0.011
Lag4	0.156 0(－0.105 8－0.417 8)	－84.40%	0.535
Lag5	7.498 3(7.236 5－7.760 1)	649.83%	0.004
Lag6	1.224 9(0.963 1－1.486 7)	22.49%	0.847
PM$_{2.5}$＋NO$_2$＋O$_3$			
Lag0	0.942 1(0.629 1－1.255 0)	－5.79%	＜0.001
Lag1	0.113 3(－0.759 1－0.985 6)	－88.67%	0.041
Lag2	0.423 4(－0.448 9－0.985 6)	－57.66%	0.215
Lag3	4.108 5(3.236 1－4.980 8)	310.85%	0.001
Lag4	0.232 0(－0.640 4－1.104 3)	－76.80%	0.056
Lag5	8.104 8(7.232 5－8.977 1)	710.48%	0.036
Lag6	1.129 6(0.257 2－2.002 0)	12.96%	0.518
PM$_{2.5}$＋SO$_2$＋NO$_2$＋O$_3$			
Lag0	0.962 6(0.661 4－1.263 8)	－3.74%	＜0.001
Lag1	2.562 6(2.479 4－2.645 8)	156.26%	0.065
Lag2	0.087 9(0.004 6－2.645 9)	－91.21%	0.434
Lag3	0.382 1(0.298 8－0.465 4)	－61.79%	0.524
Lag4	3.589 0(3.505 8－3.672 3)	258.90%	0.001
Lag5	0.221 6(0.138 3－0.304 9)	－77.84%	0.154

续表

污染物模型 滞后效应	RR(95%CI)	ER*	P 值
Lag6	6.575 0(6.491 8—6.658 2)	557.50%	0.001
Lag7	1.286 1(1.202 9—1.369 3)	28.61%	0.792

注:Lag0 为当天效应;Lag1 为滞后 1 天效应;* 在 0.05 级别(双尾),相关性显著。

5.2.6　结　论

(1)在模型中控制了多种可能影响门急诊量的混杂因素,如呼吸内科、心血管内科和皮肤科门急诊量的长期趋势、季节趋势以及气象因素等,较为客观地分析了雾霾污染物 $PM_{2.5}$ 日均浓度与医院呼吸内科、心血管内科和皮肤科门急诊量的关系。但是 $PM_{2.5}$ 日均浓度与门急诊量之间的时间序列关系并不完全一致,有时还呈现相反的变化趋势。这说明影响医院门诊就诊量的因素非常复杂,除论文中涉及的因素外,社会经济因素可能也起到一定的作用,如当地的医疗保健水平、居民的营养状况等。

(2)研究中收集了 2013 年 10 月 28 日至 2015 年 12 月 31 日上海市雾霾污染物 $PM_{2.5}$ 日均浓度与某医院心血管内科门急诊量变化的暴露—反应关系,分别建立单污染物、双污染物和多污染物模型,双污染物和多污染物模型主要用于观察 $PM_{2.5}$ 与其他雾霾污染物的综合效应。$PM_{2.5}$ 与其他污染物共同作用会对人体健康产生不同程度的影响。

首先,在 $PM_{2.5}$ 对呼吸内科门急诊量影响方面,滞后 1 天时,双/多污染物模型与单污染物模型相比,$PM_{2.5}$ 对呼吸内科门急诊量的影响程度有所减少,但仍然有统计学意义。

其次,$PM_{2.5}$ 对心血管内科门急诊量影响方面,双/多污染物模型与单污染物模型没有固定的起伏关系。

最后,$PM_{2.5}$ 对皮肤科门急诊量影响方面,双/多污染物模型比单污染物模型的影响程度有所减少但仍然有统计学意义。结果显示上海市 $PM_{2.5}$ 的日均浓度水平与心血管内科门急诊量具有显著正相关关系。

(3)研究结果显示,雾霾污染物 $PM_{2.5}$ 浓度升高均能够增加呼吸内科、心血管内科和皮肤科日门急诊量,且存在滞后效应,对呼吸内科和心血管内科门急诊量都滞后 1 天的影响最大,对皮肤科门急诊量滞后 3 天的影响最大,即 $PM_{2.5}$ 当日浓度每升高 $10\mu g/m^3$,其对应的相对危险度 RR 分别为

18.451 5、6.870 4 和 8.603 1。这一研究结果与国内外同类研究相比，$PM_{2.5}$ 浓度对医院门急诊量的影响偏高。不同国家和地区基于时间序列进行的雾霾污染中的颗粒物对呼吸系统疾病短期的健康效应的定量评估结果不完全相同，可能主要和不同时期雾霾污染水平、雾霾污染物主要来源和成分不同、气象条件不同有关系，也可能与研究的地区和样本的多少及研究过程中调整的混杂因素不同有关，另外也可能与当地的人群营养状况等有关系。

5.2.7　建议

鉴于上海市雾霾污染现状及其对当地居民健康的影响，数据结果证实雾霾污染物 $PM_{2.5}$ 对人体健康有损害，因此本书从雾霾污染治理和雾霾污染物 $PM_{2.5}$ 危害防护两个方面提出相应的可操作性建议和对策，为提高居民生活健康水平贡献力量。在雾霾污染治理方面，可从以下几个角度改善目前雾霾污染的现状。

(1)加大 $PM_{2.5}$ 等污染物的宣传力度。首要任务是加大 $PM_{2.5}$ 的宣传力度，让公众了解它及它所带来的危害。同时政府相关部门在技术条件允许的情况下，应该实时公布 $PM_{2.5}$ 浓度情况，以保障公众的知情权。

(2)加强环境与健康立法、完善治理雾霾污染规定。市政府针对《上海市实施〈大气污染防治法〉办法》修订的同时，若能够出台一些专门针对雾霾污染与健康问题的相关规定，这将对雾霾污染的治理具有重要的实践意义。

(3)推动科技创新、开发新能源。由于造成上海市雾霾污染严重的原因之一是工业燃煤，因此政府相关部门需要降低单位 GDP 的能源消耗，提高资源的利用率，推动科技创新，有效利用水能、电能、风能和生物能等新能源。

在有效治理雾霾污染的同时，我们需从自身的角度做到雾霾健康危害的预防。

(1)雾霾天气少开窗、减少出门。在出现雾霾天气或大气中 $PM_{2.5}$ 浓度较高时，尽量待在室内少开窗，减少出门的时间，尤其对于儿童、孕妇和患有呼吸系统疾病和心脑血管疾病的老年人，最好不要出门，更不应该出去锻炼，否则容易诱发病情，引起生命危险。

(2)外出须戴专业防尘口罩。若有必要外出，我们需要戴好专业的防尘口罩，有效过滤可吸入细颗粒物，同时还要选取质量较好并且适合自己的口罩，避免口罩与脸部不贴合而导致皮肤健康受损。

(3)饮食清淡，适量补充维生素 D。雾霾天气污染严重时，各种有害物质侵蚀我们的身体,因此我们选择清淡、容易消化且富含维生素的食物,多喝水,多吃新鲜蔬菜和水果,多吃豆腐、牛奶、黄花鱼等富含维生素 D 的食物。

5.2　雾霾污染引发社会关注度
区域性差异影响因素分析

5.2.1　引言

自 2013 年雾霾污染爆发以来,雾霾污染影响范围逐年扩大,雾霾污染范围现已出现区域化分布,并呈现逐渐南下扩展的趋势。为避免雾霾污染的进一步加重,实现"天蓝、地绿、水净"的生态建设目标,我国各地方政府加大了对雾霾污染源头的防控和整治力度,部分地区的雾霾污染得到了一定程度的缓解,但其空气质量仍存在进一步提升的空间。研究发现,雾霾的主要污染物 $PM_{2.5}$ 存在粒直径小的特征,易导致人体吸入该污染物后将无法通过自身免疫系统排出,这将对人体健康带来直接损害。面对日益扩大的雾霾污染范围,随着社会经济的进步与居民消费水平的提高,居民对周围生活环境提出了更高的质量要求。通过了解雾霾关注度的区域性差异,为提升居民对雾霾认知水平和生活质量水平提出意见。

国内外学者就雾霾污染对人体健康的影响进行了研究。Jamal Othman (2014)研究了马来西亚跨界烟雾污染对健康影响的经济价值,发现雾霾事件与住院病例增加相关,每万人每年增加 2.4 人,比正常日增加 31%,平均每年住院健康经济损失达到 9 100 美元[24]。涂庆(2016)对 $PM_{2.5}$ 浓度与肺癌发病情况进行实证分析,发现排除职业暴露和吸烟两种因素外,肺癌的高发病率与大气污染密切相关[25]。黄薇等(2012)针对 2004 年到 2008 年西安市户籍居民每日因病和自然死亡率进行了流行性疾病的研究,发现 $PM_{2.5}$ 及其化学组分急性暴露与居民超额死亡风险增加有关联[26]。孙兆彬等(2016)对北京地区颗粒物对健康效应的影响进行了研究,发现雾霾天气与人群心脑血管疾病之间具有滞后效应,随着雾霾污染天气的加重,对心脑血管疾病危害也在加重[27]。

雾霾污染的加剧将会给居民的身体健康和心理健康造成损害的观点被

越来越多的学者从理论和实证两方面得以验证,这激发了居民对雾霾污染情况的关注度。叶春明(2016)研究了上海社会公众对雾霾天气的关注度风险水平,发现公众关注度与季节因素有关,并将其划分了风险等级[28]。苏晓红(2017)分析了公众对于雾霾的关注程度及其变化特点,并与实际 $PM_{2.5}$ 浓度数值进行回归分析,证明人们对于雾霾的重视程度与雾霾实际发生的严重程度有直接关系[29]。此外,雾霾污染所造成的影响促使其对现有雾霾防护产品产生关注。部分学者对雾霾防护产品的防护效能进行研究。谷红霞(2016)对不同雾霾防护组合进行对比实验,结果发现应用空气净化器结合防霾口罩可以显著降低哮喘患者急性发作的发生率及严重程度,使患者保持良好的哮喘控制水平;单用防霾口罩也可以起到较好的防护作用,只是效果稍差,但仍明显优于不采取防护措施的患者[30]。

不同于前人对居民雾霾防护行为及意识进行地区性研究,本研究将侧重于研究引起居民雾霾防护关注度差异的影响因素。随着互联网的普及与运用,公众倾向于利用互联网获取相关信息,并通过以淘宝网为首的购物平台进行商品选择。因此,本书拟运用公众对雾霾关键词的百度搜索指数来反映其对雾霾污染天气的关注度;运用防霾口罩和空气净化器的阿里指数来反映公众对雾霾防护的购买决策行为;并从宏观、中观和微观这三个维度分析引起居民雾霾防护行为差异的主要因素。

5.2.2　变量选取与数据来源

1. 数据来源

本书运用百度指数和阿里指数工具分别统计全国从 2016 年 7 月至 2017 年 7 月雾霾关键词的搜索指数及雾霾防护产品在淘宝市场的行业成交量综合值。该数据连续性高、真实可靠且能客观地展现消费者在该事件段内对雾霾防护产品的购买决策行为和对关键词的关注度。此外,从宏观、中观和微观这三个维度的考察,主要通过表 5.8 所示的一些变量进行分析。

表 5.8　　　　　　　　　　　　　变量选择

维度	变量选择	变量
	地区生产总值(GDP)	X_1
宏观	环境空气质量(AQI)	X_2
	人口总量	X_3

续表

维度	变量选择	变量
中观	空气污染治理投资	X_4
	烟气排放减少量	X_5
	大专及以上学历人数	X_6
微观	人均可支配收入	X_7
	男女性别比	X_8

2. 变量描述

地区生产总值(GDP)是衡量一个地区经济发展水平的重要指标。地区的经济发展将间接影响到当地居民的生活质量要求。地区经济发展水平越高的省市往往能提供更好的生产生活环境、更先进的科技水平,对信息的接受和反应能力也将更为迅捷。

空气质量指数(AQI)是我国根据环境空气质量标准,并结合各项污染物对人体健康、生态、环境的影响,经过简化计算后的概念性数值。空气质量指数相较于 $PM_{2.5}$ 污染浓度指数,其直观性更高,较易于居民对短时间内周围空气质量进行评价,因此本书中选用空气质量指数作为衡量我国地区环境空气质量的指标。

人口总量是指该地区年末常住人口。这类人群在该地区滞留时间较长,对当地的环境情况较为敏感。此外,随着互联网的普及率日益提升,人们的信息收集渠道更为广泛,进而提高了当地对环境因素的关注度,同时购物的便捷性也促进了雾霾防护行为的购买决策。

空气污染治理投资是指国家及地方政府为了降低当地的雾霾污染程度,给予相关企业进行整改和技术提高的资金。一般来说,居民对政府的雾霾防治行为的关注度越高,将提升其对周围环境的敏感性。

烟气排放减少量是指企业在该年相较于去年所减少排放烟气的百分比。烟气排放减少量是当地企业为雾霾污染防治所做出的努力。

大专及以上学历人数是衡量一个地区知识文化水平的标志之一。拥有大专及以上学历的人数越多,表明该地区的文化水平越高。较高的知识文化水平对认识事物客观情况具有积极的影响。

人均可支配收入是衡量当地居民生活水平的标志。根据马斯洛需求层次可以发现,不同的生活水平将影响到其需求层次的划分。因此,人均可支配收入是影响消费者雾霾防护行为的一个因素。

男女性别比是把性别问题融入环境问题的考量中[31]。社会分工的差异性导致其在资源依存度上的不同。不同的性别承担了由环境质量退化所引起的环境风险、生存风险的不同。其中女性通常是在环境恶化中最易受到伤害和最脆弱的群体,这将导致其对环境的关心程度更高。

5.2.3　模型构建与实证分析

1. 模型构建

首先将居民雾霾防护采购行为和雾霾关键词关注度进行相关性分析。其次,为了让结果更显著,选取雾霾污染较为严重的 2015 年 12 月进行基于全国 31 个省市的影响因素研究。鉴于雾霾关键词关注度是由多个影响因素共同作用的,故利用回归分析方法。设定这些变量之间存在线性统计关系,建立多元线性回归模型为:

$$Y=b_0+b_1X_1+b_2X_2+b_3X_3+b_4X_4+b_5X_5+b_6X_6+b_7X_7+b_8X_8+e$$

式(5.2)

其中,Y 为雾霾关键词关注度;b_0 为常数项;b_i 为参数,是 X_i 的回归系数,表示在其他所有自变量不变的情况下,自变量 X_i 每变化一个单位,引起因变量 Y 平均变化的数值。利用 SPSS19.0 软件对数据进行统计分析,分析方法采用逐步回归法。自变量选择雾霾关键词搜索指数,因变量选择地区生产总值、环境空气质量、人口总量、空气污染治理投资、烟尘排放减少量、大专及以上学历人数、人均可支配收入、男女性别比例。

2. 实证分析

为了避免因互联网营销给阿里指数带来的数据变动,从而影响到其与雾霾关键词搜索指数的相关性研究。故将年度两次电商大战"双 11"与"双 12"的数据去除,并进行时序图分析(见图 5.5)。

从图 5.5 可以发现,阿里指数与搜索指数的变动趋势具有高度相关性,其变动趋势与季节更替存在一定的关联。阿里指数与搜索指数由高到低依次为冬季、秋季、春季、夏季。为了更精确地反映各解释变量对被解释变量的影响程度,先对各解释变量与被解释变量进行相关性分析。结果显示,空气污染投资、烟气排放减少量和男女性别比与搜索指数的相关性不显著,其余变量均与搜索指数显著相关,但变量间存在严重共线性问题。为了减少共线性对模型回归结果的影响,采用逐步回归法筛选并剔除引起多重共线性的变量。用 Spss19.0 软件得到模型结果如表 5.9 所示。

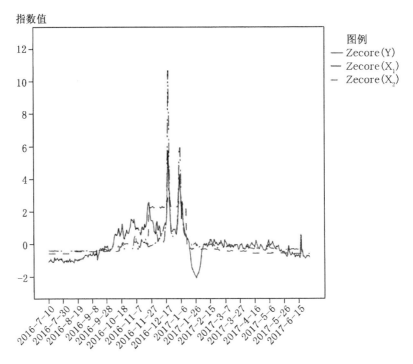

图 5.5　阿里指数与搜索指数时序图

表 5.9　　　　　　　　　　　　　　模型回归结果

模型	非标准化系数 B	标准误差	标准系数试用版	t	Sig.	共线性容差	统计量VIF
1（常量）	−6.230E−17	0.121		0.000	1.000		
X_6	0.750	0.123	0.750	6.113	0.000	1.000	1.000
2（常量）	−3.500E−17	0.095		0.000	1.000		
X_6	0.609	0.102	0.609	5.952	0.000	0.897	1.115
X_2	0.441	0.102	0.441	4.311	0.000	0.897	1.115
3（常量）	−2.283E−16	0.080		0.000	1.000		
X_6	0.512	0.091	0.512	5.658	0.000	0.814	1.228
X_2	0.361	0.089	0.361	4.047	0.000	0.839	1.192
X_7	0.321	0.091	0.321	3.517	0.002	0.800	1.251

注:因变量:Y(Search)。

由此可见,本次逐步回归一共进行了三次。8 个变量中只进入了 3 个变量,分别是 X_6,X_2,X_7。在第一次回归模型中,回归系数为 0.750,并且非常显著。因此,可以判断当地受到高质量教育人数 X_6 与雾霾关注度强弱具有积极影响,与预期相符。其中 $R_2=0.563$,调整 $R_2=0.548$,$F=37.364$ 都比较小,这说明大专及以上学历人数这一个指标还不足以解释地区间雾霾关注度的变化。在第二次回归中,将环境空气质量 X_2 引入模型。结果如第二步回归模型,X_6 和 X_2 回归系数分别为 0.609 和 0.441,且都高度显著。并且模型 R_2、调整 R_2 和 F 值分别从原来的数值 0.563 和 0.548 提升到 0.737、0.719 和 39.305,说明地区环境空气质量的差异也是导致雾霾关注度变化的一个重要影响因素,这也符合我们的预期。第三步将人均可支配收入 X_7 加入模型,X_6、X_2、X_7 的回归系数分别是 0.512、0.361、0.321,说明其因素均与搜索指数存在正相关关系。模型 R_2、调整 R_2 和 F 值分别为 0.820、0.800 和 40.962,R_2 可判定系数较高,表明该模型拟合度较高,其模型的统计意义优于其他模型。同时,方差膨胀因子小于 10,即自变量间不存在严重共线性情况。通过查阅 F 分布表,得出该模型通过方差齐性检验。地区生产总值 X_1 和人口总量 X_3 与其他因素存在多重共线性,故将其剔除。

由此可得到自变量的回归方程为:

$$Y=-2.28\times10^{-16}+0.512X_6+0.361X_2+0.321X_7 \qquad 式(5.3)$$

5.2.4　结论与建议

1. 结论

通过对雾霾关键词搜索指数与雾霾防护产品的阿里指数进行相关性分析,发现雾霾防护购买行为与雾霾关注度强弱具有高度拟合,即雾霾关注度越高,雾霾防护产品的购买力越强。这表明雾霾防护行为是一种反应行为,居民对雾霾污染程度和危害的认知会激发其进行自身防护的意愿。

居民对雾霾的关注度随季节的变化而变化。从时序图中发现,冬季是雾霾关注度最高的季节,这正好与雾霾的特征相对应。根据环保部统计,我国雾霾污染高发时间段是从 11 月至下年 1 月,而在春季和夏季全国空气质量良好。

从雾霾关注度的影响因素分析结果来看,居民受教育程度是影响其雾霾关注度的最重要因素,其相关系数比当地环境空气质量高出 0.151。这说明拥有较高学历的居民对雾霾污染的敏感性较高,其更愿意在日常生活中关注并了解雾霾污染,并采取相应的措施。钱旭君(2016)通过整群抽样的方法对宁波市居民进行了研究,发现宁波市居民雾霾知识知晓率较高,但低文化程度、高年龄、体力劳动等重点人群的防护措施及行为较低[32]。这与本书的研究结论相吻合。其次为环境空气质量对雾霾关注度的影响,这表明当地居民对环境空气质量报告的发布具有高度认可度和关注度,会根据当天的天气情况进行适当地防护。最后是人均收入水平对雾霾关注度的影响,这打破了空间地域的界线,表明经济收入水平高的人群比收入水平低的人群对其生活环境具有更高的质量要求,因此其对雾霾污染的关注度更高。

从影响因素的相关性分析的角度研究,发现雾霾关注度与空气污染投资、烟气排放减少量和男女性别比的相关性较弱。这表明居民对当地政府所进行的雾霾防治措施和当地企业实际烟尘排放减少的关注度较低,其更关注直观的天气现象与数据报告。此外,男性和女性并未在雾霾关注上存在较大的偏好差异。整体而言,雾霾关注度区域性差异与环境因素与个人因素相关,与政府督导因素等相关程度不高。

2. 建议

(1)鼓励公众参与,构建协同治理环境。雾霾环境治理与改善是一个民生问题,与公众的生产生活具有高度关联性,但现有以政府为主导的防治行为主要针对高污染排放的企业,公众对其工作进展与成效了解较少。随着我国民主法治社会的建设日益完善,公众对社会公共事务的参与度愈发高涨,其知识水平、价值判断与认知水平已有了显著的提升[33]。鼓励公众参与到雾霾防治的监督上,这不仅通过社会协作,提升了政府的治理效率,同时加强了公众对政府雾霾防治工作的认可度,更提升了公众自身对践行雾霾减排的意识。

(2)加大对雾霾知识的宣传力度。国内外众多学者对雾霾污染物的成分进行了研究,发现雾霾污染物中的细小颗粒极易携带毒性物质,造成身体健康的损坏。我国对雾霾关注度较高的尚集中于高教育与高收入人群,但对于低收入和低文化人群而言,这方面的知识了解相对匮乏,易对其健康产生不利影响。因此,政府应该通过各种媒体加大对雾霾知识的宣传力度,包括雾霾产生的原因、危害、高发的季节、雾霾污染较为严重时期应该采取的合理措施等。同时,鼓励处于雾霾污染高发地区的公众,通过合理改变自身的生活习惯,减少烟尘的排放,从而降低当地的雾霾浓度。

(3)提升雾霾防护产品的技术水平。随着人们对雾霾污染认识的提高,将增加其对雾霾防护产品的需求程度。而我国现阶段雾霾防护产业呈现整体发展规模较小、产品种类较少、产品技术含量较低等特征。在近期的产品质量抽检中,发现有超过一半的产品在雾霾过滤效能中未达到有关的质量标准,这将直接影响消费者对雾霾防护产品的信心。因此,政府可以通过税收减免等手段,鼓励相关企业进行技术研发。同时,鉴于企业的技术研发需要大量的资金支持和一定的技术成果转化时间,政府应为其提供更多样的融资方式,为其创造更好的技术研发环境。雾霾防护产品技术能力的提升,有利于消费者做出正确的雾霾防护行为判断,也为降低雾霾污染严重地区居民的恐慌情绪提供了条件。

5.3　雾霾污染对国民经济相关行业的影响分析

5.3.1　雾霾污染对农业的影响分析

1. 引言

雾霾污染不仅对生态系统、经济、人们的身体健康及交通造成严重的影响,而且对农业生产以及农产品产地环境的影响也日趋严重。雾霾对于农业生产的影响途径有以下两个方面:

①雾霾影响农作物的光合作用[34],光合作用主要是指绿色植物将太阳能转变成化学能(ATP 和 NADPH)并释放氧气,同时利用所生成的化学能将 CO_2 和 H_2O 同化为糖的过程;光合作用是地球生命得以生存、繁殖和发展的根本源泉,所有生物能的最终来源都是太阳能。雾霾频发时,空气可见度差,天空灰蒙蒙的,太阳光难以穿透,进而影响到绿色植物的光合作用,不利于植物的健康生长。在一般情况下,连续的雾霾天气,会使植物的光合作用效果减弱,农作物生长需要的营养和能量得不到及时的供应,从而导致农作物减产。对小麦而言,其高产的必要条件是:充足的阳光、必要的温度、丰富的水源;但是,如果在小麦发育的关键时期出现了长时间的雾霾天气时,将直接影响小麦后期产量。雾霾天气对设施农业会造成最直接、最严重的危害,譬如:高温棚内的温度比较高,湿度比较大,雾霾天气容易发生病害,危害蔬菜的生长[35]。这种危害也会影响农作物生长,尤其是在春冬季节播种的农作物。在通常情况下,温室内的番茄和辣椒二十多天就出苗了。如果雾霾持续多天以后,温室内的番茄和辣椒播种五十多天都达不到出苗标准,不仅让植株脆弱,成熟后营养价值也受损[36]。

②雾霾影响农作物的呼吸作用。植物虽然具有吸附尘埃的作用,但如果霾中尘粒的浓度过大,会使植物的叶孔堵塞,影响氧气的进入,使植株不堪重负,从而影响植株的呼吸作用。呼吸作用分为两种,一种是有氧呼吸,一种是无氧呼吸,植物都必须依靠呼吸才会产生机体生长所需的能量。无氧呼吸只能短暂的给机体增加能量但会使机体酸痛。有氧呼吸是指把糖类等有机物分解成水和二氧化碳,并同时释放大量能量的过程,该过程只有在氧气参与下才能完成,催化酶也是必不可少的。雾霾天气时,空气中的颗粒物浓度很高,植物吸附过多的尘粒,使有氧呼吸受阻,从而也无法产生维持自身生长的能量。

近年来,随着雾霾污染的加剧,雾霾污染对农业发展的影响得到各界的关注,作为农业大省之一的山东省雾霾危害农业生产的问题在全国也相当突出。国外学者较早分析了雾霾污染对农业发展的影响。Kram Erp J、Kozlowskit T(2000)通过研究发现雾霾污染会降低农作物的产量和质量,影响农作物的品质,低浓度雾霾污染对农作物短时间内影响并不明显,但是农作物长时间暴露在低浓度的雾霾中,有害物质会进一步累计,最终危害农作物的生长。毛艺林(2014)[37]分析了雾霾形成的自然因素和人文、社会因素,阐明了雾霾天气对设施农业中农作物萌芽、生长发育及产量、质量的影响,并提出了设施农业应对雾霾灾害的措施。李春、郭晶(2014)[38]通过研究发现雾霾污染对设施农业有很大影响,并进一步提出了治理方案和预防措施;曹洪玉(2015)[39]认为,雾霾污染主要是通过影响农作物的光合作用和呼吸作用,从而影响农作物产量和质量;王向华、高艳秋(2015)[40]阐明了雾霾污染对设施农业的影响,并提出预防措施;张淑敏、刘跃峰(2015)[41]运用铜川3个气象观测站1964—2013年气象观测资料,对铜川的雾、霾、日照、湿度等气象要素从地域、年际、月季等变化做了统计分析,介绍其对农业生产的影响,并提出相应的防御建议。

2. 数据来源及研究方法

(1)指标体系的建立及数据来源

样本期间为:1978—2018年,采用年度数据。影响农业产出的因素有很多,包括种子的发芽率、土壤的肥沃程度、自然灾害等等。本书从影响因素的可量化性和可行性以及数据可获得性入手,选取了五类因素:农业生产力水平、农村经济发展水平、农业投入水平、农业扶持政策和雾霾污染程度,因变量为农业产出水平。构建了包括一级指标(6个)和二级指标(24)的指标体系(见表5.10)。在建立指标体系基础上,选取各指标1978—2018年数据,做进一步分析,尝试建立数学模型,考察变量间的影响程度。(数据通过《中国统计年鉴》《山东统计年鉴》《山东省环境保护公报》整理而得。)

表 5.10 雾霾污染对农业影响的评价指标体系

一级指标	二级指标	符号	单位
农业 生产力 水平	单位耕地面积农用机械总动力	UMP	千瓦时/公顷
	单位耕地面积施肥量	UFA	吨/公顷
	人均用电量	PEC	千瓦时
	有效灌溉率	AEE	%
	农药使用率	APU	吨/公顷
农业 产出 水平	单位耕地面积农业产量	UTG	千克/公顷
	单位耕地面积农业产值	UTV	元/公顷
	人均粮食产量	PCG	千克/人
	人均农业增加值	PAV	元/人
农村 经济 发展 水平	农村居民家庭住房价值	RHV	元/平方米
	农村高中文化程度劳动力	HRL	%
	农业从业人员比重	PAP	%
	农民人均收入	PFI	元/人
	恩格尔系数	EC	元
农业 投入 水平	单位耕地面积农业中间消耗	UIC	万元/公顷
	户均资本投入	HCI	元/户
	人均耕地面积	PGS	平方米
农业 扶持 政策	中央政府粮食直接补给总额比重	CGS	%
	农田旱涝保收面积比重	FSA	%
	粮食商品零售价格指数	CPI	%
	地方政府农业财政支出	LCS	万元
雾霾 污染 程度	空气中可吸入颗粒物浓度年均值	APC	mg/m^3
	环境空气二氧化硫浓度年均值	ASC	mg/m^3
	环境空气二氧化氮浓度年均值	ANC	mg/m^3

（2）基于主成分分析的综合指标测算

如果把全部自变量代入计量模型，将会导致多重共线性出现，使得协整方程中的相关弹性系数的经济意义下降，影响模型的解释力度和信度。采用主成分分析方法,将除去雾霾污染程度指标以外的 17 个指标化为 3 个反映山东省农业发展影响因素的综合指标 F_1、F_2 和 F_3。这 3 个综合指标一方面反映了原来 17 个变量的绝大部分信息,同时避免了多个变量同时进入模型的不足。使用 SPSS19.0 软件计算除雾霾污染程度指标以外的综合指标、农业产出水平综合指标以及雾霾污染程度综合指标,得到 5 个综合类指标,然后运用得到的 5 个综合类指标构建综合指标体系(见表 5.11)和综合指标体系趋势图(见图 5.6)。

表 5.11　　　　　　　　　　综合指标体系

年份	农业产出水平（AOL）	经济发展水平（EDL）	生产力水平（APL）	价格水平（PI）	雾霾污染程度（HPL）
1978	−1.124 78	−0.554 65	−1.861 18	−0.573	−1.397 61
1979	−0.984 47	−0.588 43	−1.662 34	−0.501 1	−1.311 07
1980	−1.046 86	−0.604 12	−1.475 17	−0.458	−1.152 00
1981	−1.110 48	−0.624 83	−1.218 11	−0.455	−1.031 72
1982	−1.066 94	−0.665 68	−0.896 08	−0.419	−0.885 37
1983	−0.837 41	−0.668 60	−0.629 41	−0.585	−0.902 90
1984	−0.564 30	−0.643 67	−0.789 17	−0.159	−0.474 30
1985	−0.474 83	−0.619 45	−0.787 96	0.013 9	−0.227 34
1986	−0.382 89	−0.519 03	−0.891 26	0.122 6	−0.027 28
1987	−0.368 89	−0.522 83	−0.786 21	0.229 3	−0.050 29
1988	−0.507 91	−0.489 21	−0.734 53	0.273 2	0.245 96
1989	−0.492 23	−0.481 70	−0.774 08	0.308 4	0.259 53
1990	−0.310 43	−0.623 25	−0.369 63	−1.119 3	0.281 22
1991	−0.016 42	−0.604 22	−0.212 07	0.280 2	0.431 98
1992	−0.251 20	−0.594 57	−0.032 99	2.118 8	0.730 00
1993	0.162 30	−0.628 52	0.033 26	0.980 1	0.832 97
1994	−0.031 57	−0.543 02	0.090 82	3.412 2	0.796 80
1995	0.225 54	−0.506 53	0.323 23	2.109 8	0.901 97
1996	0.341 76	−0.471 27	0.386 55	0.129 5	0.977 81
1997	−0.007 6	−0.491 04	0.566 12	−1.235	0.676 26
1998	0.305 71	−0.445 36	0.635 98	−1.323	0.096 61
1999	0.310 15	−0.408 96	0.937 39	−1.036	0.065 91
2000	0.013 83	−0.370 58	1.040 15	−1.533	−0.059 1

续表

年份	农业产出水平 （AOL）	经济发展水平 （EDL）	生产力水平 （APL）	价格水平 （PI）	雾霾污染程度 （HPL）
2001	−0.031 3	−0.374 38	1.356 89	−0.692	−0.117 6
2002	−0.303 3	−0.344 89	1.542 61	−0.840	0.008 72
2003	−0.124 2	−0.319 92	1.759 93	−0.201	−0.043 8
2004	0.019 46	−0.188 59	1.734 05	1.549 6	0.243 40
2005	0.363 32	0.010 40	1.523 60	−0.392	0.169 35
2006	0.528 53	0.181 23	1.443 02	−0.189	−0.105 1
2007	0.695 31	0.358 35	1.395 67	0.374 5	−0.311 1
2008	0.609 62	1.027 13	0.246 93	−0.250	−0.463 4
2009	0.741 76	1.241 49	0.107 75	−0.378	−0.542 4
2010	0.892 38	1.483 60	0.009 03	0.356 1	0.798 77
2011	1.012 25	1.955 70	−0.200 2	0.147 6	0.631 03
2012	1.082 34	2.197 39	−0.366 2	−0.307	0.456 66
2013	1.294 20	2.558 97	−0.629 1	0.226 8	0.315 78
2014	1.439 76	2.882 88	−0.817 1	0.079 4	0.182 03
2015	1.534 64	2.951 45	−0.962 1	0.135 1	0.362 51
2016	1.721 63	3.024 79	−1.267 1	−0.196	0.259 85
2017	1.825 51	3.425 69	−1.426 3	−0.253	0.132 56
2018	1.952 1	3.780 12	−1.596 3	0.365 2	0.321 45

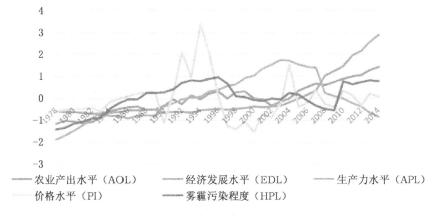

图 5.6　综合指标体系趋势图

以上分析旨在建立完善的综合指标体系,众所周知,影响农业发展的因素有好多。首先是因变量的选取,为了直观性和条理性,本书分了六类指标,分别为:农业生产力水平、农业产出水平、农村经济发展水平、农业投入水平、农业扶持政策和雾霾污染程度。代表农业发展程度的指标,本书选取了四个:人均农业增加值、单位耕地面积农业产值、人均粮食产量和单位耕地面积农业产量。代表雾霾污染程度的指标,本书选取了三个:环境空气可吸入颗粒物浓度年均值、环境空气二氧化硫浓度年均值和环境空气二氧化氮浓度年均值。代表农村经济发展水平的指标,本书选取了五个:农村居民家庭住房价值、农村高中文化程度的劳动力、农业从业人员比重、农民人均收入和恩格尔系数。代表农业投入水平的指标,本书选取了三个:单位耕地面积农业中间消耗、人均资本投入和人均耕地面积。代表农业生产力水平的指标,本书选取了五个:单位耕地面积农用机械总动力、单位耕地面积施肥量、人均用电量、有效灌溉率和农药使用率。代表农业扶持政策的指标,本书选取了三个:粮食直接补给总额比重、农田旱涝保收面积比重和粮食商品零售价格指数。

指标选取以后,再通过主成分分析降维,因为如果把全部自变量进入计量模型,将导致多重共线性,使得协整方程中的相关弹性系数的经济意义下降,影响模型的解释力度和可信度。通过降维,五个综合指标代替了原来的24个二级指标,并包含了原数据的绝大多数信息。

(3)实证分析方法与计量模型的建立

本书在多变量向量自回归(VAR)模型的基础上,使用山东省农业产出数据(AOL)、农业发展的经济影响因素(EDL)、农业发展的生产力因素(APL)、农业发展的价格因素(PL)和雾霾污染程度(HPL)作为系统变量,采用1978—2018年的年度数据作为样本数据,检验山东省农业发展与雾霾污染程度之间的交互影响关系。为了消除数据异方差的潜在影响,对各变量数据取自然对数,并用 AOL、EDL、APL、PL 和 HPL 分别表示农业产出数据、农业发展的经济影响因素、农业发展的生产力因素、农业发展的价格因素和雾霾污染程度。以下的计算过程均使用计量经济常用软件Eviews8.0 完成。

本书对数据进行了处理,可以得到变形后的 VAR 模型为:

$$Y_{kt} = C_{kt} + \phi_1 Y_{kt-1} + \phi_2 Y_{kt-2} + \cdots + \phi_p Y_{kt-p} + \varepsilon_{kt} \qquad \text{式}(5.4)$$

公式中,

$$Y_{kt} = (y_{1t}, y_{2t}, y_{3t}, y_{4t}, y_{5t})^T \qquad \text{式}(5.5)$$

$$C_{kt} = (c_{1t}, c_{2t}, c_{3t}, c_{4t}, c_{5t})^T \qquad \text{式}(5.6)$$

$$\varepsilon_{kt}=(\varepsilon_{1t},\varepsilon_{2t},\varepsilon_{3t},\varepsilon_{4t},\varepsilon_{5t})^{T} \qquad 式(5.7)$$

$$\Phi_p=\begin{bmatrix} \phi_{11,t-p} & \phi_{12,t-p} & \phi_{13,t-p} & \phi_{14,t-p} & \phi_{15,t-p} \\ \phi_{21,t-p} & \phi_{22,t-p} & \phi_{23,t-p} & \phi_{24,t-p} & \phi_{25,t-p} \\ \phi_{31,t-p} & \phi_{32,t-p} & \phi_{33,t-p} & \phi_{34,t-p} & \phi_{35,t-p} \\ \phi_{41,t-p} & \phi_{42,t-p} & \phi_{43,t-p} & \phi_{44,t-p} & \phi_{45,t-p} \\ \phi_{51,t-p} & \phi_{52,t-p} & \phi_{53,t-p} & \phi_{54,t-p} & \phi_{55,t-p} \end{bmatrix} \qquad 式(5.8)$$

$k=1,2,3,4,5;t\in(1,+\infty);y_{1t},y_{2t},y_{3t},y_{4t}$ 和 y_{5t} 分别表示农业产出水平（AOL）、经济发展水平（EDL）、生产力水平（APL）、价格水平（PI）和雾霾污染程度（HPL）的对数；P 为自回归滞后阶数；ε_{kt} 为噪声序列向量；C_{kt} 为截距项，Φ_p 为 5×5 的系数矩阵。

ADF 是检验时序数列平稳性最常用的方法，是在 DF 检验模型基础上扩展得到的模型，模型如下：

$$\Delta y_t=\delta y_{t-1}+\sum_{j=1}^{p}\lambda_j\Delta y_{t-j}+u_t \qquad 式(5.9)$$

式中，u_t 为噪声序列；Δ 为变量的一阶差分；ADF 的原假设为 $H_0:\delta=0$，即 y_t 有一个单位根。t 为时间趋势变量。

3. 结果检验

(1)平稳性检验

为了考察变量之间是否具有相同单整阶数，在对数据进行协整分析之前，先对数据进行平稳性检验，检验方法使用目前比较流行的 ADF 单位根检验方法。选取 1% 为显著水平，农业产出水平（AOL）、经济发展水平（EDL）、生产力水平（APL）、价格水平（PI）和雾霾污染程度（HPL）的 ADF 检验结果分别如表 5.12 所示。

分析可知，对原序列进行 ADF 单位根检验，根据 AIC 准则和 SC 准则的值选出最可靠的检验结果，最终证明山东省农业发展和雾霾污染的原序列是非平稳的，不能进行简单回归分析。一阶差分之后，经 ADF 检验，农业产出数据（AOL）、农业发展的生产力因素（APL）、农业发展的价格因素（PL）和雾霾污染程度（HPL）的序列都是平稳的，证明 AOL、APL、PL 和 HPL 均为一阶单整序列。而农业发展的经济影响因素（EDL）一阶差分后仍然非平稳，经过二阶差分后序列平稳，证明 EDL 为二阶单整序列。

表 5.12　　　　　　　　　　　　　　　　ADF 检验结果

	检验类型	ADF 检验值	P 值	1% 检验值	结论
AOL	(C,T,3)	−2.105 115	0.525 7	−4.234 972	不平稳
EDL	(C,T,3)	2.467 721	1.000 0	−4.234 972	不平稳
APL	(C,T,3)	0.503 786	0.998 9	−4.234 972	不平稳
PL	(C,T,3)	−3.142 950	0.112 1	−4.234 972	不平稳
HPL	(C,T,3)	−1.979 193	0.592 6	−4.234 972	不平稳
DAOL	(C,0,3)	−6.936 460	0.000 0	−4.243 644	平稳
DEDL	(C,0,3)	−1.560 081	0.787 0	−4.262 735	不平稳
DAPL	(C0,3)	−4.813 775	0.002 4	−4.243 644	平稳
DPL	(C,0,3)	−6.854 850	0.000 0	−4.243 644	平稳
DHPL	(C,0,3)	−5.522 614	0.000 4	−4.243 644	平稳
DIAOL	(C,0,3)	−7.183 244	0.000 0	−4.262 735	平稳
DIEDL	(C,0,3)	−9.002 618	0.000 0	−4.262 735	平稳
DIAPL	(C,0,3)	−6.723 024	0.000 0	−4.262 735	平稳
DIPL	(C,0,3)	−8.519 181	0.000 0	−4.262 735	平稳
DIHPL	(C,0,3)	−8.973 068	0.000 00	−4.252 879	平稳

(2)最优滞后期数的选择

为了进行协整分析,先需要建立 VAR 模型,并需要确定滞后期 P。

为了避免估计模型的过度参数,我们的处理方法是:从 5 阶滞后开始,根据 AIC 准则、SD 准则,从较大的滞后阶数开始剔除,直到各项标准达到一个比较理想的状态,确定出最佳的滞后期 P。本书数据经过 Eviews8.0 计算结果见表 5.13。

表 5.13　　　　　　　　　　　　　　　最优滞后期的选择

Lag	LogL	LR	FPE	AIC	SC	HQ
0	−140.773 1	NA	0.006 229	9.110 818	9.339 839	9.186 732
1	35.125 19	285.834 7	5.11e−07	−0.320 324	1.053 803	0.135 160
2	55.146 67	26.278 19	7.89e−07	−0.009 167	2.510 067	0.825 888
3	80.896 06	25.749 39 38.744 88	1.07e−06	**−0.056 004**	**0.374 534**	1.158 621
4	137.252 3	NA	3.36e−07	−0.015 766	2.793 680	−0.421 571
5	219.280 3	30.760 51	6.49e−08 *	0.580 018 *	3.608 336	−3.606 253 *

　　由表 5.13 可知,依据 AIC 与 SC 最小原则,山东省农业发展与雾霾污染指标都在 3 阶下取得最小值,在表中用黑色字体标出,因此本书选择方程的最优滞后期为 3 期。表明农业发展与雾霾污染之间相互影响的传导时期为 3 年。

　　(3)Johansen 协整检验

　　在确定滞后期 P 值以后,再根据协整关系概念,在建立模型之前,我们应该检验非平稳变量 AOL、EDL、APL、PL 和 HPL 之间是否存在协整关系,若无,可以直接建立多变量 VAR 模型;若有,则应该考虑建立误差修正的多变量 VAR 模型。本书采用 Johansen 协整检验法,在进行 Johansen 协整检验选择序列 Yt 有线性趋势但协整方程只有截距,Eviews8.0 的计算结果见表 5.14。

表 5.14　　　　　　　　　　　　Johansen 协整检验结果

Hypothesized No. of CE(s)	Eigenvalue	Trace Statistic	0.05 Critical Value	Prob. **
None*	0.863 048	145.093 7	69.818 89	0.000 0
At most 1*	0.687 909	79.485 62	47.856 13	0.000 0
At most 2*	0.571 962	41.058 38	29.797 07	0.001 7
At most 3	0.233 766	13.056 49	15.494 71	0.012 8
At most 4*	0.121 362	4.269 634	3.841 466	0.018 8

　　注:* 在 0.05 级别(双尾),相关性显著;** 在 0.01 级别(双尾),相关性显著。

　　表 5.14 共有五列,第一列是结论部分,依次列出了三个检验的原假设。第二列是特征值,第三列和第四列分别是似然比检验统计量的值和 0.05 水平的临界值。由表 5.14 可知,在"0 协整假设中",变量 0 阶迹统计量大于5%临界值且三阶迹统计量位于 5%临界值区域内,因此拒绝"0 协整"假设,即在滞后三阶内至少存在一个协整向量。因此,山东省农业发展和雾霾污染指标在 5%显著性水平上存在协整关系,即存在共同的随机性趋势。说明农业发展与雾霾污染在一定时期内存在均衡关系

　　(4)Granger 因果关系检验

　　对山东省农业发展和雾霾污染的综合指标变量数据进行 Granger 因果检验,检验结果见表 5.15。

表 5.15   Granger 检验结果

滞后阶数	原假设	F 统计量	P 值	结论
1	HPL 不是 AOL 的 Granger 原因	0.075 39	0.015 4	拒绝
	AOL 不是 HPL 的 Granger 原因	0.017 62	0.025 2	拒绝
	EDL 不是 AOL 的 Granger 原因	3.526 98	0.009 2	拒绝
	AOL 不是 EDL 的 Granger 原因	4.503 67	0.041 4	拒绝
	APL 不是 AOL 的 Granger 原因	0.010 05	0.006 5	拒绝
	AOL 不是 APL 的 Granger 原因	8.432 66	0.920 8	接受
	PL 不是 AOL 的 Granger 原因	1.710 85	0.019 9	拒绝
	AOL 不是 PL 的 Granger 原因	0.014 23	0.905 8	接受
2	HPL 不是 AOL 的 Granger 原因	0.060 56	0.041 3	拒绝
	AOL 不是 HPL 的 Granger 原因	0.579 30	0.036 4	拒绝
	EDL 不是 AOL 的 Granger 原因	1.466 54	0.046 8	拒绝
	AOL 不是 EDL 的 Granger 原因	2.522 42	0.097 2	接受
	APL 不是 AOL 的 Granger 原因	0.388 73	0.011 3	拒绝
	AOL 不是 APL 的 Granger 原因	2.493 71	0.099 6	接受
	PL 不是 AOL 的 Granger 原因	0.875 79	0.026 9	拒绝
	AOL 不是 PL 的 Granger 原因	1.972 13	0.156 8	接受
3	HPL 不是 AOL 的 Granger 原因	0.184 56	0.006 0	拒绝
	AOL 不是 HPL 的 Granger 原因	0.755 46	0.028 9	拒绝
	EDL 不是 AOL 的 Granger 原因	1.264 64	0.006 3	拒绝
	AOL 不是 EDL 的 Granger 原因	1.766 27	0.177 4	接受
	APL 不是 AOL 的 Granger 原因	0.661 31	0.035 8	拒绝
3	AOL 不是 APL 的 Granger 原因	1.924 53	0.149 4	接受
	PL 不是 AOL 的 Granger 原因	0.538 50	0.006 6	拒绝
	AOL 不是 PL 的 Granger 原因	1.421 30	0.258 2	接受

由表 5.15 可知,在滞后 1、2、3 期内,AOL 与 HPL 之间互为 Granger 原因,即两者之间存在 Granger 因果关系,表明农业发展水平和雾霾污染程度之间存在交互影响。AOL 和 EDL 在滞后 1 期互为 Granger 原因,在滞后 2、

3 期内是单向的 Granger 原因,表明经济发展水平会影响农业的产出水平。AOL 和 APL 在滞后的 1、2、3 期都存在单向的 Granger 原因,表明农业生产力水平会影响农业的产出水平。AOL 和 PL 在滞后的 1、2、3 期也存在单向的 Granger 原因,表明价格水平会引起农业产出水平的波动。

　　(5)结果分析

　　从上述 Johnson 和 Granger 的检验结果可见,农业产出和雾霾污染指标之间存在长期的均衡关系,与假设条件相符,可构建多变量 VAR 模型。通过 Eviews 8.0 确定其系数结果如表 5.16 所示。

表 5.16　　　　　　　　　　　　　　　**模型结果**

Vector Autoregression Estimates

Sample(adjusted):1981—2014

Included observations:34 after adjustments

Standard errors in ( ) & t-statistics in [ ]

	AOL	APL	EDL	HPL	PL
AOL(−1)	0.255604	−0.530460	0.290831	0.329759	1.766899
	(0.21267)	(0.30849)	(0.12383)	(0.27208)	(1.26076)
	[1.20186]	[−1.71952]	[2.34863]	[1.21198]	[1.40145]
AOL(−2)	−0.036005	−0.343568	0.133834	0.807024	−1.516069
	(0.25772)	(0.37383)	(0.15006)	(0.32971)	(1.52778)
	[−0.13971]	[−0.91905]	[0.89190]	[−2.44771]	[−0.99233]
AOL(−3)	0.306227	0.360207	−0.045861	0.397687	0.651602
	(0.20582)	(0.29855)	(0.11984)	(0.26331)	(1.22012)
	[−1.48786]	[1.20652]	[−0.38269]	[1.51033]	[0.53405]
APL(−1)	0.027005	1.235259	−0.137815	0.194988	−2.574148
	(0.32770)	(0.47535)	(0.19081)	(0.41924)	(1.94267)
	[0.08241]	[2.59865]	[−0.72228]	[0.46510]	[−1.32506]
APL(−2)	−0.307817	−0.239088	0.106313	−0.521814	2.371121
	(0.44884)	(0.65107)	(0.26134)	(0.57422)	(2.66082)
	[−0.68580]	[−0.36722]	[0.40680]	[−0.90873]	[0.89112]
APL(−3)	0.460027	−0.068625	0.079857	0.225006	0.196132
	(0.31379)	(0.45517)	(0.18270)	(0.40144)	(1.86019)
	[1.46604]	[−0.15077]	[0.43708]	[0.56049]	[0.10544]
EDL(−1)	0.605875	1.358275	0.148158	0.596201	−7.216794
	(0.92418)	(1.34057)	(0.53811)	(1.18234)	(5.47870)
	[0.65558]	[1.01320]	[0.27533]	[0.50425]	[−1.31724]

续表

	AOL	APL	EDL	HPL	PL
EDL(−2)	−0.364750	−0.870478	0.400930	0.929336	6.239246
	(1.00593)	(1.45916)	(0.58571)	(1.28693)	(5.96333)
	[−0.36260]	[−0.59656]	[0.68452]	[0.72213]	[1.04627]
EDL(−3)	0.239408	−0.617085	0.575693	−1.876015	1.192566
	(0.81379)	(1.18044)	(0.47383)	(1.04111)	(4.82427)
	[0.29419]	[−0.52276]	[1.21497]	[−1.80194]	[0.24720]
HPL(−1)	−0.154665	0.339511	−0.130737	1.005774	−0.330347
	(0.16545)	(0.23999)	(0.09633)	(0.21166)	(0.98081)
	[0.93483]	[1.41468]	[−1.35713]	[4.75173]	[−0.33681]
HPL(−2)	−0.043195	−0.022768	−0.079814	−0.027658	0.915957
	(0.16540)	(0.23992)	(0.09630)	(0.21160)	(0.98052)
	[0.26115]	[−0.09490]	[−0.82877]	[−0.13071]	[0.93416]
HPL(−3)	−0.224761	0.125256	−0.083328	0.011549	−0.912175
	(0.15630)	(0.22672)	(0.09101)	(0.19996)	(0.92658)
	[1.43799]	[0.55246]	[−0.91561]	[0.05776]	[−0.98445]
PL(−1)	0.006923	−0.070833	0.037792	0.122335	0.715012
	(0.04399)	(0.06381)	(0.02561)	(0.05628)	(0.26079)
	[0.15736]	[−1.11002]	[1.47543]	[2.17366]	[2.74170]
PL(−2)	0.015649	−0.080296	0.032198	−0.150958	−0.192790
	(0.05283)	(0.07663)	(0.03076)	(0.06758)	(0.31317)
	[0.29624]	[−1.04787]	[1.04680]	[−2.23366]	[−0.61562]
PL(−3)	−0.021886	0.046516	−0.000765	−0.016261	−0.080721
	(0.04298)	(0.06235)	(0.02503)	(0.05499)	(0.25480)
	[−0.50920]	[0.74610]	[−0.03056]	[−0.29573]	[−0.31680]
C	0.079402	−0.161826	0.252533	−0.206126	0.849986
	(0.16018)	(0.23235)	(0.09326)	(0.20492)	(0.94957)
	[0.49571]	[−0.69648]	[2.70770]	[−1.00587]	[0.89513]
R-squared	0.960330	0.958618	0.994867	0.905010	0.471665
Adj. R-squared	0.927271	0.924133	0.990589	0.825853	0.031385
Sum sq. resids	0.528299	1.111593	0.179103	0.864671	18.56606
S. E. equation	0.171318	0.248506	0.099751	0.219174	1.015602
F-statistic	29.04922	27.79794	232.5739	11.43297	1.071285
Log likelihood	22.55180	9.905718	40.94068	14.17612	−37.95848
Akaike AIC	−0.385400	0.358487	−1.467099	0.107287	3.174028

续表

	AOL	APL	EDL	HPL	PL
Schwarz SC	0.332887	1.076774	−0.748812	0.825574	3.892315
Mean dependent	0.092827	0.147021	0.051388	0.113549	0.045089
S.D. dependent	0.635257	0.902213	1.028258	0.525207	1.031925
Determinant resid covariance (dof adj.)	9.96E−08				
Determinant resid covariance	4.14E−09				
Log likelihood	86.92131				
Akaike information criterion	−0.407136				
Schwarz criterion	3.184301				

建立 VAR 模型得到以下回归方程：

$$[aol \quad hpl \quad edl \quad apl \quad pl]^T = C + A_1 [aol_{t-1} \quad hpl_{t-1} \quad edl_{t-1} \quad apl_{t-1} \quad pl_{t-1}]^T$$
$$+ A_2 [aol_{t-2} \quad hpl_{t-2} \quad edl_{t-2} \quad apl_{t-2} \quad pl_{t-2}]^T$$
$$+ A_3 [aol_{t-3} \quad hpl_{t-3} \quad edl_{t-3} \quad apl_{t-3} \quad pl_{t-3}]^T$$

其中：

$$C = [0.08 \quad -0.16 \quad 0.25 \quad -0.21 \quad 0.85]^T$$

$$A_1 = \begin{bmatrix} 0.26 & -0.15 & 0.61 & 0.03 & 0.01 \\ 0.33 & 1.01 & 0.60 & 0.19 & 0.12 \\ 0.29 & -0.13 & 0.15 & -0.14 & 0.04 \\ -0.53 & 0.34 & 1.36 & -0.24 & -0.07 \\ 1.77 & -0.33 & -7.22 & -2.57 & 0.72 \end{bmatrix}$$

$$A_2 = \begin{bmatrix} 0.04 & -0.04 & -0.36 & -0.31 & 0.02 \\ 0.81 & -0.03 & 0.93 & 0.19 & -0.52 \\ 0.13 & -0.08 & 0.40 & 0.11 & 0.03 \\ -0.34 & -0.02 & -0.87 & 0.24 & -0.08 \\ -1.52 & 0.92 & 6.24 & 2.37 & -0.19 \end{bmatrix}$$

$$A_3 = \begin{bmatrix} 0.31 & -0.22 & 0.24 & 0.46 & -0.02 \\ 0.65 & 0.01 & -1.87 & 0.23 & -0.02 \\ -0.05 & -0.08 & 0.58 & 0.08 & 0.01 \\ 0.36 & 0.13 & -0.62 & -0.07 & 0.05 \\ 0.65 & -0.91 & 1.19 & 0.20 & -0.08 \end{bmatrix}$$

　　由上式可以看出,农业产出水平主要受自身滞后三阶以及雾霾污染、经济发展水平、生产力水平滞后三阶的影响。农业产出水平自身滞后三阶系数相加,值为 0.525 826,即农业产出水平滞后阶数对其有正向作用,雾霾污染滞后三阶系数相加,值为 $-0.423\,376$,即雾霾污染滞后阶数对农业产出水平具有负向作用,经济发展水平滞后三阶系数相加,值为 0.525 075,即经济发展水平的提高会带动当地农业产出的增加,农业生产力水平滞后三阶系数相加,值为 0.121 027,即随着农业生产力水平的提高,农业产出量会增加,粮食价格水平滞后三阶系数相加,值为 0.000 686,即随着粮食价格水平的提高,农业产出量会增加。需要特别指出的是,粮食价格水平受政府最低价格收购的保护,在多变量 VAR 模型的结果中,其系数之和并不明显,即价格水平对农业产出的影响并不明显。

　　另一方面,雾霾污染程度主要受自身和农业产出水平滞后三阶的影响。农业产出水平滞后三阶系数相加,值为 1.534 47,即农业产出水平的增加会加剧雾霾污染程度,雾霾污染程度自身滞后三阶系数相加,值为 0.989 665,即雾霾污染程度滞后阶数对其自身具有正向作用。

　　(6)基于 VAR 模型的动态分析

　　①脉冲响应函数分析

　　脉冲响应函数是指系统对某一变量的冲击或扰动所做出的反应。下面本书运用 IRF 方法考察了山东省雾霾污染和农业产出水平之间的冲击响应,分析结果见表 5.17 和图 5.7。

表 5.17　　　　　　　　　　　　脉冲响应函数分析结果

Period	Response of HPL AOL	Response of AOL HPL
1	0.022536 (0.05059)	0.000000 (0.00000)
2	0.008823 (0.07325)	-0.004017 (0.03838)
3	0.006683 (0.08586)	-0.024452 (0.04993)
4	0.002106 (0.07467)	-0.013870 (0.05434)
5	0.002271 (0.06873)	-0.007645 (0.06176)
6	$1.65E-05$ (0.06782)	-0.000506 (0.06770)

续表

Period	Response of HPL AOL	Response of AOL HPL
7	0.004063 (0.07099)	−0.005059 (0.07346)
8	0.005347 (0.07555)	−0.008520 (0.07812)
9	0.006871 (0.07965)	−0.011174 (0.08209)
10	0.007647 (0.08279)	−0.013016 (0.08540)
累计	0.126512	−0.088259

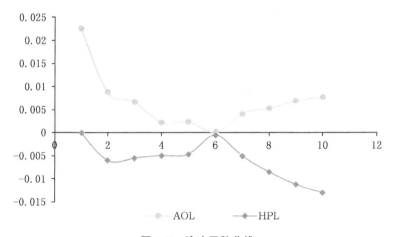

图 5.7　脉冲函数曲线

从表 5.17 第二列可以看出,整个冲击响应期内,AOL 对 HPL 的冲击反应曲线大致呈 V 形,农业产出水平的累计冲击响应值为正值(0.126 512),表明农业产出的增加会加重雾霾污染程度。从表 5.17 第三列可以看出,整个冲击响应期内,HPL 对 AOL 的冲击反应曲线大致呈倒 U 形,雾霾污染程度的累计冲击响应值为负值(−0.088 259),表明雾霾污染会影响农业产出水平。

②差分分解分析

接下来我们需要运用方差分解法来考察碳排放量与经济增长之间的影响重要程度。方差分解法与脉冲响应函数方法所不同的是,方差分解法将系统的预测均方误差分解成系统中各变量冲击所作的贡献,进而可以考察任意一个内生变量的预测均方差的分解。差分分解结果见表 5.18。

表 5.18   **差分分解结果**

Variance Decompositio n of AOL：

Period	S. E.	AOL	HPL
1	0.203885	100.0000	0.000000
2	0.264411	99.97691	0.023086
3	0.326887	99.42533	0.574666
4	0.377282	99.43346	0.566543
5	0.420138	99.51003	0.489970
6	0.459966	99.59109	0.408911
7	0.496812	99.63912	0.360875
8	0.531779	99.65935	0.340650
9	0.565128	99.65927	0.340728
10	0.597087	99.64725	0.352752

Variance Decompositio n of HPL：

Period	S. E.	AOL	HPL
1	0.295415	0.581953	99.41805
2	0.405894	3.183289	96.81671
3	0.455571	2.548416	97.45158
4	0.481138	2.286692	97.71331
5	0.492251	2.186737	97.81326
6	0.497935	2.137099	97.86290
7	0.500883	2.118595	97.88141
8	0.502480	2.116471	97.88353
9	0.503386	2.127494	97.87251
10	0.503905	2.146138	97.85386

Cholesky Ordering：
AOL HPL

由表 5.18 可以看出,农业产出水平能解释 3.18% 雾霾污染程度预测方差的比重大于雾霾污染解释农业产出水平预测方差的比重,反映了农业过量使用化肥、农药、柴油与燃烧秸秆而导致 SO_2、NO_2、PM_{10}、$PM_{2.5}$ 的增加,加重了雾霾污染。相比较而言,雾霾污染程度对农业产出水平的解释程度相对较小,最大值仅为 0.57%,远低于农业产出水平对雾霾污染程度的预测方差的贡献程度。对这一结果的解释是:这个结果符合人们的传统观念,也符合众多学者的观点,雾霾污染对工业和服务业的影响较大,雾霾污染程度对农业的影响是最小的。但是雾霾污染和农业产出水平之间确实存在着一定的交互影响,并且得到了数据分析结果的支撑。

4. 建议与结论

建议如下:

(1)建立雾霾污染联动防治机制。雾霾污染具有一定的区域性,治理雾霾污染应该多地区联合,单靠某一个地区的治理是难以实现的。当遇到雾霾污染天气,鲁中地区及鲁北地区之间应建立联动机制,共同应对雾霾造成的不利影响。山东省为农业大国,为了减轻雾霾污染,建立生态农业是必要渠道。建立生态农业首先要整合农业区,将种植业、渔业、养殖业、食品加工业和旅游业结合起来。以平原地带的绿色农作物为例,可以构建包括有机作物种植、有机动物养殖、绿色食品加工、休闲度假旅游为一体的农业生态产业园,园区内建立污水处理厂和沼气池,形成资源多级利用,促进农业循环发展。

(2)促进退耕还林和发展生态农业。政府应该分担一定的农业成本,并给予一定的补贴,建立、健全信息服务系统,为农户提供准确、及时、全面、透明、有用的信息,建立技术经济合同制度,使农民风险同担、利益共享,在技术上帮助农民安全使用饲料、肥料、农药,提高农业生产力和增强抵御风险的能力。

(3)耕地集聚以减少机器尾气排放。从目前我国在用的复式作业机具及作业技术模式来看,还存在区域适应性和功能适用性以及用户接受程度较差等问题,相比国外发达国家大型联合作业机具及作业技术仍有很大的差距。因此,要根据不同地区农业地理情况和作物种植生长特点,加大研究不同区域农机复式作业的技术模式。

(4)秸秆的综合利用[42]。秸秆的肆意燃烧也是农村地区雾霾的重要来源之一[43]。如何通过更加合理的政策引导和制度建设,让生物质能源尽快形成清晰的盈利模式,真正形成可持续发展的产业,现有的一系列扶持政策是有效的,但还应加大补贴力度,比如组织好秸秆的收贮运,探索和健全秸秆工业化利用的服务体系是重要课题。秸秆综合利用的一些技术也需要突破。一些企业还盼望政府能够加大补贴、税收支持力度,给予生物质能利用企业一定的政策优惠,进一步促进生物质能源产业又好又快发展,为保护好我们的生态环境——美丽的地球、可爱的家园做出更大的贡献。

本节用定量的统计方法研究雾霾污染与农业发展之间的相关程度,有数据支撑,再也不是定性的,只用文字描述雾霾污染和农业发展的交互影响。通过本书的研究,得出雾霾污染和农业产出水平之间存在显著的交互影响:雾霾污染会抑制农业产出;农业产出增加过程中,秸秆和柴油的燃烧,农药和化肥的过多使用,会加重雾霾污染程度。这为制定相关的政策提供了理论依据。

5.3.2　雾霾污染对交通运输业的影响分析

1. 引言

雾霾是由二氧化硫、氮氧化物和可吸入颗粒物为主要成分,相对湿度介于80%～90%,使天空呈现黄色或灰色,导致视觉能见度下降到1 000米以内。国外专家提出:大气能见度是指标准视力的人在水平方向上能够从天空背景中将黑色目标物体区别开来的最大距离。广义的能见度包括气象观测中的大气能见度、夜间识别远处灯光信号的灯光能见度及卫星测量技术中从空中观测地面目标的能见度。大气能见度的降低是由颗粒物对光的吸收和散射造成的。颗粒为$0.1\mu m$～$1.0\mu m$的固体或液体粒子对能见度的影响最大。而在粒径小于$2.5\mu m$的粒子中对于可见光(波长在$0.4\mu m$～$0.76\mu m$范围内)来说,$PM_{2.5}$的消光作用最强。由此,$PM_{2.5}$是能见光降低的最主要因素[44]。地面雾霾天气导致能见度下降,使交通运行速度明显放缓,交通堵塞严重,城市公共交通的运力严重下降,对城市交通运输系统造成严重的影响。重度雾霾下的高速路线全线封闭造成了国内高速货运服务的及时性和可及性受到危害。另外雾霾造成驾驶员的视线模糊和驾车判断失误增多,交通事故发生的概率大大上升。总之,雾霾天气会随着其轻重等级的提升持续并严重地影响陆、水、空在内的交通运输系统。

2. 雾霾污染对山东省交通运输业的影响

(1)山东省雾霾天气状况

自2013年以来,我国大部分省市出现了雾霾天气。2013年,全国平均雾霾天数达29.9天,创52年以来之最,而山东省是雾霾重灾区之一。2015

年 12 月 19—26 日,山东省出现严重的雾霾天气,这次雾霾天气不仅持续时间特别长,而且强度特别大,影响范围也特别广,全省空气质量普遍达到重度甚至严重污染等级;23—25 日,鲁西南、鲁西北和鲁中北部等地的空气质量指数(Air Quality Index,AQI)长时间维持在 500,山东省政府办公厅首次发布重污染天气红色预警,并启动Ⅰ级应急响应启动令,聊城、东营、滨州、德州 4 市进入Ⅰ级应急响应状态,并采取了幼儿园、中小学停课,除应急抢险外,停止所有施工工地和建筑工地作业的Ⅰ级应急响应措施[45]。

以山东省府济南为例。济南三面环山,北跨黄河,暖温带大陆性季风气候显著,静风和逆温现象多发,导致污染物不能向四周和高空扩散。据济南市统计数据显示,济南市雾霾天从 2010 年的 19 天剧增到 2015 年的 114 天,第一、四季度出现持续性雾霾天气[46]。图 5.8 是济南 2006—2015 年的年雾霾天数逐年演变图,自 2013 年开始雾霾天数急剧增加,多于前三年之和。另外,2009 年雾霾逐年增加的同时,雾的变化不大。2015 年,虽然雾霾天数也在增加,但与 2013 年相比较,增加的已经非常缓慢。

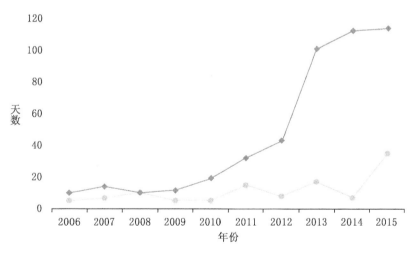

注:深色是霾天数,浅色是雾天数。
资料来源:山东省环境状况公报。

图 5.8　济南市年雾霾天数逐年演变图

(2)山东省雾霾对交通运输业的影响

雾霾对交通的影响是显而易见的,雾霾天气可见度低,使得交通拥堵情况加重,山东省的交通就曾一度陷入瘫痪状态,并且导致交通事故的发生更加频繁。根据山东交通出行信息网提供的信息显示,受雾霾天气影响,2015

年 10 月 16 日,山东省青银高速、日兰高速、沈海高速、荣乌高速、长深高速、青兰高速、荣潍高速等多条高速公路近 50 个收费站临时封闭,山东全省能见度最好的城市为威海市,达到 8.5km,而最差的德州市能见度却仅仅为 1km[47]。

2. 雾霾对上海高速公路交通安全的影响分析

(1)引言

2013 年以来,长三角地区雾霾已经作为生产粗放型增长以及生活方式废气排放的伴随问题困扰了社会各界多年。目前学术界已经对雾霾的成因、防治,以及其对健康、生态、旅游等产生的影响进行了较为全面的研究。宋晓锋(2017)指出,长三角地区的雾霾污染物质排放源主要为燃煤源、机动车源、道路尘土、建筑施工尘土和生物质燃烧源等[48]。由于上海的人口密度以及车流量远高于周边城市,且周边工业企业较多,雾霾相对也比较严重,盛小星、叶春明(2017)通过集对分析法对上海、南京、杭州、合肥四个城市的雾霾进行了风险评估,得出上海市雾霾风险等级高于其他三个城市的结论[49]。在雾霾的影响方面,甄泉、方治国等(2019)指出雾霾空气中已发现病原细菌均为条件致病菌,在空气中含量很低,但雾霾天气下部分病原菌的相对丰度增加,致病力会显著增强[50]。汪聪聪、王益澄等(2019)研究得出长三角城市人口集聚、研发投入、产业结构、工业烟粉尘排放及城市建设均对雾霾污染产生正向影响,对外开放、能源消耗以及降水等因素对雾霾污染产生负向影响[51]。很显然,含大量有害物质的霾不仅对人类身心健康、生态环境造成巨大的危害,也对交通出行带来安全隐患。龚龚、张杰(2015)运用路网模型得出雾霾程度越严重、影响区域范围越大,交通数据缺失率越高,越不利于交通安全,同时污染物排放越多的结论[52]。近年来,长三角地区的汽车保有量不断上升,雾霾的存在给长三角城市的交通管理带来了挑战,因此探究长三角雾霾对交通道路安全的影响意义重大。为了验证雾霾是否会在交通道路安全方面形成隐患,本书将以上海绕城高速(G1503)东南环的浦星东主线断面流量为基础,从交通拥挤度的角度探究雾霾对上海市交通道路安全的影响。

(2)雾霾对交通道路安全的影响机理

雾霾主要从对交通环境和交通行为两个方面会对道路交通安全产生影响。

①对交通环境产生影响

当出现雾霾天气时,城市道路或高速公路的交通环境会发生变化,从而增加了交通道路安全隐患。与普通大雾天气相比,雾霾的主要污染物为停留在空气中的颗粒物（$PM_{2.5}$ 和 PM_{10}），这些颗粒物主要是 SO_2 等污染物在大气中发生反应形成。王勇、刘严萍（2015）指出空气湿度与大气中的颗粒物是导致能见度下降的主要因素，并且大气中的水汽变化与 $PM_{2.5}$ 等颗粒物的变化有明显的正相关性[53]。在空气湿度较大时，空气中的气溶胶（$PM_{2.5}$）会很容易凝结大气中的水蒸气，从而出现能见度下降的现象，因此，湿霾相较于干霾天气对能见度的影响更大。雾霾中的气溶胶分为 6 类，包括"清洁海洋型（CM）""沙尘型（DU）""大陆污染型（PC）""大陆清洁型（CC）""污染沙尘型（PD）"和"烟尘型（SM）"等（马骁骏等，2015）[54]。不同种类的气溶胶拥有不同的光学厚度，因此其消光能力也不尽相同，孙冉、王鸿宇等（2017）在观察 2013 年上海雾霾现象时发现，PD 和 SM 气溶胶是导致大气消光能力变化的主要因素，此类物质增多时，大气能见度会受到较大影响[55]。

能见度下降会恶化交通环境，从而对司机形成一定的干扰，因此雾霾等恶劣天气会极大增加交通安全风险。丁德平、尹志聪（2011）在研究京津冀高速交通事故时发现，在月际尺度上，当能见度较低时，伤亡人数会相应增加[56]。当在空气湿度较大的时候出现雾霾天气时，附上水汽的颗粒物会严重阻碍光线进入司机的眼界，从而使得司机的视野受到限制，孙冉（2017）在观察上海雾霾时发现，当处于干霾天气时（相对湿度 28％～79％），随着雾霾程度不同，道路能见度主要在 1.25km 至 9.46km 之间，处于湿霾天气时（相对湿度 85％～90％），道路能见度最低只有 330m。当能见度低于 500m 时，司机无法准确判断路况以及与前车的距离，甚至无法判断路牌标志，从而带来严重的交通隐患：如果车速过快，会很容易出现追尾、侧翻，甚至是连环相撞等事件；如果在夜晚，司机很有可能会因为未能准确判断路口位置而走错路；如果周围车流较为复杂，交通会很容易因为车速较慢而出现拥堵。此外，雾霾天气下交通事故对交通环境的负面效应将迅速扩大，因此，雾霾对交通环境造成的影响值得人们重视。

②对交通行为产生影响

在影响交通环境的同时，雾霾还会从心理方面对司机的驾驶行为以及出行行为产生影响，从而增加了交通安全隐患（参见图 5.9）。李聪颖、黄一哲等（2015）发现，在雾霾天气中，出行者对待雾霾天气的态度是影响其出行行为的主要因素。而心理状态的解释力大于生理状态[57]，也就是说，雾霾天气会对驾驶员的心理造成一定影响，从而间接影响其驾驶行为，并增加了交通安全隐患，同样，私家车主的出行行为也是这样被影响的。从驾驶员的驾驶行为角度来看，雾霾天气能见度下降时，处于跟驰状态中的司机对车速、车距的反应敏感性会发生改变。高坤、涂辉招(2017)研究得出,司机在雾霾天气时会采取更加积极的加速反应来紧随前车,同时又更加谨慎地采取减速反应避免碰撞[58]。但是处于高度紧张状态中的司机在遇到突发情况时,反而可能会出现操作失误,从而酿成事故,且恶劣的交通环境会给司机的心理带来负面影响,从而干扰司机做出正确的判断。从私家车主出行方式的角度来看,由于考虑到雾霾会对人体健康造成极大的损害,雾霾天气的出现会改变私家车主原先既定的出行方式。原先采用步行或非机动车方式出行的出行者在雾霾天气时会尽量采取驾驶私家车或公共交通工具的方式出行,以尽量减少与雾霾的直接接触,也正因为如此,机动车数量的增加会提高公路的交通复杂性,从而使道路拥堵更加容易发生,并且大大提高了发生交通事故的可能性。总之,有效管理出行者的行为是应对雾霾的重要手段。

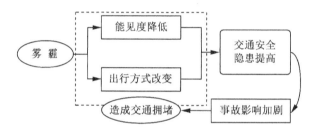

图 5.9　雾霾对交通安全的影响机理

(3)计算方法与基本假设

以上海绕城高速(G1503)东南环的浦星东主线断面流量为数据基础,道路服务水平为理论基础,以探究雾霾与交通安全的关系。

①道路服务水平

为了研究雾霾与交通道路安全的关系,将尝试从交通拥堵的角度进行探索。为了衡量高速公路的拥挤程度,这里将根据《公路工程技术标准》[59],以道路服务水平(V/C)来表示。道路服务水平通过道路上的实际交通量与实际通行能力之比来综合反映,高速公路服务水平越高,则交通需求持续提高,行驶车辆受别的车辆的影响也更加严重,从而增加了堵塞的可能性,提高了安全事故的触发率。道路服务水平用公式来表示为:

$$道路服务水平\left(\frac{V}{C}\right)=\frac{实际交通流量(SF)}{实际通行能力(C)} \qquad 式(5.10)$$

②基本通行能力计算

基本通行能力(C_B)是指在理想的交通环境下,连续在道路某一条车道

或某个断面上能够通过的最多车辆数。根据徐吉谦的《交通工程总论》,道路基本通行能力的计算公式为[60]:

$$C_B = \frac{3600}{t_0} = \frac{3600}{\frac{l_0}{v/3.6}} = 1000v/l_0 \qquad \text{式}(5.11)$$

式中:C_B——基本通行能力(pcu/h);

t_0——车头最小安全时距(s);

l_0——车头最小间隔(m)

v——行车速度(km/h)

$$l_0 = l_反 + l_制 + l_安 + l_车 = \frac{v}{3.6}t + \frac{v^2}{254\varphi} + l_安 + l_车$$

式中:t——司机反应时间(s);

$l_反$——司机在反应时间内车辆行驶的距离(m);

$l_制$——车辆的制动距离(m);

$l_安$——车辆间的安全距离(m);

$l_车$——车辆平均长度(m)。

高速公路的基本通行能力与设计速度的关系可参照表5.19:

表 5.19　　　　　　　　高速公路基本通行能力与设计通行能力

设计速度(km/h)	120	100	80
基本通行能力(pcu/h/ln)	2 200	2 100	2 000

③实际通行能力计算

实际通行能力(C)是指道路在实际的交通环境下,连续在道路某一条车道或某个断面上可能出现的最大交通量(徐吉谦,1989)。其计算方式为:

$$C = C_B \times N \times f_w \times f_p \times f_{HV} \qquad \text{式}(5.12)$$

式中:C——实际通行能力(pcu/h);

C_B——基本通行能力(pcu/h/ln);

f_w——宽度修正系数,此处假设为标准路宽,$f_w = 1$;

f_p——侧面净空修正系数,此处假设为标准侧面净空,$f_p = 1$;

f_{HV}——重车修正系数。

其中:

$$f_{HV} = 1/[1 + 中型车比例 \times (1.5-1) + 大型车比例 \qquad \text{式}(5.13)$$
$$\times (2.0-1) + 拖挂车比例 \times (3.0-1)]$$

④实际交通流量计算

实际交通流量(SF)是指在现实中,道路的某一点或某一断面在单位时间内通过的最大交通流量。其计算方式为:

$$SF = \frac{DDHV}{P_{HF}} = \frac{AADT \times K \times D}{P_{HF}} \qquad 式(5.14)$$

式中:SF——实际交通流量(puc/h);

　　$DDHV$——小时交通流量(puc/h);

　　$AADT$——日交通流量(puc/h);

　　K——小时交通量系数;

　　D——方向系数;

　　P_{HF}——高峰小时系数。

⑤基本假设

为了方便计算,本书做出以下基本假设:(a)假设上海绕城高速设计速度为100km/h,其基本通行能力为 2 100pcu/h/ln。(b)假设上海绕城高速为标准宽度及侧面净空,宽度修正系数 f_w 取 1.0,侧面净空修正系数 f_p 取 1.0。(c)根据蔡氧(2016)的研究,假设通过上海绕城高速东南段的小型车、中型车、大型车、拖挂车占比分别为 34.2%、7.9%、5.2%、52.7%[61],根据式(5.13),重车修正系数 f_{HV} 为 0.466。(d)假设小时交通量系数 K 取 0.12,方向系数 D 取 0.6,高峰小时系数 P_{HF} 取 0.96。

根据以上假设,上海绕城高速东南路段的道路服务水平计算公式为:

$$道路服务水平\left(\frac{V}{C}\right) = \frac{AADT}{23486.4} \qquad 式(5.15)$$

(4)数据处理与结果分析

①数据处理

本书以上海绕城高速(G1503)东南环浦星东主线的断面流量为数据基础,按照空气质量指数将数据分为优、良、轻度污染、中度污染、重度污染五类,并从五类数据中各随机抽选三组数据。依据式(5.15),将原数据进行处理,从而获得了 15 组道路服务水平数据。这里将对该路段的左右行道路服务水平分别进行线性拟合,并采用最小二乘回归法分析雾霾与道路服务水平的关系。

上海绕城高速东南环浦星东主线的左行方向道路服务水平经一元线性回归后所得结果如图 5.10 所示。二者关系为:$Y = 0.685\,62 + 0.000\,64X$,决定系数 R^2 为 0.107,由于本组数据分布较散,模型拟合效果不佳,经过 F 检验,P值为0.24,说明两个变量之间的线性关系并不显著。可以看出,该路段的道路服务水平与雾霾指数呈明显的正相关性,雾霾指数越高,该路段的道路服务水平数值越高,但是同样可以发现该线性影响并非十分显著。

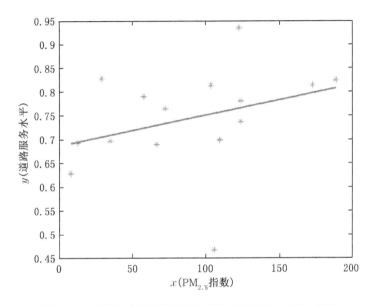

图5.10　浦星东主线左行方向道路服务水平与雾霾的关系

上海绕城高速东南环浦星东主线的右行方向道路服务水平经一元线性回归后所得结果如图5.11所示。二者关系为:$Y=0.787\ 59+0.006\ 0X$,决定系数 R^2 为0.146,模型拟合效果不佳,经过F检验,P值为0.159,两个变量之间并不存在非常明显的线性关系。与下行方向类似,该路段上行方向的道路服务水平与雾霾指数呈明显的正向关系,但是二者并没有非常显著的线性影响。由于同一路段的上下行方向路况相似,因此该结果有一定的代表性。

②结果分析

经过以上数据分析可以发现,在雾霾天气下,该路段的道路服务水平有明显的提升。根据我国高速公路服务水平分级(见表5.20),该路段左行方向在 $PM_{2.5}$ 指数较低的情况下,服务水平处于二级至三级,可以正常通行不会产生拥堵,在雾霾指数较高的情况下,服务水平处于三级至四级,产生拥堵的可能性较大。因此得出结论,雾霾天气的出现会导致该路段道路服务水平提高,从而增加了交通拥堵的可能,并增加了交通道路安全隐患。

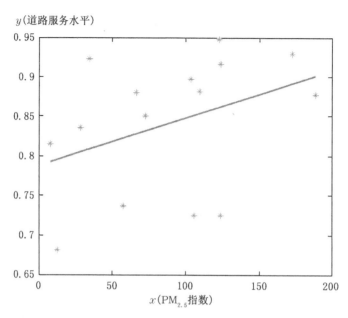

图 5.11　浦星东主线右行方向道路服务水平与雾霾的关系

表 5.20　　　　　　　　　　　　高速公路服务水平分级

服务水平	密度（pcu/km/ln）	速度（km/h）	设计速度 100（km/h）V/C	最大服务交通量（pcu/h/ln）
一	≤7	≥96	0.33	700
二	≤18	≥79	0.67	1 400
三	≤25	≥71	0.86	1 800
四	≤45	≥47	接近 1.0	<2 100
	>45	<47	>1.0	0～2 100

　　数据分析结果也表明,雾霾指数对交通道路安全的影响并不显著,这个结论与 Chao Wang(2009)[62]在研究英国 M25 高速公路交通事故时得出的结论相似,雾霾指数会引起交通流量的变化,并进一步影响交通拥堵以及交通安全,但是该影响并不明显。然而,尽管该影响并不显著,雾霾对高速公路交通安全依旧有很大威胁。首先,雾霾的形成会致使高速公路的道路服务水平降低,从而使得道路容易出现交通拥堵,而交通拥堵的出现又会进一步增大出现突发性交通事故的概率。根据海因里希法则,每一次重大交通事故的背后都会有 29 次轻微的交通摩擦事故,同时还会有 300 件潜在的交通隐患,因此,雾霾(尤其是重度雾霾)天气下的交通安全隐患会极大地增加。其次,

根据交通波理论,当发生交通事故时,事故发生地将成为瓶颈路段并产生集结波,使得上游车辆密度逐渐增加[63]。朱家明(2014)在研究交通事故对道路通行能力影响时根据相关数据指出,事故发生地上游车辆车速会随着事故发生时间的推移逐渐降低,相应横截面的通行能力也会逐渐下降[64]。余贵珍(2012)[65]在研究两车道事故交通影响模型时(见图 5.12),得出事故的最长影响距离为 $L_{max} = (t_B - t_A) \times W_{32} \times W_{21}/(W_{32} - W_{21})$,其中 L_{max} 指事故最长影响距离,t_A 指事故发生时间,t_B 指车道被清理时间,W_{ij} 指不同时段的交通波。当处于雾霾天气时,一方面,司机的谨慎驾驶心态会导致交通波提高,另一方面,雾霾天气(尤其是重度雾霾天气)会影响事故在场人清理车道,导致清理时间增加,这两种因素会导致交通事故的影响距离出现延伸。更值得注意的是,事故影响距离的增加会引起更大面积的交通拥堵,从而增加了该路段出现二次事故的可能性。总而言之,尽管雾霾对该路段的交通道路安全影响不显著,但是其产生的蝴蝶效应(见图 5.13)所存在的潜在风险依旧需要引起管理者的重视。

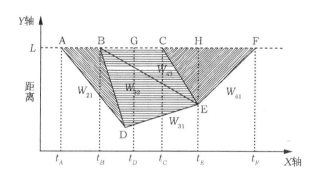

图 5.12　事故影响路段内的排队过程[65]

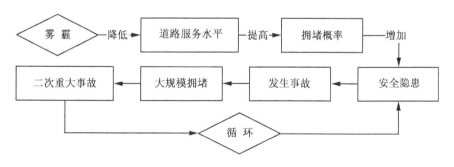

图 5.13　雾霾的蝴蝶效应

由于交通拥堵情况的出现往往是多个条件共同作用的结果，Afaq Khattak(2019)提出了一种基于相位型分布的离散事件仿真(DES)框架。不同设计参数设置下的 PHD-DES 框架性能评估结果表明，车辆到达率、到达区间的平方变异系数(SCV)和车道数对多车道公路的视距有较大影响。多车道路段的长度也会影响性能指标和 LOS[66]。因此，雾霾并不是影响道路的唯一因素，这也是雾霾与道路服务水平线性关系不显著的原因之一，尚存在以下几点不足：

①雾霾主要是从降低能见度的方面对交通道路服务水平产生影响，而 $PM_{2.5}$ 浓度并不是降低大气能见度的唯一因素，除 $PM_{2.5}$ 外，空气湿度对大气能见度也有重大影响，而本次观察并没有考虑到空气湿度的因素。

②车辆组成对道路服务水平也会产生影响，本次研究对该路段的车辆组成进行了统一假设，但是事实上每天的车辆种类组成是会发生改变的。

③本次研究选取的雾霾数据来自上海市的整体统计，但是不同方位的雾霾浓度肯定有所区别，比如沿海地区由于风速较大，雾霾消散速度较快，但是市中心地区的雾霾消散较慢，因此雾霾数据的不完整也是导致拟合效果不佳的原因之一。

④近年来，由于政府的高度重视，上海市的污染企业迅速减少，雾霾情况已经大为改善，2018 年全年出现重度污染的天数只有三天，而轻度及中度雾霾并不会对道路能见度产生太大影响，因此重度雾霾天气数据的稀少也会导致拟合效果不佳。

本书从多个方面针对雾霾天气对交通道路安全的影响机理进行了较为全面的分析，并从道路服务水平的视角探究了雾霾天气对高速公路交通安全的影响，通过总结分析，这里得出了以下结论：

①雾霾会通过降低空气能见度影响驾驶环境，从而导致交通拥堵概率提高，增加交通安全隐患；同时，雾霾还会通过影响人们的出行行为对交通道路安全产生影响。

②雾霾与高速公路道路服务水平有正向相关性，$PM_{2.5}$ 浓度越高，则道路服务水平越高，从而提高了道路负荷度，使得安全隐患增加。

③雾霾对交通道路安全的线性影响不明显，交通道路安全受到多方面因素影响，探究交通道路安全应对这些因素进行全面的考量。

④尽管结果表明雾霾的线性影响并不显著，但是雾霾对交通道路安全存在的潜在威胁依旧值得有关部门予以重视，管理者需要在雾霾期间加强高速公路的安全管理，减少交通事故的发生。

5.3.3 雾霾污染对旅游业中入境客流量的影响分析

1. 引言

近年来国内雾霾天气频繁发生,其出现范围之广,持续时间之长,危害性之大可谓罕见。2013 年《中国环境状况公报》表明,全国平均雾霾日数为35.9 天,为 1961 年以来最多,华北中南部大部分地区雾霾日数为 50～100天,部分地区甚至超过 100 天[67]。雾霾携带大量有害有毒物质,对生态、经济、农业、交通、人的身体健康等均会造成危害。而雾霾污染势必影响以户外活动为主的旅游业。作为一个具有巨大发展潜力的旅游业一直被誉为"朝阳产业、无烟产业",在国民经济中的地位日益凸显。旅游是我们舒缓压力、放松心情、亲近自然、感受自然的美好时光,然而近年来雾霾天气肆虐,这必然会给游客的出行,对旅游景观的感知效果以及游客的身心健康都造成一定程度的影响。雾霾污染也使京津冀地区的旅游业受到重创。譬如,2014 年河北省全年共接待入境游客 132.86 万人次,创汇 5.34 亿美元,同比分别下降0.67%和8.81%;北京市共接待入境游客 427.5 万人次,同比下降 5.0%,实现外汇收入 46.08 亿美元,同比下降 3.9%。

雾霾污染对地区的旅游业、交通业和公共健康都有严重影响,除引发政府与公众的极大关注外,学术界也从不同角度分析雾霾污染对旅游业的影响[68]。国外出现雾霾的时间相对较早,例如 20 世纪 40 年代的"洛杉矶光化学烟雾"与 1952 年"伦敦烟雾事件"等(Davis,2002)[69]。学者研究雾霾多关注成因和危害,例如:Chass(1972)等解释了"洛杉矶光化学烟雾事件"的原因则是汽车与工厂排放的碳氢化合物和氮氧化物等一次污染物,以及光化学反应所生成臭氧、醛、酮、酸、过氧乙酰、硝酸酯等二次污染物[70]。Davis(2002)阐述了导致"伦敦烟雾事件"的直接影响是燃煤和粉尘污染,间接原因是受逆温层影响的大气污染物蓄积。Gustafsson 等(2009)认为南亚雾霾是由化石与生物质燃料燃烧带来的碳质气溶胶引起的[71]。对旅游业影响因素研究的有,Kasmo(2003)指出雾霾污染对地区的旅游业、交通业和公共健康都有严重影响[72]。Martin(2005)阐明了气候是旅游的支撑因素、资源因素和吸引因素,会直接影响旅游者的舒适度感知和游客满意度[73]。Haiyan Song 等(2006)分析了香港的 16 个主要客源国,发现影响旅游业发展的因素主要是旅游产品价格、客源国的经济条件(以收入水平来衡量)、竞争旅游目的地的旅游费用和旅游者的"自我宣传"效应[74]。Day 等(2013)也指出天气状况是旅游目的地的一个重要组成部分,天气影响着旅游目的地的需求、目的地的形象和目的地的经济发展,是旅游目的地的一种重要资源[75]。Sajjad(2014)等阐述了气候变化和大气污染已成为旅游业的噩梦,大气污染是近年来最受关注的环境污染问题[76]。

　　有关雾霾对旅游业的影响国内学者也进行了研究。从研究方法看,赵东喜(2008)用固定影响变截距模型研究,以 1997—2006 年中国 31 个省为研究对象,研究了入境旅游发展的影响因素,发现对入境旅游起决定性作用的变量有:省区经济发展水平、对外开放水平、交通设施条件[77]。马丽君等(2008)采用 OLS 方法根据 2004—2006 年入境旅游和国内旅游客流量的年内变化,计算了客流量月指数,在对气候舒适度与若干虚拟因子数值化的基础上,建立了客流量月指数与气候舒适度的相关关系,结果显示:入境游客年内变化主要受气候影响;国内旅游不仅受气候舒适性影响,还受暑假以及 2月春节的影响[78]。吴普等(2010)构建引力模型,以海南这一典型滨海旅游目的地为研究对象,着重分析气候因素对赴琼旅游者旅游消费的影响。结果表明,温度、日照时数、降水对旅游消费有明显影响,但显著性水平低于经济因素[79]。从旅游业影响因素来看,黄金红(2008)发现影响旅游收入的主要因素是城镇居民人均旅游支出和农村居民旅游支出,指出改善旅游基础设施可以吸引更多游客,促进旅游业的发展[80]。贺振(2009)选取了 9 个可能对旅游收入有影响的因素,运用灰色综合关联分析法对影响因子进行定量分析,结果表明:社会发展水平和基础设施建设对旅游发展有较大的促进作用[81]。张金凤(2011)阐释了大气质量会对旅游者、旅游资源和旅游交通产生影响,同时部分旅游活动的开展和旅游产品的开发对大气质量产生的影响,提出应该利用科技手段、行政手段、经济手段、法律手段和宣传教育手段保护大气环境,使旅游与大气环境能可持续发展[82]。邵冠青(2013)指出大气污染会对旅游业的旅游目的地的吸引力和城市交通这两方面造成影响,面对如此挑战不论政府还是企业、个人,都应有所作为,制定相应措施还旅游业一片蔚蓝天空[83]。景恬华(2015)根据南京地区 2006—2012 年实际旅游客流量与月平均年气温、月平均湿度、月平均风速等气候资料,研究了气候因素对客流量的影响,实证结果显示南京客流量与气候舒适度高度相关[84]。

　　国内外学者对旅游影响的研究很少涉及环境因素,即使有所涉猎也都关注气候因素对旅游的影响,而对近年来的热点问题雾霾污染几乎都是定性地阐述其对人类身体健康、交通、旅游的危害,很少有定量研究。本书运用混合模型定量研究雾霾污染对京津冀入境旅游的影响,希望以此引起旅游业相关部门以及政府部门的重视,采取合理的措施减轻雾霾污染对旅游业的影响。

2. 变量选取和数据来源

(1)变量选取

本书选取入境过夜人次为模型的被解释变量,着重研究雾霾污染对入境旅游人次的影响,但是影响入境旅游的因素众多,为了提高模型的精度,也非常有必要考虑其他对入境旅游有重要影响作用的因素。

①入境过夜人次(Y)。入境旅游正成为我国旅游业越来越重要的一部分,其发展状况是衡量一个国家或地区旅游产业国际化程度的重要标志。入境旅游过夜人次是入境旅游规模最有力地反映,也是旅游创汇的重要支柱。

②雾霾污染程度(X_1)。天气状况是旅游目的地的一个重要组成部分,天气影响着旅游目的地的需求、目的地的形象和目的地的经济发展,是旅游目的地的一种重要资源。而在恶劣的天气状况如雾霾污染情况下,人们出于对身心健康、出行便利以及观光效果的考虑,很可能会改变自己原有的旅游路线,甚至会取消出游,这势必会给潜在的旅游目的地造成收入上的损失,不利于整个旅游行业的健康发展。本书用二氧化硫(SO_2)、氮氧化物和烟尘三种大气污染物年排放量的总和作为雾霾污染的代理变量。

③旅游资源丰度(X_2)。旅游目的地的旅游资源是吸引游客的根本因素,也是其作为旅游目的地的根本所在。我国历史文化悠久,旅游资源丰富,主要有世界遗产、历史文化名城、森林公园、自然保护区等类型,而这些类型的旅游景区由于其游览价值、观赏价值、历史人文价值以及科学价值的不同又可以划分为不同的等级,不同等级的旅游景区对入境旅游者会形成不同的吸引力。本书用 X_2 来表示旅游资源丰度。公式如下:

$$X_2 = 5.0 \times N_5 + 2.5 \times N_4 + 1.5 \times N_3 + 0.75 \times N_2 + 0.25 \times N_1$$

式(5.16)

其中,N_5、N_4、N_3、N_2、N_1 分别表示 5A、4A、3A、2A、A 级景区的个数。

④星级饭店规模(X_3)。饭店是旅游业的重要服务设施,星级饭店是入境旅游经营活动的重要物质条件,其数量和规模标志着旅游目的地对入境旅游的接待能力,同时饭店服务本身也是吸引入境游客的重要因素。因此,选用星级饭店规模作为入境旅游的影响因素是合理的。由于不同规模的星级饭店具有不同的接待能力、服务质量以及吸引力。因此,有必要对不同等级的饭店赋予不同的权重。我们依然用式(1)来计算星级饭店规模 X_3。此时 N_5、N_4、N_3、N_2、N_1 分别表示 5 星、4 星、3 星、2 星、1 星级饭店的个数。

⑤旅行社个数(X_4)。旅行社是联结旅游者与旅游目的地的纽带，是外国游客体验中国风情、感受中国风光的窗口，旅行社对团队旅游者的旅游行为有着多方面的影响。外国旅游者由于缺乏对中国文化、社会生活习俗的了解，往往会组团跟随旅行团队游览。旅行社良好的服务会大大提升游客的游览效果，提高其对旅游目的地的满意度，甚至可能促使旅游目的地在游客中形成良好的口碑，提升旅游目的地的形象。

⑥地区生产总值(GDP)(X_5)。地区生产总值是一个地区经济发展水平的标志，在一定程度上也是知名度的重要衡量指标。地区经济发展水平越高的地区往往具有较高的服务水平，更加便利的交通设施，对外来人员也具有更强的接待能力。并且，壮美的城市景观也是吸引外来游客的重要因素。

（2）数据来源

本书选择北京、天津和河北 2005—2014 年的上述变量观测值研究雾霾污染对京津冀入境客流量的影响。数据来源于国家统计局网站、上述各地区 2005—2014 年统计年鉴、旅游统计年鉴和各地区的旅游政务网。各观测数据见表 5.21。

表 5.21—a　　　　　　　　　　北京各指标观测值

t	Y(人次)	X_1(万吨)	X_2	X_3	X_4(家)	X_5(亿元)
2005	3 628 635	45.78	156	876	713	6 969.52
2006	3 902 923	44.40	186.75	845	734	8 117.78
2007	4 354 774	44.77	220.5	806	844	9 846.81
2008	3 790 378	34.70	269.5	836	896	11 115.00
2009	4 125 145	34.38	300	644	968	12 153.03
2010	4 900 661	38.71	332.75	565	1 002	14 113.58
2011	5 204 021	35.20	346	584	1 107	16 251.93
2012	5 008 690	33.81	358	577	1 315	17 879.40
2013	4 501 343	31.26	370.5	564	1492	19 800.81
2014	4 274 513	29.08	397.5	554	1 602	21 330.83

表 5.21—b　　　　　　　　　　天津各指标观测值

t	Y(人次)	X_1(万吨)	X_2	X_3	X_4(家)	X_5(亿元)
2005	740 100	48.28	42.5	168	235	3 905.64

t	Y(人次)	X_1(万吨)	X_2	X_3	X_4(家)	X_5(亿元)
2006	880 588	49.50	46.75	173	245	4 462.74
2007	1 032 268	51.97	57.75	184	264	5 252.76
2008	1 220 392	50.30	60	203	267	6 719.01
2009	1 410 244	52.27	80	201	267	7 521.85
2010	598 963	54.62	99.5	204	310	9 224.46
2011	730 615	66.58	116.5	216	332	11 307.28
2012	737 481	64.28	144	211	344	12 893.88
2013	758 594	61.60	155	211	356	14 442.01
2014	766 323	59.13	161.75	207	367	15 726.93

表 5.21－c　　　　　　　　　河北省各指标观测值

t	Y(人次)	X_1(万吨)	X_2	X_3	X_4(家)	X_5(亿元)
2005	626 535	354.23	235	435	912	10 012.11
2006	724 838	345.02	238.25	492	941	11 467.60
2007	817 599	333.76	288.5	575	963	13 607.32
2008	750 182	291.12	304.5	642	1 039	16 011.97
2009	842 185	276.81	332.25	547	1 060	17 235.48
2010	977 447	284.95	394.25	320	1 148	20 394.26
2011	1 141 439	453.57	469.25	690	1 156	24 515.76
2012	1 293 213	433.82	497	710	1 252	26 575.01
2013	1 338 124	425.05	516.25	757	1 278	28 442.95
2014	1 328 621	412.01	533.25	767	1 301	29 421.15

3. 模型构建和实证分析

(1)模型的构建

面板数据包括横截面、时间和指标三个维度的信息,在经济研究中,与传统的横截面数据或时间序列数据相比具有多方面的优势。面板数据能为研究者提供大量的信息,因此,增加了数据的自由度并降低解释变量之间的共线性问题,故而提高了计量模型估计的有效性。本书采用混合模型进行数据

分析,即如果从时间和截面看斜率和截距不为 0,且都是一个常数,如式 (5.2)所示,则该模型称为混合模型:

$$Y_{it} = \alpha + \beta X_{it} + u_{it} (i = 1,2,\cdots,N; t = 1,2,\cdots,T) \qquad 式(5.17)$$

混合模型假设解释变量对被解释变量的影响与个体无关。

为了消除量纲的影响,对所有的变量均取对数,因此,本书构建模型如下:

$$LNY_{it} = \alpha + \beta_1 LNX_{1it} + \beta_2 LNX_{2it} + \beta_3 LNX_{3it} + \beta_4 LNX_{4it} + \beta_5 LNX_{5it} + u_{it}$$
$$式(5.18)$$

式中:$i = 1,2,3; t = 2005,2006,\cdots,2014$。

(2)实证分析

为了更精确地反映各解释变量对被解释变量的影响程度,并尽可能地避免变量间的共线性对模型的干扰,将解释变量逐个引入模型,并且剔除不显著以及引起多重共线性的变量。用 EVIEWS 软件得到各分析模型结果如表5.22 所示。

表 5.22　　　　　　　　　　　　　　模型回归结果

	模型(1)	模型(2)	模型(3)	模型(4)	模型(5)	模型(6)	模型(7)
LN(W)	−0.433 832 (0.001 3)	−0.692 936 (0.000 0)	−0.631 367 (0.000 0)	−0.621 258 (0.000 0)	−0.629 219 (0.000 0)	−0.624 139 (0.000 0)	−0.624 818 (0.000 0)
LN(A)		0.804 952 (0.000 0)	0.239 787 (0.048 9)	−0.039 762 (0.846 9)	0.400 128 (0.026 56)		
LN(F)			0.828 595 (0.000 0)	0.674 657 (0.000 3)	0.747 506 (0.000 0)	0.675 539 (0.000 7)	0.678 676 (0.000 2)
LN(L)				0.450 581 (0.112 5)		0.412 318 (0.061 6)	0.406 002 (0.011 0)
LN(GDP)					0.168 248 (0.632 4)	−0.006 672 (0.966 0)	
C	16.188 58 (0.000 0)	13.061 66 (0.000 0)	10.785 75 (0.000 0)	10.216 33 (0.000 0)	11.999 27 (0.000 1)	10.323 57 (0.000 0)	10.286 15 (0.000 0)
R^2	0.313 244	0.775 279	0.908 043	0.917 024	0.908 898	0.916 904	0.916 898
Adjust R^2	0.288 717	0.758 633	0.897 433	0.903 748	0.894 322	0.903 609	0.907 309
F	12.771 41	46.574 50	85.580 66	69.073 41	62.354 59	68.964 44	95.622 95

首先把雾霾指标对数 LN(W)引入模型,结果如模型(1)所示:回归系数为−0.433 832,并且非常显著,因此,可以断定雾霾污染确实会对入境旅游造成负面影响,与预期相符。而同时我们还可以注意到模型(1)的 R^2、Adjust R^2 和 F 都比较小,这说明仅考虑雾霾污染一个指标还远远不足以解释

入境客流量的变化,因而进一步把旅游资源丰度对数 LN(A)引入模型。结果如模型(2):LN(W)和 LN(A)回归系数分别为-0.692 936 和 0.804 052,且都高度显著。并且模型(2)的 R^2、Adjust R_2 和 F 分别从 0.313 244、0.288 717 和 12.771 41 提高到 0.775 279、0.758 633 和 46.574 50,说用旅游资源丰度也是影响入境旅游发展的又一个非常重要的因素,这也符合我们的预期。进一步,将星级酒店指数对数 LN(F)加入模型,结果如模型(3)所示:3 个变量的系数都显著,R^2、Adjust R^2 和 F 值也都有所增加,说明把 LN(F)引入模型也是合理的。同样在模型(3)的基础上将旅行社数量对数 LN(L)引入,所得结果如模型(4)所示:LN(W)的系数依然显著,但 LN(A)的系数高度不显著,且符号为负,与事实不相符,而 LN(L)虽然系数为正,但也不显著,此时模型可能出现了非常严重的共线性问题,并且考虑引起共线性的变量可能是 LN(L)或 LN(A)。首先假设是 LN(L)引起模型的共线性问题,故将其剔除,同时引入 GDP 对数变量 LN(GDP),回归结果如模型(5)所示:除了 LN(GDP)系数不显著外,其他变量系数均显著,因此在此模型中 LN(GDP)并不是入境客流量的显著影响因素。其次假设引起共线性的变量是 LN(A),剔除 LN(A),引入 LN(GDP),结果如模型(6)所示:除了 LN(GDP)外,其他变量均显著。由此可以认为 GDP 并不是影响京津冀地区入境客流量的因素,遂将其排除在外。最后,对 LN(W)、LN(F)和 LN(L)进行回归,结果如模型(7)所示:三个变量均高度显著,R^2、Adjust R^2 和 F 值在各模型中几乎都是最大值,因此,该模型在统计意义上优于其他模型。同时在分析的过程中我们也可以看出,雾霾污染(W)、旅游资源丰度(A)、旅行社数量(L)和星级酒店数量(F)都是京津冀入境旅游的显著影响因素。

4. 结论和建议

本书基于 2005—2014 年我国北京、天津和河北三个地区的面板数据,用混合模型,实证研究了雾霾污染、旅游资源、星级饭店规模、旅行社个数、地区生产总值对入境旅游规模的影响。由以上 7 个模型可知雾霾污染的确会对入境客流量造成显著的负面影响。并且根据我们选出的最优模型(7)可知,雾霾污染程度每提高 1%,客流量就会下降 0.6%。这说明大气状况是入境旅游者决定是否出行的一个重要参考因素,恶劣的大气状况例如雾霾天气会大大缩减入境旅游规模,阻碍我国入境旅游业的发展。星级饭店规模和旅行社个数能促进入境游客规模的扩大,每增加 1%能使入境旅游规模分别增加 0.6%和 0.4%。在不存在共线性的模型中可以看出旅游资源对入境旅游规模有显著的正向影响。地区生产总值对入境客流量没有显著的影响。建议如下：

(1)多管齐下,减缓雾霾污染对旅游业的影响

首先,提高公众的雾霾防治意识。天气或气候是旅游目的地属性的一部分,又是旅游目的地形象的重要组成部分。雾霾天气是我国当前社会公共的热点话题,已经引起了国内外媒体的广泛关注。雾霾已成为影响旅游者目的地选择的一个不容忽视的重要因素。然而,雾霾的防治绝非一个人或一个部门的事,它需要全社会的广泛参与。鉴于此,相关部门应该相互合作积极开展雾霾天气治理,同时加快相关立法,加强雾霾天气危害、成因以及预防等方面的教育,提高企业和个人的防霾治霾意识,倡导更健康的生产、生活方式来减少大气污染物排放,减少城市雾霾天气的发生。

其次,利用科技创新改变旅游业发展方式。我国环境优美,历史悠久,文化底蕴深厚,吸引了众多外国游客。但是,目前我国的旅游活动大部分都在室外进行,因此,极易受极端天气如雾霾天气的影响。为了避免极端天气的影响,旅游业相关部门可以整合技术创新,多开发一些室内旅游项目,例如,可以利用3D技术呈现景区的景观,使游客即使没有身临其境却有身在其中的感觉。另外,还可以在室内设置一些娱乐项目,使游客参与其中,在身心愉悦中增加游客的满意度。

最后,根据空气质量,积极宣传引导游客出行。旅游相关部门可以通过旅游官方网站、微博等平台发布空气质量情况,引导游客适当出行。例如可以根据空气质量状况,向游客推荐合适的出游路线,建议游客尽量避免前往重污染景区。除此之外,还可以对游客开展宣传教育活动,鼓励游客尽可能乘公共交通工具出行,尽量不要自驾游,以减少尾气的排放,为旅游景区营造一个良好的环境。

(2)加大景区开发宣传力度,提升目的地吸引力

旅游目的地资源是吸引游客的关键因素,这在模型中也得到了证实。因此,为了吸引更多的游客,旅游目的地可以加大旅游资源的开发力度和宣传力度。一方面,政府部门可以针对那些有文化特色的、能带给游客特殊体验的潜在景区进行开发,形成自己的特色;另一方面,政府部门也可以在已经初具规模但仍有开发潜力的级别较低的旅游景区加大资金投入,将其打造成更高级别的旅游景区。在开发的基础上,宣传部门也应加大宣传力度,尤其要加强国际旅游宣传,鉴于国际市场庞杂、宣传费用高等情况,在宣传的过程中还要注意宣传促销的科学性,提高宣传效率,从而提高景区的知名度。

(3)完善配套设施,提升旅游服务质量

　　星级饭店规模对入境客流量有显著的正向影响。这就意味着旅游服务质量直接影响着游客的旅游感知与体验效果。旅游基础设施和旅游服务设施的完善程度决定入境客流量的规模。这使我们不得不进一步完善旅游目的地的旅游配套设施、加快旅游安全与质量保障体系建设,从而扩大海外客源市场规模。具体来讲,政府应鼓励和扶持饭店相关设施的建设和投资,尤其要注重其理性投资,并在此基础上对其实施有效的监督和管理。

　　首先,政府应该站在管理者和投资者的角度,针对不同类型的饭店出台相应的支持政策,及时对外公开和披露各类旅游饭店发展和经营的有关信息数据,积极引导旅游饭店投资和发展。

　　其次,要建立和完善多方参与的质量监督机制,如制定统一规范的食品安全卫生检查标准,确保申请加盟的饭店也要达到已有行业的标准,在实际意义上保证用餐安全。

　　(4)制订个性化计划,迎合差异化需求

　　旅行社通过整合旅游资源,收集旅游信息,在游客旅行的过程中起到联系游客资源和景区景点资源的中介作用。一般来说,游客参加团队旅游可以获得较散客出游优惠的价格、合理的行程安排及相关的服务。因此,它对旅游目的地旅游业发展的促进作用不容忽视。同时也存在缺乏个性、行动受限等不足。鉴于此,旅行社可以针对差异化的需求,制定个性化服务,而不是对所有的游客都提供无差别的营销服务,从而更加灵活地迎合不同游客的差异化需求,在促进当地旅游业发展的过程中,实现自己的提升。

参考文献

　　[1]区宇波,岳玎利,张涛,等. 珠三角秋冬季节长时间灰霾污染特性与成因[J]. 中国环境监测,2014,30(5):16-20.

　　[2]马国顺,赵倩. 雾霾现象产生及治理的演化博弈分析[J]. 生态经济,2014,30(8):169-172.

　　[3]殷文军,彭晓武,宋世震,等. 广州市空气污染与城区居民心脑血管疾病死亡的时间序列分析[J]. 环境与健康杂志,2012,29(6):521-525.

　　[4]Chow,Judith C,Watson,et al. Health Effects of Fine Particulate Air Pollution:Lines that Connect.[J]. Journal of the Air and Waste Management Association,2006,56(10):1368-1380.

　　[5]Chen B H,Kan H D,Chen R J,et al. Air Pollution and Health Studies in China—Policy Implications[J]. Journal of the Air and Waste Management Association,2011,61(11):1292-1299.

　　[6]Kan H D,Chen R J,Tong S L. Ambient air pollution,climate change,and population

health in China[J]. Environment International,2012:10—19.

[7]Shang Y,Sun Z W,Cao J J,et al. Systematic review of Chinese studies of short-term exposure to air pollution and daily mortality[J]. Environment International,2013:100—111.

[8]Ross M A. Integrated science assessment for particulate matter[J]. US Environmental Protection Agency:Washington DC,USA,2009:61—161.

[9]Samoli E,Stafoggia M,Rodopoulou S et al. Associations between fine and coarse particles and mortality in Mediterranean cities:results from the MED-PARTICLES project[J]. Environ Health Perspect,2013,121:8.

[10]郭春梅,赵珊珊. 我国居住建筑室内 $PM_{2.5}$ 研究现状及进展[J]. 环境监测管理与技术,2018(4):12—17.

[11]Cao J J,Shen Z X,Chow J C,et al. Winter and Summer $PM_{2.5}$ Chemical Compositions in Fourteen Chinese Cities[J]. Journal of the Air and Waste Management Association,2012,62(10):1214—1226.

[12]Pope C A,Burnett R T,Krewski D,et al. Cardiovascular Mortality and Exposure to Airborne Fine Particulate Matter and Cigarette Smoke:Shape of the Exposure-response Relationship[J]. Circulation,2009,120(11):941—948.

[13]Burnett R T. Size-fractionated Particulate Mass and Daily Mortality in Eight Canadian Cities[J]. Revised Analyses of Time-series Studies of Air Pollution and Health,Special Report,2003.

[14]张江华,郭常义,许慧慧,等. 上海市大气污染与某医院呼吸系统疾病门诊量关系的时间序列研究[J]. 环境与职业医学,2014,31(11):846—851.

[15]Long S L,Zeng J R,Li Y,et al. Characteristics of Secondary Inorganic Aerosol and Sulfate Species in Size-fractionated Aerosol Particles in Shanghai[J]. Journal of Environmental Sciences,2014,26(5):1040—1051.

[16]Wang X M,Chen J M,Chen T T,et al. Particle Number Concentration,Size Distribution and Chemical Composition during Haze and Photochemical Smog Episodes in Shanghai[J]. Journal of Environmental Sciences,2014,26(09):1894—1902.

[17]Jansen R C,Shi Y,Chen J M,et al. Using Hourly Measurements to Explore the Role of Secondary Inorganic Aerosol in $PM_{2.5}$ during Haze and Fog in Hangzhou,China[J]. Advances in Atmospheric Sciences,2014,31(6):1427—1434.

[18]Mordukhovich I,Coull B,Kloog I,et al. Exposure to Sub-chronic and Long-term Particulate Air Pollution and Heart Rate Variability in An Elderly Cohort:the Normative Aging Study[J]. Environmental Health,2015,14(1):1.

[19]刘闽. 沈阳市冬季重污染过程 $PM_{2.5}$ 浓度变化及成因分析[J]. 中国环境监测,2018,34(1):47—53.

[20]Deng T,Wu D,Deng X J,et al. A Vertical Sounding of Severe Haze Process in Guangzhou Area[J]. Science China(Earth Sciences),2014,57(11):2650—2656.

[21]王天宇. PM$_{2.5}$对人体健康效应影响的实证研究——以西安市碑林区、灞桥区为例[D]. 陕西师范大学,2014(5).

[22]滕洁. 室外空气污染与呼吸系统疾病住院治疗的短期效应研究[D]. 中国科学技术大学,2019(5).

[23]周君,姚向辉,董宏爽,等. 唐山市空气污染物对某医院呼吸系统疾病门诊量的影响[J]. 环境卫生学杂志,2019(4)：162—166.

[24]Jamal Othman, Mazrura Sahani, Mastura Mahmud, et al. Transboundary Smoke Haze Pollution in Malaysia: Inpatient Health Impacts and Economic Valuation [J]. Environmental Pollution,2014,189(6)：194—201.

[25]涂庆,王宇,黄莉. PM$_{2.5}$与肺癌相关关系及防治策略研究[J]. 重庆医学,2016(8)：1118—1121.

[26]Huang W,Cao J J,TAO Y B,et al. Seasonal Variation of Chemical Species Associated with Short‐term Mortality Effects of PM$_{2.5}$ in Xi′an, A Central City in China[J]. American Journal of Epidemiology,2012,175(6)：556—566.

[27]孙兆彬,安兴琴,崔蕾蕾,等. 北京地区颗粒物健康效应研究——沙尘天气、非沙尘天气下颗粒物(PM$_{2.5}$、PM$_{10}$)对心血管疾病入院人次的影响[J]. 环境科学,2016(8)：2536—2544.

[28]王春梅,叶春明. 基于信息扩散理论的雾霾天气关注度研究[J]. 物流工程与管理,2016(6)：87—190.

[29]苏晓红,李卫东. 北京雾霾关注度与实际雾霾指数分析[J]. 合作经济与科技,2017(4)：181—183.

[30]谷红霞,刘宁,马蕴蕾,等. 不同雾霾防护措施预防石家庄地区哮喘患者急性发作的疗效[J]. 中国地方病防治杂志,2016(2)：208—210.

[31]王朝科. 性别与环境:研究环境问题的新视角[J]. 山西财经大学学报,2003,25(3)：31—34.

[32]钱旭君,贺天锋,沈月平. 宁波市城区居民雾霾知识及防护现状调查[J]. 中国健康教育,2016(1)：73—75.

[33]Luo L Q,Xie L Z. The Economic Analysis on the Haze Govermence[J]. Journal of Chemical and Pharmaceutical Research,2014,6(6)：319—325.

[34]Kram Erp J,Kozlowskit T著. 汪振儒译. 木本植物生理学[M]. 北京:中国林业出版社,2000:829—832.

[35]Grossman G M,Krueger A B. Environmental Impacts of the North American Free Trade Agreement[J]. National Bureau of Economic Research Working Paper,1991:3914.

[36]Wang Y,Ying Q,Hu J,et al. Spatial and temporal varia-tions of six cirteria air pollutants in 31 provincial capitalcities in china during 2013—2014[J]. Evironment in-ternational,2014,73：413—422.

[37]毛艺林. 雾霾环境对设施农业的影响及应对策略[J]. 河南农业科学,2014,43(7)：

76—79.

[38]李春. 2013—2014 年冬季天津地区连续雾霾天气对设施农业生产的影响[J]. 天津农林科技,2014,(3):36—37.

[39]曹洪玉,颜忠诚. 雾霾对农作物的影响[J]. 生物学通报,2015,50(9):10—12.

[40]王向华,高艳秋. 雾霾对设施农业的影响及相对策略探析[J]. 资源环境,2015,32(6):228.

[41]张淑敏,刘跃峰. 铜川市雾霾污染对农业生产的影响探讨[J]. 现代农业科技,2015,(8):248—249.

[42]果实. 秸秆焚烧对北方雾霾天气产生的影响及相应解决对策[J]. 农场经济管理,2014,(3):66—68.

[43]Duan F K,Liu X D,Yu T. Identification and estimate of biomass burning contribution to the urban aerosol organic carbon concentrations in Beijing[J]. Atmospheric Environment,2004,38(9):1275—1282.

[44]Fambro D B,Fitzpatrick K,Koppa R. Determination of Stopping Sight Distances,NCHRP Report 400[R]. Washington DC:National Research Council,1997.

[45]佚名. 济南发布 2015 年十大天气气候事件[EB/OL]. [2016-01-06]. http://www.dzwww.com/shandong/sdnews/201601/t20160106_13630073.htm.

[46]赵冉. 济南 2015 年共有 149 个雾霾天是五年前的 6 倍多[N]. [2016-01-13]. 齐鲁晚报网,http://www.qlwb.com.cn/2016/0113/533126.shtml.

[47]李欣. 雾霾"攻陷"山东 13 个地市[EB/OL]. [2015-10-16]. http://www.chinanews.com/sh/2015/10-16/7573985.shtml.

[48]宋晓锋. 上海地区雾霾组分特征及其产生原因[J]. 广州化工,2017,45(16):141—143.

[49]盛小星,叶春明. 基于集对分析法的长三角雾霾风险评估[J]. 资源开发与市场,2017,33(3):334—337,359.

[50]甄泉,方治国,王雅晴,等. 雾霾空气中细菌特征及对健康的潜在影响[J]. 生态学报,2019,39(6):2244—2254.

[51]汪聪聪,王益澄,马仁锋,等. 经济集聚对雾霾污染影响的空间计量研究——以长江三角洲地区为例[J]. 长江流域资源与环境,2019,28(1):1—11.

[52]龚奕,张杰,蓝金辉. 雾霾情况下路网模型及雾霾对交通路网的影响[J]. 交通运输系统工程与信息,2015,15(5):114—122.

[53]王勇,刘严萍,李江波,等. 水汽和风速对雾霾中 $PM_{2.5}$、PM_{10} 变化的影响[J]. 灾害学,2015,30(1):5—7.

[54]马骁骏,秦艳,陈勇航,等. 上海地区霾时气溶胶类型垂直分布的季节变化[J]. 中国环境科学,2015,35(4):961—969.

[55]孙冉,王鸿宇,马骁骏,等. 上海一次典型雾霾过程中不同天气现象的气溶胶光学特性及转化机制[J]. 环境科学学报,2017,37(3):814—823.

[56]丁德平,尹志聪,李迅,等．京津塘高速交通事故与气象条件之间的关系[J]．公路交通科技,2011,28(S1)：115－119．

[57]李聪颖,黄一哲,李敢,等．雾霾天气对出行行为的影响机理研究[J]．西安建筑科技大学学报(自然科学版),2015,47(5):728－733．

[58]高坤,涂辉招,时恒,等．雾霾天气低能见度对不同跟驰状态驾驶行为的影响[J]．吉林大学学报(工学版),2017,47(6):1716－1727．

[59]JTG B01-2003,公路工程技术标准[S]．

[60]徐吉谦．交通工程总论[M]．北京：人民交通出版社,1989．

[61]蔡氧．G1501上海绕城高速公路大修工程路基路面设计研究[J]．上海公路,2016(4):1－4,25,97．

[62]Chao Wang,Mohammed A. Quddus,Stephen G. Ison. Impact of traffic congestion on road accidents：A spatial analysis of the M25 motorway in England[J]. Accident Analysis and Prevention,2009,41(4):798－808．

[63]Fengchun Han,Yan Han,Muting Ma,Dan Zhao. Research on Traffic Wave Characteristics of Bus in and out of Stop on Urban Expressway[J]. Procedia Engineering,2016:137．

[64]朱家明,姚疃彤,李春忠．交通事故对道路通行能力影响的定量综合评估[J]．成都工业学院学报,2014,17(2):58－60．

[65]余贵珍,刘玉敏,金茂菁,等．基于交通波的高速公路事故的交通影响分析[J]．北京航空航天大学学报,2012,38(10)：1420－1424．

[66]Afaq Khattak,Arshad Hussain,Fahad Ibrahim. A PHD-DES Framework for the Performance Assessment of Multi-lane Highways under Random Traffic Flow[J]. Arabian Journal for Science and Engineering,2019,44(10):309－314．

[67]程励,张同颢,付阳．城市居民雾霾天气认知及其对城市旅游目的地选择倾向的影响[J]．旅游学刊,2015,30(10)：37－47．

[68]李静,Philip L. PEARCE,吴必虎,等．雾霾对来京旅游者风险感知及旅游体验的影响——基于结构方程模型的中外旅游者对比研究[J]．旅游学刊,2015,30(10):48－59．

[69]Davis D L. A look back at the London smog of 1952 and the half century since[J]. Environmental health perspectives,2002,110(12)：A734．

[70]Chass R L,Krenz W B,Nevitt J S,et al. los angeles county acts to control emissions of nitrogen oxides from power plants[J]. Journal of the Air Pollution Control Association,1972,22(1)：15－19．

[71]Gustafsson O,Kruså M,Zencak Z,et al. Brown clouds over South Asia：biomass or fossil fuel combustion[J]. Science,2009,323(5913)：495－498．

[72]Kasmo M A. The Southeast Asian haze crisisi：Lesson to be learned[J]. Advances in Ecological Sciences,2003,19:1263－1271．

[73]Martin B G. Whether,climate and tourism：A geographical perspective[J]. Annals of Tourism Research,2005,32(3):571－591．

［74］Kevin K F,Song H Y,Kaye S C. Bayesian models for tourism and forecasting［J］. Tourism Management,2006,27:773－780.

［75］Day J ,Chin N,Sydnor S,et al. Whether,climate,and tourism perfprmance:A quantitative analysis［J］. Tourism Management Perspective,2013(5):51－56.

［76］Sajjad F,Noreen U,Zaman K. Climate change and air pollution jointly creating nightmare for tourism industry［J］. Environmental Science and Pollution Research,2014,21(21):12403－12418.

［77］赵东喜. 中国省际入境旅游发展影响因素研究——基于分省面板数据分析［J］. 旅游学刊,2008,1(23):41－45.

［78］马丽君,孙根年,李玲芬,等. 海口旅游气候舒适度与客流量年内变化相关分析［J］. 资源科学,2008,30(11):1754－1758.

［79］吴普,葛全胜,齐晓波,等. 气候因素对滨海旅游目的地旅游需求的影响——以海南岛为例［J］. 资源科学,2010,32(1):157－162.

［80］黄金红. 对影响国内旅游收入的实证分析［J］. 全国商情,2008(8):114－116.

［81］贺振. 旅游收入影响因素研究——以河南为例［J］. 经济问题,2009(8):121－122.

［82］张金凤. 大气环境质量与旅游的交互影响效应分析［J］. 四川文理学院学报,2011,21(2):109－111.

［83］邵冠青. 十面"霾"伏:面对大气的悲剧,旅游业该如何服务民生［J］. 观察与思考,2013:41－43.

［84］景恬华. 南京地区气候因素对客流量的影响分析［J］. 科技创新导报,2015(27):112－113.

第六章 基于非结构化数据关联分析的雾霾污染问题的统计分析

6.1 引言

本章依托大数据关联分析理论与所构建的海量雾霾污染问题大数据平台,进行雾霾污染问题非结构化数据库管理和大数据价值链挖掘;进一步,进行基于 BP 神经网络方法的上海市入境游客关注点分析、基于 SVR-ARMA 模型的呼吸道疾病门诊量预测、基于社交评论情感分析的网民雾霾情绪识别、基于改进 KNN-BP 神经网络的 $PM_{2.5}$ 浓度预测模型研究。

6.2 基于 BP 神经网络方法的上海市入境游客关注点分析

6.2.1 引言

近年来,我国由于环境污染造成的雾霾天气频频发生。雾霾背景下的入境旅游发展状况也逐渐受到各界关注。中国的对外开放政策使得入境旅游市场在中国经济中所占比重逐年增加,因此,对入境旅游市场的分析会直接关系到中国入境旅游政策的制定与实施,国外学者 Laws(1995)提出了影响旅游者旅游目的地选择的两部分因素,第一部分包含天气、生态环境、文化以及传统建筑;第二部分包括目的地的住宿、饮食、交通以及娱乐[1]。国内学者程励(2015)等基于旅游目的地选择理论,使用偏最小二乘法结构方程模型研究城市居民在雾霾天气影响下的旅游地选择倾向,得出雾霾已对城市居民的旅游目的地选择倾向产生显著负面影响[2];陈荣(2014)应用遗传算法的支持向量回归模型对黄山不同时段的短期旅游客流量进行预测[3]。以上研究虽然对旅游的影响因素进行了分析,但选取角度均为客观角度,即仅选取可见的影响因素进行游客旅游行为的分析,未考虑入境游客对旅游目的地的主要关注点,而每个游客对目的地的偏好是不同的,因此如何选取数据来体现入境游客对各因素的偏好是尤为困难的。

随着近年来网络信息技术的发展,网络搜索数据逐渐被国内外研究者重视。国外学者 Ginsberg J(2009)利用谷歌提供的搜索解析功能,从中提取了与流感有关的关键词的搜索热度变化情况,建立了流感监测模型,该模型能提前预测流感暴发趋势[4],研究表明,网络搜索中某些数据在一定程度上代表某一无法具象化的因素,由于网络搜索数据的这一特性,其在经济预测[5]、传播学[6]、推荐系统[7]中的应用也十分广泛。其中,互联网在旅游业中发挥了重大作用,网络的发展为旅游经营者以及旅游管理部门提供了信息平台,而游客出行前也会通过互联网查看相关信息。网络搜索数据已经成为研究旅游业影响因素以及预测旅游业发展趋势的重要数据来源。例如:Davidson A P(2004)获取了以中国台湾为旅游目的地的网站流量情况,经过与现实世界中台湾游客量情况对比后发现网络的信息流会对游客的旅游行为产生引导作用[8]。沈苏彦等(2015)筛选了 2004 年至 2015 年的谷歌趋势中关于中国旅游的关键词,并将其作为自变量建立季节性乘积 ARIMA 模型,与一般季节性乘积 ARIMA 模型相比,前者的拟合效果和预测准确率都要高于后者[9]。网络搜索数据在旅游研究中的使用提高了对游客量预测的准确程度,但对数据信息的挖掘仍不够彻底。鉴于此类情况,本书将采用网络搜索数据具象化入境游客对目的地各种条件的偏好情况,建立 BP 神经网络模型以分析雾霾背景下上海市入境游客量的变化情况,以预测准确度的改变为衡量标准,进一步说明地区的各种条件对入境游客量的影响,为相关部门提供政策建议。

6.2.2 数据说明与研究方法

1. 入境游客量（Y）

中国的入境旅游统计数据中对外国人及中国港澳台同胞分别进行了统计。考虑到入境外国游客对中国旅游业发展的主要贡献，本书主要截取中国入境旅游统计中入境外国游客量的数据。从上海市旅游局获取了 2013 年 10 月至 2016 年 10 月上海市每月的入境外国游客量数据[10]（参见表 6.1）。

表 6.1　　　　　　　　上海市入境外国游客量统计　　　　　　单位：人次

日期	游客量	日期	游客量	日期	游客量
2013—10	526 422	2014—11	487 188	2015—12	434 681
2013—11	467 605	2014—12	388 888	2016—1	387 108
2013—12	382 377	2015—1	359 356	2016—2	275 394
2014—1	330 209	2015—2	255 894	2016—3	490 636
2014—2	299 234	2015—3	484 457	2016—4	518 702
2014—3	479 601	2015—4	498 421	2016—5	507 590
2014—4	509 922	2015—5	506 426	2016—6	463 996
2014—5	481 326	2015—6	448 386	2016—7	470 448
2014—6	449 112	2015—7	447 721	2016—8	485 472
2014—7	423 492	2015—8	452 538	2016—9	527 624
2014—8	399 541	2015—9	491 983	2016—10	602 220
2014—9	478 163	2015—10	548 975		
2014—10	506 697	2015—11	478 098		

2. 谷歌趋势与关键词选取（X1～X7）

谷歌搜索引擎占全球 66.7％ 的市场份额，2016 年谷歌的年搜索次数已经达到了 2 万亿次，即每秒全球有约 63 000 人在使用谷歌搜索[11]，而谷歌近年来推出的谷歌趋势服务可以报告某一搜索关键词从 2004 年至今的每周或每月搜索的相对词频以及其变化趋势，这里的相对词频是针对某一关键词在某一时间内的绝对搜索次数而言的，是某一时间点该关键词的搜索量与全部谷歌搜索引擎关键词搜索量的比值，并将此时间段内该比值中最大的值视作 100 而标准化后形成的一组相对频数值[12]。由于该指标的计算方式为关键词与谷歌搜索总量的比值标准化，因此可以排除搜索引擎使用人数的增加所导致关键词搜索量剧烈变动。

　　网络数据中用户搜索关键词的选取是体现游客主观偏好的关键。本书综合入境旅游的客观影响因素与入境游客的主观偏好,选取可以代表目的地知名度、目的地标志性景点知名度、中国雾霾情况、目的地饮食、目的地交通、目的地签证、目的地天气这几个代表性因素选取相关搜索次数较多的关键词(参见表6.2)。

表 6.2　　　　　　　　　　　关键词代表的影响因素

主观条件	谷歌趋势关键词
X1(地区知名度)	Shanghai
X2(地区标志性景点知名度)	Oriental Pearl Tower
X3(中国雾霾情况)	Haze in China
X4(饮食)	Shanghai Chinese restaurant
X5(交通)	Flight to Shanghai
X6(签证)	Visa for China
X7(天气)	Weather in Shanghai

3. 研究思路

　　综合考虑上海市旅游的客观条件以及入境游客主要考虑的因素,由"谷歌趋势"中提取可具象化各相关因素的关键词搜索趋势数据,以上海市入境游客量数据作为预测量,采用 BP 神经网络构建入境外国游客量的预测模型,以 2013 年 10 月至 2016 年 2 月的数据作为训练数据,对 2016 年 3 月至 2016 年 10 月的入境游客量进行预测,建模过程中改变输入元素的数量,以每个模型的预测平均偏差为标准建立衡量体系,直观地给出外国游客的偏好变化对入境游客量的影响,并进一步分析雾霾背景下各条件的变化对入境外国游客的旅游决定产生的作用。

6.2.3　实证分析

1. 模型建立

　　对于函数的估计方面,神经网络具有可以以任意精度映射复杂的非线性关系这一优点。本书将使用 BP 神经网络算法来建立预测模型,所建立的 BP 神经网络模型采用单隐层结构,隐藏层的节点数目为 10,学习速率为 0.000 1,并且在学习过程中其学习率是递减的,主要原因为:Zinkevich

(2003)在文章中指出递减的学习率可以保证使用随机梯度下降策略是其函数最低收敛于局部最优值[13]。模型采用 2013 年 10 月至 2016 年 2 月的数据作为模型训练数据,将 2016 年 2 月至 2016 年 10 月的数据作为模型的测试集使用。主要模型与模型所使用的关键词如表 6.3 所示。

表 6.3 　　　　　　　　　　　主要模型与模型所使用的关键词

	模型变量选择
模型 1	全部变量
模型 2	剔除 X1(地区知名度)
模型 3	剔除 X2(地区标志性景点知名度)
模型 4	剔除 X3(中国雾霾情况)
模型 5	剔除 X4(饮食)
模型 6	剔除 X5(交通)
模型 7	剔除 X6(签证)
模型 8	剔除 X7(天气)

2. 评价指标

本书选取预测精度 D 以及预测数据可信度 Z 作为衡量标准,来反映四个模型的结果,其计算公式为:

$$D = 1 - \frac{\sum_{i=1}^{n} |\hat{y_i} - y_i|}{n} \times 100\% \qquad \text{式(6.1)}$$

$$Z = \frac{\sum_{i=1}^{n} j}{n} \qquad \text{式(6.2)}$$

若 $\frac{|\hat{y_i} - y_i|}{y_i} \leqslant 0.1$,则 $j = 1$;否则 $j = 0$。

其中平均偏差的值越小说明模型预测的精度越高,而预测数据可信度 Z 越大说明预测结果落在可接受范围内的数量越多。

3. 结果分析

表 6.4 　　　　　　　　　　　模型预测精度比较

	预测精度	预测数据可信度
模型 1(全部影响因素)	93.5%	0.75
模型 2(剔除 Shanghai)	93%	0.75

	预测精度	预测数据可信度
模型 3(剔除 Oriental Pearl Tower)	90.6%	0.5
模型 4(剔除 Haze in China)	90.7%	0.625
模型 5(剔除 Shanghai Chinese restaurant)	89.8%	0.5
模型 6(剔除 Flight to Shanghai)	89.3%	0.5
模型 7(剔除 Visa for China)	90.4%	0.625
模型 8(剔除 Weather in Shanghai)	91.4%	0.625

表 6.4 为各模型的预测精度。为方便分析,可将 8 个模型的预测精度分为四个档次,其预测精度大于 92.75% 为预测准确的第一档次,第二档次为预测精度处于 91.5% 与 92.75% 之间的模型,第三与第四档次的取值分别为 (90.25%,91.5%)、(89%,90.25%)。其中,模型 1 与模型 2 位于第一档,没有模型位于第二档,第三档包括模型 3、模型 4、模型 7、模型 8,而模型 5 与模型 6 则位于第四档。

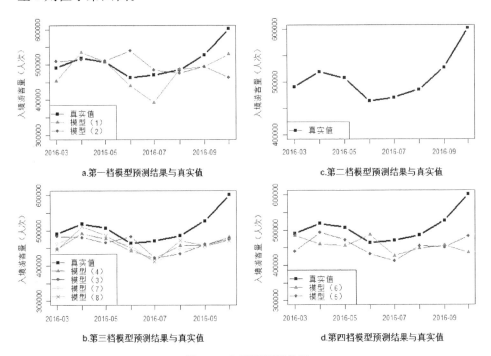

图 6.1   各模型预测结果

图 6.1 为将模型按照档次划分后的预测结果与真实值的趋势图,可以发现模型 1 的预测结果除个别点之外已经可以较为准确地预测出入境游客量的数量变化,其预测精度也达到了 93.5%。虽然模型 2 的预测精度与模型 1 相差无几,但从趋势图中可以看出模型 2 的预测结果并不理想,说明本书所选择的关键词可以全面地反映入境外国游客在选择旅游目的地时所关心的方面,而模型 2 的趋势图也说明了关键词 Shanghai 的剔除对模型预测精度基本没有影响;没有模型的预测精度位于第二档,因此不做分析;对于模型 3、4、7、8,其预测精度均在 91% 左右,从趋势图中也可以发现,这些模型的预测结果趋势与真实值是一致的,但其结果均小于真实值,即四个模型所剔除的关键词在一定程度上影响模型的预测精度且其影响程度相同;第四档中模型 5、6 的预测精度是最低的,由图 6.1d 也可以看出在剔除了 Shanghai Chinese restaurant 与 Flight to Shanghai 之后的模型虽然有 89% 的预测精度,但其预测结果已经不能让人信服了。

6.2.4　结论与讨论

入境旅游市场一定程度上反映了一个国家第三产业的发展状况,对其进行科学的分析可以为中国入境旅游的政策制定提供参考依据。本书选取 2013 年 10 月至 2016 年 10 月上海市入境外国游客量,利用"谷歌趋势"所提供的关键词来具象化入境外国游客在选择旅游目的地时所关注的重点,构建了包含不同自变量的 BP 神经网络模型,以每个模型的预测精度不同作为衡量某一关注点对入境外国游客的旅游决定的影响,以此说明在雾霾背景下上海市应加强入境游客关注最多的方面来进行入境旅游市场的建设。研究主要得出以下结论:

本书所选择的关键词可以全面反映入境外国游客在选择旅游目的地时所关注的重点。本书中包含所有被选择变量的模型预测精度达到了 93.5%,说明国外游客在选择入境旅游目的地时主要关注地区著名景点、地区交通情况、签证情况、饮食情况、空气质量情况与天气情况。

就上海市的入境旅游情况来看,上海市的入境外国游客最关心的是该地区的航班情况与饮食情况,模型中这两个关键词的剔除已经使得模型的结果不能令人信服,因此,地区的航班情况与饮食情况最能影响潜在外国游客对于旅游决策的制定;而主要景点、空气污染、护照情况与天气情况的受关注程度仅次于航班与饮食,且这几个关注点的重要程度十分一致,排除天气情况这一不可人为控制的因素,其余三点在一定程度上影响上海市入境游客量的变化;第一档中模型 2 的预测精度也说明了在入境外国游客选择目的地时,地理位置对外国游客的旅游决策是不会产生明显影响的。

实验结果表明,在雾霾天气这一大背景下,航班情况与饮食情况仍然是外国游客在选择旅游目的地时的首要考虑因素,而在其余因素中,雾霾的影响程度已经与签证情况基本一致,达到不容忽视的地步。针对以上情况,本书给出如下建议:

(1)增加航班,提高交通便利程度,加强饮食安全管理。由于入境外国游客的出行方式主要为航班,目的地空运系统的建设显得尤为重要;加强饮食安全管理,国外的饮食习惯与国内不同,因此,一个放心的饮食条件会吸引更多的外国游客。

(2)采取多种措施减少雾霾天气的发生。模型结果证实,雾霾天气对入境旅游的影响已经不容忽视,治理雾霾迫在眉睫。雾霾的治理需要从多个方面同时进行。相关部门应该出台从各个行业、各个层面的雾霾治理方案,在减排的同时提高社会全员保护环境质量的意识。

(3)加强标志性景点宣传力度,提高外国游客办理入境旅游签证的便利程度。关键词 Oriental Pearl Tower 与 Visa for China 的剔除对模型预测精度的影响说明旅游地区标志性景点的知名度与办理入境旅游签证的相关信息会显著影响地区的游客量。因此,各地区在对旅游宣传方面应选取标志性景点作为主要宣传目标,以建立地区旅游特色,树立旅游形象;在办理旅游签证方面应灵活迅速。

6.3　基于 SVR-ARMA 模型的呼吸道疾病门诊量预测

6.3.1　引言

近年来,雾霾污染的危害性日益严重。2013 年我国多个城市频频发生雾霾污染,长三角、珠三角和京津冀地区的危害尤为显著[14]。我国 338 个地级及以上城市中只有四分之一达到空气质量标准[15];作为我国经济最发达的长三角城市群的核心城市,上海市的污染程度更为严重,平均雾霾天数超过 200 天[16]。雾霾污染会对人类的身心健康造成巨大的伤害,尤其会刺激呼吸道并诱发炎症或者过敏反应等,继而引发气道反应或呼吸道疾病。

国内外学者对雾霾高发的区域进行雾霾污染与包括呼吸道疾病在内的人体健康之间的相关性研究。Burnett R T 等(1997)通过对 $PM_{2.5}$ 的浓度变化与居民的心血管疾病、呼吸系统疾病两者的住院率进行研究分析,结果发现呈现显著的正相关关系[17]。该研究表明雾霾污染与人体健康存在一定的联系。董蕙青等(2005)将呼吸道疾病发病人数结合同期的气象因子、大气污染物浓度数据进行相关分析研究,发现各种疾病发病人数均存在 5~7 天的周期,且证实利用气象因素来对呼吸道疾病发病人数进行预测的方法是可行的[18]。该文献主要阐述了气象因素对呼吸道疾病的影响。Dan 等(2015)对加拿大空气污染物浓度和居民死亡数之间探寻不同类型污染物对人体健康的危害性,发现众多大气污染物中 O_3 造成的居民死亡风险最高,而 NO_2 的死亡风险最低[19]。秦耀辰等(2018)发现国内关于大气污染与人体健康方面的研究尚处于定性的起步阶段,大气污染对居民健康的定量评估方法也呈增多趋势,总体来看当前的研究深度与广度都有所拓展,但未来仍需加强国内流行病案例的研究[20]。李瑞盈等(2018)利用呼吸道疾病就诊人数资料以及同期气象资料,分析气象条件与呼吸道疾病儿童就诊人数之间的相关性[21]。该方法主要通过预测就诊人数来为医疗气象服务提供新方法。

上述学者一般应用统计学方法,根据医院门诊量建立数学模型来分析论证如何合理配置呼吸道疾病门诊资源。但是,目前为止呼吸道疾病有关方面的预测并未引起学术界的重视并进行深入研究。呼吸道疾病门诊量的准确预测可为政府部门及时把控舆情导向和疾控中心预警及防治工作提供科学依据。在政府大力完善大气污染防治责任落实机制和严格的环境污染制度的背景下,深入分析上海市雾霾污染与人体健康尤其是呼吸道疾病之间的因果关系尤为重要。本书将支持向量回归机引入呼吸道疾病门诊量预测问题上,在方法选取上采用混合预测模型,充分发挥不同算法之间的互补优势。

6.3.2 呼吸道疾病门诊量预测模型

1. 支持向量回归机(SVR)

SVR 作为一种应用于回归领域的算法,与 SVM 一样保持着结构风险最小化的特点,遇到非线性情况时,可以运用核技术处理。目标函数求解到后面也与 SVM 一致,只需求解一个最优的二次规划问题,但与 SVM 分类算法的不同之处在于,SVR 需要引入一个损失函数,损失函数表示对误差的一个度量,是预测值和真实值的差异值。在此处选用的损失函数为 ε-不敏感损失函数,其定义如式(6.3)所示:

$$L(y,f(x)) = \begin{cases} |\,|f(x)-y|-\varepsilon\,|, & |f(x)-y| \geqslant \varepsilon \\ 0, & else \end{cases} \qquad 式(6.3)$$

其中,ε 为不敏感损失系数,是一个已经给定的整数,$[f(x)-y]$ 表示的是真实值和预测值相减得到的差值,当差值活动在可允许的误差范围内时可将损失看成 0,否则视为有损失。

对于任何一个有限的训练样本,存在一个确定的最小 ε 值使得所有样本的损失函数值都为 $0^{[22]}$,换句话说,对于我们求解出来的回归函数 $f(x) = \omega^T \cdot x + b$,存在确定实数 ε_0 使得对所有样本有 $-\varepsilon_0 \leqslant y - f(x) \leqslant \varepsilon_0$。

根据以上分析,了解到只有当样本点出现在 ε-带的外侧时,会出现损失的现象;而一些样本点出现在 ε-带内侧时,损失函数值为 0,即不存在损失现象。在 ε-带内侧时移除这些样本点也不会给决策函数带来损失,损失值非零的样本点相较于分类问题中所提到的支持向量。同样的,在回归问题中决策函数也只和这些支持向量有关联[23]。

对于给定样本空间 $\{(x_1,y_1),(x_2,y_2),\cdots,(x_i,y_i)\}$,$i=1,2,\cdots,m$,$x_i$ 是样本特征,与分类问题不同之处在于 y_i 是实数值,并不是离散的类别,如 0 和 1[24]。可以使用 ε 不敏感损失函数作为损失函数,同时依据结构风险最小化原理与类似 SVM 的原理,可以转化为线性回归中的凸二次规划问题:

$$\min_{\omega,b} \frac{1}{2}\|\omega\|^2 \qquad 式(6.4)$$

$$s.t. \ -\varepsilon \leqslant y_i - (\omega \cdot x_i + b) \leqslant \varepsilon, i=1,2,\cdots,m$$

与 SVM 类似,在处理非线性问题的情况下,可以在中间引入松弛变量 ξ_i, ξ_i^* 和惩罚系数 C,同时容许少量样本存在损失[25],然后将问题(6.4)转化为式(6.5):

$$\min_{\omega,b} \frac{1}{2}\|\omega\|^2 + C \sum_{i=1}^{m} (\xi_i + \xi_i^*) \qquad 式(6.5)$$

$$s.t. \ y_i - (\omega \cdot x_i + b) \leqslant \varepsilon + \xi_i$$

$$(\omega \cdot x + b) - y_i \leqslant \varepsilon + \xi_i^*$$

$$\xi_i \geqslant 0, \xi_i^* \geqslant 0$$

可以选择引入拉格朗日函数 $L(\omega,b,\xi_i,\xi_i^*)$,将原始问题(6.4)转化为它的对偶问题,再通过使用 KKT 条件来解出最优解,推导如下:

$$L(\omega, b, \xi_i, \xi_i^*) = \frac{1}{2} \|\omega\|^2 + C \sum_{i=1}^{m} (\xi_i + \xi_i^*)$$

$$- \sum_{i=1}^{m} \alpha_i (\varepsilon + \xi_i - y_i + \omega \cdot x_i + b)$$

$$- \sum_{i=1}^{m} \alpha_i^* (\varepsilon + \xi_i + y_i - \omega \cdot x_i - b)$$

$$- \sum_{i=1}^{m} (\eta_i \xi_i + \eta_i^* \xi_i^*) \qquad 式(6.6)$$

其中 $\alpha_i, \alpha_i^*, \eta_i, \eta_i^*$ 是拉格朗日算子,分别对 $\omega, b, \xi_i, \xi_i^*$ 求偏导,得到鞍点,接着将结果代入原优化问题中,最终原问题可变成如下对偶问题:

$$\max W(\alpha) = -\frac{1}{2} \sum_{i=1}^{m} (\alpha_i - \alpha_i^*)(\alpha_j - \alpha_j^*) <x_i, x_j \qquad 式(6.7)$$

$$> -\varepsilon \sum_{i=1}^{m} (\alpha_i + \alpha_i^*) + \sum_{i=1}^{m} (\alpha_i - \alpha_i^*)$$

$$\text{s. t.} \sum_{i=1}^{m} (\alpha_i - \alpha_i^*) = 0$$

$$\alpha_i, \alpha_i^* \in [0, C]$$

根据最优解满足 KKT 条件的原则,有:

$$\alpha_i (\varepsilon + \xi_i - y_i + \omega \cdot x_i + b) = 0$$

$$\alpha_i^* (\varepsilon + \xi_i^* + y_i - \omega \cdot x_i - b) = 0 \qquad 式(6.8)$$

$$(C - \alpha_i) \xi_i = 0$$

$$(C - \alpha_i^*) \xi_i^* = 0$$

由式(6.8)可以得出:存在 α_i 和 α_i^* 大于 0 小于 C 所对应的样本,它们位于 ε-带的边界上。只有 $\alpha_i = C$ 或者 $\alpha_i^* = C$ 的样本所对应的 ξ_i 或 ξ_i^* 才会大于 0,即存在损失时的样本,此时样本位于 ε-带外,它被称为支持向量。这些支持向量可以对决策函数起决定性作用。通过以上对支持向量回归的具体推导过程可以得到一个最优解,同时 SVR 回归函数可如下表示:

$$f(x) = \sum_{i=1}^{m} (\alpha_i - \alpha_i^*)(x_i, x) + b \qquad 式(6.9)$$

进一步地如果想引入核函数则 SVR 回归函数可表示为:

$$f(x) = \sum_{i=1}^{m} (\alpha_i - \alpha_i^*) \kappa(x_i, x) + b \qquad 式(6.10)$$

这里 $\kappa(x_i, x)$ 为核函数,与分类问题相似。

2. 自回归滑动平均模型(ARMA)

自回归滑动平均模型(Auto-Regression and Moving Average Model,简称 ARMA 模型)在时间序列方法中是比较重要的一种,主要由自回归模型(Auto-Regressive Model,简称 AR 模型)与滑动平均模型(Moving Average Model,简称 MA 模型)为基础"混合"而成,具有适用范围大且预测误差小的特征。因为 ARMA 模型中同时存在自回归与滑动平均两种成分,所以模型的阶数是二维的,即由 p 与 q 这两个参数共同构成[26],其中 p 为自回归成分的阶数,而 q 为滑动平均成分的阶数,记做 $ARMA(p,q)$,可以称之为自回归滑动平均混合模型或者自回归滑动平均模型。

$ARMA(p,q)$ 模型的一般表达式为:

$$y_t = c + \varphi_1 y_{t-1} + \varphi_2 y_{t-2} + \cdots + \varphi_p y_{t-p} + u_t - \theta_1 u_{t-1} \qquad 式(6.11)$$
$$- \theta_2 u_{t-2} - \cdots - \theta_q u_{t-q}$$

在式(6.11)中,y_t 为在 t 时刻的预测输出值,u_t 是一个服从独立正态分布 $N(0,\delta_a^2)$ 的白噪声系列。ARMA 模型可以通过对不同 p 与 q 的组合测试来优化模型的预测结果,找到最合适的参数,模型可以简记为:

$$\phi(l)_{y_t} = c + \varphi(l)_{u_t} \qquad 式(6.12)$$

其中,$\phi(l) = 1 - a_1 l - a_2 l^2 - \cdots - a_p l^p$ 称为自回归系数多项式;$\phi(l) = 1 - b_1 l - b_2 l^2 - \cdots - b_q l^q$ 被称为滑动平均系数多项式。

显然,$ARMA(0,q) = MA(q)$,$ARMA(p,0) = AR(p)$,因此 $AR(p)$ 和 $MA(q)$ 可以分别看作 $ARMA(p,q)$ 的特例。

使用 $ARMA(p,q)$ 模型的好处是能够用比较少的参数来描绘单独用 $AR(p)$ 或者 $MA(q)$ 所不能表示的数据生成过程。在拟合实际数据的操作中,ARMA 模型选用的 p、q 参数的阶数都比较低,基本很少超过 6 阶。

6.3.3　实验结果与分析

1. SVR 预测模型的建立

本节建立基于 SVR-ARMA 模型的雾霾污染环境下呼吸道疾病门诊量的预测模型。因为呼吸道疾病门诊量受雾霾污染与气象因素等多类因素影响,所以其输入项是一个多变量,实验过程中可以先利用 SVR 预测呼吸道疾病门诊量,接着用 ARMA 模型继续预测对 SVR 预测的残差,并将 SVR 模型的预测值和 ARMA 模型的预测值相加来得到最后的预测值。具体的步骤(俞璐,2015)如下:

①用 SVR 模型对呼吸道疾病门诊量进行预测,得到门诊量的预测值,且令 SVR 模型预测结果与呼吸道疾病门诊量真实值相减的残差为 ε_t,即 $\varepsilon_t = y_t - x_t$;

②用 ARMA 模型对残差序列 $\{\varepsilon_t\}$ 进行回归预测,预测结果为 L_t;

③$\hat{y_t} = x_t + L_t$ 即为混合模型预测 y_t 的结果。

具体 SVR-ARMA 算法流程图如图 6.2 所示。

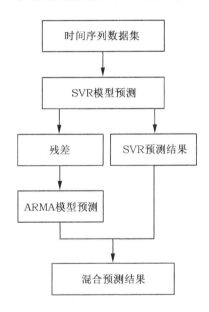

图 6.2　SVR-ARMA 模型流程图

2. 参数选择

本书待优化的参数是惩罚参数 C 与核参数 gamma,惩罚参数 C 主要决定了 SVR 的泛化能力。在给定的已知样本集合子空间中,如果将惩罚参数 C 视为较小(较大)的值,则其经历的错误惩罚较小(较大),则模型的复杂度较小(较大),并且经历风险的较大(较小)值。满足误差条件的这种惩罚参数 C 一定存在于集合子空间任何给定的样本中。但惩罚参数 C 的值在任何情况下都有上限,并且若超越了该上限,SVR 的复杂度可以达到允许的最大样本收集子空间。这种情况下模型的泛化能力和经验风险基本不会产生变化。

6.3.4 基于SVR-ARMA模型的雾霾污染环境下呼吸道疾病门诊量预测

根据之前对门诊量数据的分析，可以得出本书输入变量包含呼吸道疾病门诊量序列的滞后项、$PM_{2.5}$、PM_{10}、SO_2、NO_2、CO、O_3、temp以及rain。用Eviews8软件对呼吸道疾病门诊量的序列进行ADF单位根检验确定是否为平稳时间序列，检验结果如表6.5所示；然后用相关性检验来确定呼吸道疾病门诊量序列滞后项的输入值，检验结果如图6.3所示。

表6.5　　呼吸道疾病门诊量的单位根检验

置信区间	t-统计量	t-统计量	概率
1%	−3.440 719		
5%	−2.866 006	−14.034 15	0.000 0
10%	−2.569 207		

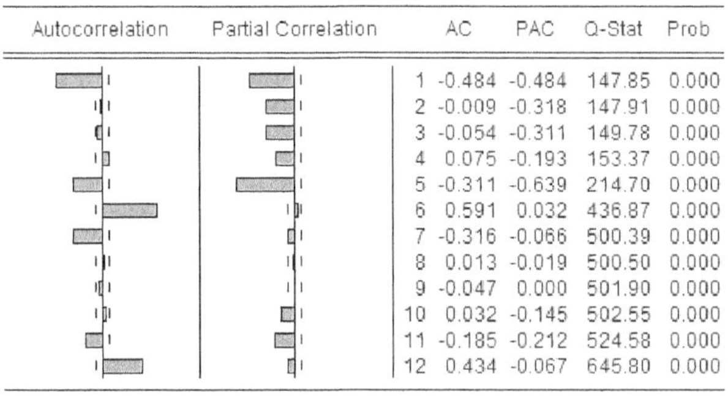

	AC	PAC	Q-Stat	Prob
1	-0.484	-0.484	147.85	0.000
2	-0.009	-0.318	147.91	0.000
3	-0.054	-0.311	149.78	0.000
4	0.075	-0.193	153.37	0.000
5	-0.311	-0.639	214.70	0.000
6	0.591	0.032	436.87	0.000
7	-0.316	-0.066	500.39	0.000
8	0.013	-0.019	500.50	0.000
9	-0.047	0.000	501.90	0.000
10	0.032	-0.145	502.55	0.000
11	-0.185	-0.212	524.58	0.000
12	0.434	-0.067	645.80	0.000

图6.3　呼吸道疾病门诊量的相关性检验

最后SVR模型的函数为：

$$F(Y_{t-1},Y_{t-2},Y_{t-3},Y_{t-4},Y_{t-5},PM_{2.5},PM_{10},SO_2,NO_2,CO,O_3,temp,rain)$$

从而整个输入项为一个629×13的矩阵。本书利用网格搜索法和交叉验证法来参数寻优，分别对31天、62天以及93天的呼吸道疾病门诊量进行预测，预测结果如表6.6所示。

表 6.6		不同周期的呼吸道疾病门诊量预测误差对比		
时间段	惩罚系数 C	核参数 gamma	RMSE	MSE
31 天	0.125	16.0	0.098 60	0.009 72
62 天	0.25	8.0	0.109 61	0.012 02
93 天	0.25	8.0	0.108 58	0.011 79

根据不同时间段呼吸道疾病门诊量预测结果可以看到,误差效果为 31 天＞93 天＞62 天,本书选用的预测时间段为 31 天,即在该周期内呼吸道疾病门诊量预测误差最小。

通过网格搜索法及交叉验证寻到在 31 天周期内的最优参数为 C= 0.125,gamma＝16,且支持向量个数为 164 个,从而得到 SVR 预测模型。将最优参数值代入 SVR 模型中,获得测试集部分的预测值,如图 6.4 所示。

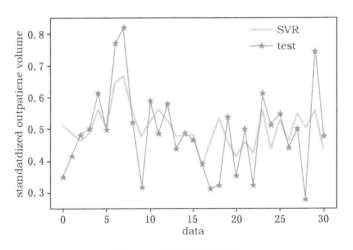

图 6.4　SVR 模型预测值

可以看到 SVR 模型的预测值与实际值的 RMSE 误差为 0.098 59。对 62 天、93 天时间跨度上的呼吸道疾病门诊量进行同样的预测,实验证明,一个月时间跨度能得到较好的预测效果,即适合短期预测。

由图 6.5 可以看出,在 31 个预测值里面,残差的值有正有负,正值有 15 个,负值有 16 个。同时可以观察出残差的波动幅度较大,在极值点处预测的误差较大,可能是因为 SVR 模型不能迅速适应门诊量突增与突减的变化,仍然根据原来的运动规律进行预测,所以使得极值点的预测效果不佳。此时的

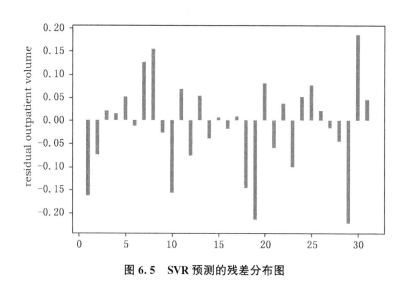

图 6.5 SVR 预测的残差分布图

RMSE 为 0.056，很显然，这种预测误差较大。

由于 SVR 模型不能迅速适应数据量的变化，预测的轨迹相较于真实值平稳一些，因此出现了误差较大的现象。故本章节通过 EViews8 软件对用上一章 SVR 模型预测出来的结果与真实值的残差继续进行预测。

对呼吸道疾病门诊量的残差序列进行 ADF 检验，结果如表 6.7 所示。

表 6.7　　　　　　　　　　　残差序列 ADF 检验

置信区间	t-统计量	ADF 值	P 值
1%	−3.670 170		
5%	−2.963 972	−4.975 175	0.000
10%	−2.621 007		

进行 ADF 检验发现 t-统计量的值为−4.975 175，小于−3.670 170，落在 0.01 的置信区间内，其对应的概率小于 0.05，因此判定呼吸道疾病门诊量的残差序列为平稳时间序列。

根据 ARMA 模型的相关性特征，通过读取平稳时间序列的系相关图（ACF）和偏自相关图（PACF）初步识别 p 和 q 的值，然后可利用 AIC 准则和 SC 准则评判拟合模型的优劣。

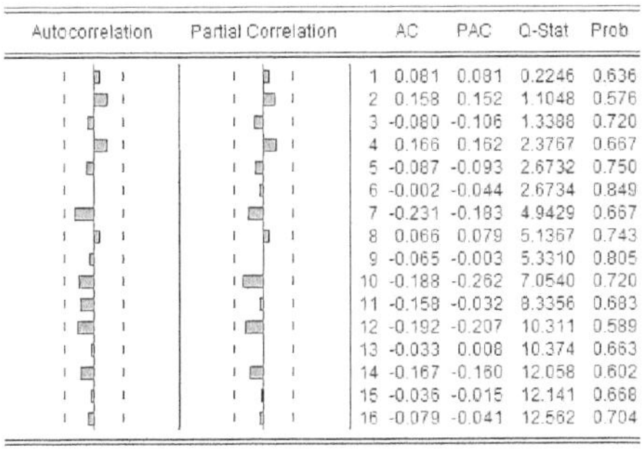

Autocorrelation	Partial Correlation		AC	PAC	Q-Stat	Prob
		1	0.081	0.081	0.2246	0.636
		2	0.158	0.152	1.1048	0.576
		3	-0.080	-0.106	1.3388	0.720
		4	0.166	0.152	2.3767	0.667
		5	-0.087	-0.093	2.6732	0.750
		6	-0.002	-0.044	2.6734	0.849
		7	-0.231	-0.193	4.9429	0.667
		8	0.066	0.079	5.1367	0.743
		9	-0.065	-0.003	5.3310	0.805
		10	-0.188	-0.262	7.0540	0.720
		11	-0.158	-0.032	8.3356	0.683
		12	-0.192	-0.207	10.311	0.589
		13	-0.033	0.008	10.374	0.663
		14	-0.167	-0.180	12.058	0.602
		15	-0.036	-0.015	12.141	0.668
		16	-0.079	-0.041	12.562	0.704

图 6.6 残差 ACF 与 PACF 序列图

由图 6.6 的自相关函数图和偏自相关函数图优先设定 p 的值为 1,q 的值为 1,初步建立 ARMA(1,1) 模型。

表 6.8   基于 AIC 和 SC 准则对多个 ARMA(p,q) 模型的比较

模型	AIC	SC
ARMA(1,1)	$-1.120\ 936$	$-1.027\ 523$
ARMA(1,2)	$-1.054\ 801$	$-0.914\ 691$
ARMA(2,1)	$-1.055\ 308$	$-0.913\ 864$

由表 6.8 可以看出:当 $p=1$,$q=1$ 时,模型的 AIC 和 SC 值均取得最小,因此选用 ARMA(1,1) 模型。

用 ARMA(1,1) 模型对呼吸道疾病门诊量的残差序列进行预测,得到残差的预测值,将此预测值与 SVR 预测值按照 $\hat{y}_t = \hat{N}_t + \hat{L}_t$ 混合,得到最后的混合预测模型的结果。为了验证混合模型的可行性,将 SVR-ARMA 模型的呼吸道疾病门诊量预测结果与单个的时间序列 ARMA 模型预测结果进行对比。SVR-ARMA 模型最终的预测值与实际值的 RMSE 误差为 0.085 97,误差小于单一的 SVR 模型。

将 SVR 模型、ARMA 模型及 SVR-ARMA 模型的预测值进行对比,这三种预测方法在 31 天预测周期内 SVR-ARMA 混合预测的准确性要高于单个的 SVR 模型的预测方法,同时单一的 SVR 模型预测精度高于单一的 AR-MA 模型。为了进一步比较各个预测值和实际值偏离的程度,将各自的 MSE 与 RMSE 指标进行比较,如表 6.9 所示。

表 6.9	模型的预测效果比较	
模型	MSE	RMSE
SVR 模型	0.009 721 44	0.098 597
ARMA 模型	0.017 368 2	0.131 788
SVR-ARMA 模型	0.007 390 99	0.085 970 88

从表 6.9 可以看出,SVR-ARMA 混合模型预测的 RMSE 为 0.085 9,低于 SVR 模型的 0.098 597。可能的原因在于:SVR 模型在遭遇数据中的转折点或者突发情况时,不能迅速适应门诊量突如其来的变化,因此其预测能力会有一定的阻碍,但可以将 SVR 模型与其他的方法进行混合来解决 SVR 在预测方面所存在的问题。

6.3.5　结论与建议

本书提出了基于支持向量回归(SVR)与时间序列模型(ARMA)混合的预测模型进行雾霾污染环境下呼吸道疾病门诊量预测的研究思路。实验结果表明,预测时间段为 31 天时,呼吸道疾病门诊量预测的误差最小;SVR 模型与 ARMA 模型的预测误差对比,可知呼吸道疾病门诊量具有较多的非线性特征。同时根据三种预测模型的结果对比,得出 SVR-ARMA 模型更能预测呼吸道疾病门诊量的变化规律,模型总体预测性能较好。

①医院或有关上级部门应当更加重视对雾霾污染与呼吸道疾病的案例研究,其中应更加注重呼吸道疾病预测的问题,为上述部门的数据支撑进行预警工作。

②雾霾多发区疾控中心建立雾霾污染导致呼吸道疾病大概率事件发生的动态实时监测、预警与防控机制。

③各级政府机构应当重视有关雾霾污染导致人体健康危害的舆情导向。在如今的信息化时代,公众接收到的信息较为复杂,政府机构在雾霾污染与人体健康方面应当正确引导公众树立自我保护和防范意识,积极应对雾霾污染问题。

④京津冀、长三角等雾霾频发区域各省市政府加大合作力度,构建区域性雾霾污染联防联控合作协调机制,积极应对极端雾霾气候可能带来的污染问题。

6.4　基于社交评论情感分析的网民雾霾情绪识别

6.4.1　引言

当今社会网络发展日新月异,贴吧、微博、微信等传播广泛的各种社交平台已经成为人们表达个人情感的重要载体。人们会选择运用这些平台,发表一些短小的文本评论,抒发对于流行话题或者舆论的见解与情感。而近年来频频出现的雾霾污染问题已成为人们较为关注的话题之一。人们对雾霾和雾霾污染的情感存在多种复杂的情绪,不仅包括对雾霾污染造成的健康、财产等危害的恐惧或悲伤,还包括对灰蒙蒙的雾霾天气憎恨、厌恶等消极性的情感;也包括渴望雾霾消除、向往蓝天和白云等积极性的情感。大部分网民会在社交平台宣泄雾霾天气下的复杂情绪。所以,如果能对这些社交平台上与雾霾相关的文本进行整理分析,就可以探讨网民对雾霾到来时所表现的情感态度。

对雾霾天气下公众在社交媒体上发表的带有情感词汇的有关评论的分析又称为文本情感分析,也叫观点挖掘,属于自然语言处理的一个研究领域。其主要目的是通过对雾霾文本的研究可以探讨网民对于雾霾到来的情绪表现类别,来识别网民面对雾霾和雾霾污染的情绪类别。实时观察网民的情绪,避免出现不法分子通过互联网运用不法手段来引导网民的舆论情绪导向,危害国家和人们的身心健康。不仅可以对社会监管起到一定的监督作用,还可以对雾霾事件的舆情发现、事件的舆论导向等工作的实现提供一些参考建议。

6.4.2　文献综述

1. 天气和环境对人的情感影响

雾霾天气对人们的生活产生了各种各样的影响,很容易引起人们的关注,但这样的天气对人们的心理、情绪所造成的影响却常常被人们忽视。国内外学者大多从环境心理学角度进行研究。加拿大学者 E. Howarth(1984)

通过相关研究后发现,天气晴朗可以使人们的情绪产生一些比较积极的影响,人们会表现得更加开朗、乐观,而阴沉多云的天气则会令人心情郁闷、烦躁[27];T Skovetal(1991)指出,在很多时候,人们会通过对空气污染程度的判断,加上对健康方面的认知来管理自己的行为,从而避免环境污染对自己的影响[28];唐奇开(2000)研究天气状况的好坏对人的心态的影响,认为晴朗的天气可以使人产生心情愉快、乐观等积极情绪状态;而阴沉的天气则容易使人产生压抑、失落等消极的状态[29]。蒋晨光(2006)研究发现,天气和环境问题不仅影响人类的生活方式,而且时刻影响着人们的情绪和行为;人们如果长期处在一种不安全、不健康的生活环境中,容易产生严重的不安全感[30]。保罗·贝尔(2009)认为个体或者群体对空气污染的感官主要由生理和心理因素主导,同时也受外界压力、焦虑、郁闷等心情的影响;人们对于事件的反应常常与污染和感官知觉联系在一起,越是不能承受压力的人,越可能因为污染而变得焦躁,其症状会表现在情绪上,甚至对身心健康产生影响[31]。另外,Van Zomeren 等(2010)的研究发现,气候的变化对人和动物都有一定的影响,并且个体会对将要面临的环境变化危机产生担心害怕的情绪[32]。

少数专家从现代医学的角度出发研究环境对人类情绪的影响,比如谭珣等(2016)认为人脑中存在的一种叫松果体的腺体,可以感知光线的强弱。当它感觉到足够多的光照时,细胞的活跃程度就会降低。一旦外界光线变暗,它便会突然变得活跃,并且阻止人体内的某些激素产生,包含具有能够使人振奋作用的甲状腺素和肾上腺素[33]。天气晴朗时,人们就会感到心情愉悦;如果遇到阴雨天或者雾霾天,人们就会变得情绪失落、郁郁寡欢;如果碰到长期雾霾笼罩的天气,情绪低沉的表现会更加明显。

2. 文本情感词汇方法分类的研究

文本情感分析是模式识别和自然语言处理相结合的研究课题,尤其是在大数据和人工智能时代到来之后,情感分析变为近些年来国内外学者研究的热点问题之一,Pang(2008)指出,文本情感分析的任务是借助计算机快速获取、整理和分析相关文本信息,对带有主观情感的句子进行分析处理[34]。对于文本分类的系统不仅是一个自然语言处理的系统,也是一个进行模式识别的系统,一般而言,包括输入和输出系统,系统的输入就是我们要处理的文本数据,而输出则是对文本进行分析后的类别。整个流程的设计具体包括文本的预处理、文本表示和分类器设计等步骤。文本的预处理过程主要包括三类方法。

①词典分词法。孙茂松(2000)等的研究中使用三种非常典型的分词词典机制:整词二分法、TRIE 索引树及逐字二分法,主要对它们的时间、空间

效率进行比较[35]。姚兴山(2008)提出了首字哈希表、词字哈希表、词4字结构、词索引表和词典正文的词典结构,他认为该结构可以提高查询速度,但会使计算机的存储空间的使用增大[36]。

②理解分词法。王彩荣(2004)设计了一个分词专家系统的框架:通过将自动分词的过程看作基于知识的逻辑推理过程,再用知识推理与语法分析代替传统的"词典匹配分词+歧义校正"过程[37]。

③统计分词法。翟凤文(2006)等提出一种字典与统计相结合的分词方法,首先利用字典分词,然后再利用统计计数方法处理第一步所产生的歧义问题和未登录词问题,结果显示该方法可以提高交集型歧义切分的准确率[38]。

基于情感词汇的分类方法是利用词汇的情感倾向,通过一定的运算规则来计算其所在文本的情感倾向。Turney 和 Littman(2002)利用文档中的互信息对词和短语进行语义分析,对蕴含情感因子的词进行文档情感分值的计算,分析文档的情感倾向[39]。Hassan 等(2010)通过运用监督型马尔可夫模型,结合词汇的依存关系和词性信息来确定消息的极性[40]。Taboada 等(2011)基于名词、形容词、动词、副词等不同词性来分别构建情感词典,对不同领域的多个语料进行文档情感分类[41]。张庆庆等(2015)将一元词特征、句法特征、词典特征等综合起来,研究不同的特征对情感分类准确率的影响,研究显示,以上多种特征的结合使用可以得到更高的准确率[42]。黄冬(2015)通过对一个样本周期时段内新浪微博中有关"大数据"这个词汇的文本进行分词、聚类和绘制语义网等,来探讨人们对"大数据"这个词汇的情感倾向分析[43]。

文本情感分类的研究技术相对成熟,但大多数学者专注于对文本分类器的设计上,以提高分类的准确性和精确度,很少有人对雾霾评论数据中所表现出来的情感进行分析,但这些评论中所蕴含的对人体情感方面的重大影响不容忽视。所以本书想用自己爬取到的有关雾霾评论的数据进行分析,用情感分析的相关处理技术,选择合适的分类模型,构建一个针对雾霾评论数据的分类系统,并且对分类的结果作相关分析。

3. 国内外相关文献评价

从国内外相关的研究中我们可以看出,对公众雾霾情绪的识别有着很重要的现实意义。国内对于中文的研究起步较慢,还处于相对不成熟的研究阶段。相比之下,国外对于英文文本的研究趋向成熟。但是,大多数在英文情绪识别领域效果较好的算法在中文领域并不能得到理想的效果。相比较于外文的语法单一,中文文本语言具有多样性、歧义性和知识依赖性等特点。

比如,对于表达想听邓紫棋的《光年之外》这首歌,由于每个人思维和说话方式的多样性,不同的人会出现"我想听光年之外""放一首光年之外""我要听光年之外""给我来一首光年之外"等想法,就会出现各种不同的表达方式。还有,在缺少语境约束的情境下,对于"我要去西藏"这句话,就不知道说话者要表达的意思了,可能代表要去的地点,也可能是要听的歌曲名,在这种情况下就会产生很大的歧义。另外,一些网友会发明一些新潮的词汇,如"洪荒之力""蓝瘦香菇""老司机"等,都被赋予了新的词义。所以,对于雾霾情绪识别的分析,需要在国内外相关研究的基础上根据中文文本的特点不断探索新的方法,开拓新的思路。

本书从人们对于雾霾来临的情感反映类别的视野分析,使用贴吧中的雾霾文本数据进行情感类别的识别,着眼点侧重于研究雾霾到来时人们的情绪反应,不仅可以为相关雾霾事件的舆情防控提供参考意见,还可以为后续的相关数据的获取提供方法与思路。从研究方法角度,用多种常见的机器学习算法进行分类器训练,并在不同的训练集标准和不同的分类标准下来综合对比各种分类算法对雾霾文本的分类效果的好坏,找出对雾霾文本数据分类效果较好的分类方法,并对各种分类器预测的结果进行详细分析,进一步挖掘数据集中的信息。大多数情感分析的技术都用在电商评论数据中,很少有人关注雾霾污染给人们的情绪带来的影响。本书主要通过对雾霾贴吧中网民的评论语料进行情感极性分类,进而对网民对雾霾的情绪进行识别,为国家的相关雾霾事件的发生提供政策建议。

6.4.3　数据来源与研究方法

1. 数据来源

对于热点话题,如雾霾,有相应的贴吧,像"雾霾吧""中国雾霾吧""北京雾霾吧"等。在这些贴吧话题中,绝大多数帖子都反映了关心和关注该雾霾贴吧的网民对于雾霾到来时的一些情感状态,有的是积极地展现自己家乡的美丽无污染的景色,有的是对自己周围雾霾天气的不满与抱怨等。而且没有地域和时间限制,对雾霾关心的网民都可以参与到这些贴吧中,找到自己感兴趣的主题发表言论。相较于微博和微信,贴吧中的雾霾文本具有易获取、话题集中度高的特性。所以,对于雾霾相关的贴吧中的文本进行抓取和分析,可以大致反映出网民面对雾霾时的情绪态度。本书的雾霾文本数据就来源于"雾霾吧"中用户发布的主题帖内容,通过 Python 语言将该贴吧中的所有主题帖内容抓取下来做后续情感分析。

2. 研究方法

在大数据和人工智能时代到来之后,情感分析变为近些年来国内外学者研究的热点问题之一,Pang(2008)指出,文本情感分析的任务是借助计算机快速获取、整理和分析相关文本信息,对带有主观情感的句子进行分析处理[44]。近几年研究情感分析使用比较多的就是基于机器学习方法,又被称为统计学习方法。该类方法的实现过程主要有三步,即将评论文本经过预处理、文本表示、分类器设计得到情感类别。机器学习的具体流程是先分出一部分积极情感的文本和一部分消极情感的文本作为测试用的语料,分出训练集和测试集,进行人工标注,再用机器学习的相关算法进行训练,获得情感分类器。最后将该分类器运用到其他文本中进行预测,从而对这些文本进行情感分类,其中,文本预处理包括分词、去停用词等步骤;文本表示具体包括特征项选择、特征项降维、特征项权重计算这三个步骤。分类器设计主要包括对比各种分类算法的分类效果,根据常用的几个分类器评价指标,包括召回率(recall)、准确率(precision)和 F-测度值(F-Measure)来选出对雾霾文本分类比较好的分类器。

6.4.4 结果与分析

1. 雾霾文本预处理结果

在"雾霾吧"文本抓取的过程中,自动过滤掉图片和链接等内容后,总共抓取到该贴吧文本评论 17 493 条,时间跨度从 2013 年 1 月到 2017 年 10 月。内容抓取的效果图如图 6.7 所示。

不难看出,将"雾霾吧"中的各个帖子的评论内容抓取结果中,有抱怨雾霾的严重性的,有关心北京、天津、山西等地方雾霾天气的,有研究怎样防霾的,也有卖一些防霾口罩或者其他产品的。大部分评论都是有关雾霾的话题,具有研究价值。接下来想要对抓取的雾霾文本进行可视化展示,需要先进行文本分词。而基于 Python 开发的词库,加上自定义词典后可以对获取到的雾霾评论进行分词,以下是对评论内容分词后的效果图(参见图 6.8)。

从图 6.9 可以看出,所有的句子都能被分割成一个个词语,而对雾霾文本情感分类结果影响不大的语气助词"了""的""地"等都被作为停用词去掉。留下了对文本分类效果影响较大的名词、形容词等。下面可以通过对分词后文本的可视化词云图和词频图进行分析,多角度观察抓取的雾霾文本。

有想法的私信联系我。。。

为了打击广告，维护良好的雾霾吧，让大家有个良好的网络环境　首先第一部分，我要讲的是雾霾生成的原因，
雾霾生成一般是两方面的原因：一是污染源，二是适宜的气象条件。
简单地定义好天气没雾霾坏天气有雾霾是十分粗暴而且不合理的，雾霾生成的气象条件不能一言以蔽之，但是其中有一个重要的影响条件就是大气稳定度。
通俗地来讲，稳定条件下的大气竖直方向对流弱，容易产生雾霾，而不稳定条件下的大气对流强，不易产生雾霾，大气稳定度与地表接受的能量、地形等各个方面都有关系，但是也有较为明显的季节和时间特征，主要表现为：
1. 冬季比夏季较容易产生稳定大气。
2. 夜晚比白天较容易产生稳定大气，如下图：红色黄色代表不稳定情况，蓝色代表稳定情况，纵轴表示各个情况发生的百分比，横轴分别表示月份（a图）和一天内的时间（b图）。

第二部分，就是夏天的北霾。
雾霾的根据地在北方，北霾的大本营在华北，华北的霾即使夏天也从未消停。

有研究表示，京津冀片区及相邻的山西、山东等华北地区，雾霾总体比较严重，1974-2013年40年平均雾霾天数是39.772天/年，2013年达到49.668天/年。

图 6.7　内容抓取效果图

想法 私信 联系
_____

打击 广告 维护 良好 雾霾 大家 有个 良好 网络 环境 首先 第一 部分 我要 讲 雾霾 生成 原因
雾霾 生成 一般 两 方面 原因 ：一是 污染源 二是 适宜 气象条件
简单 定义 天气 没 雾霾 坏天气 雾霾 十分 粗暴 不合理 雾霾 生成 气象条件 不能 一言 以蔽之 但是 其中 一个 重要 影响
条件 就是 大气 稳定度
通俗 来讲 稳定 条件 下 大气 竖直 方向 对流 弱 容易 产生 雾霾 稳定 条件 下 大气 对流 强 不易 产生 雾霾 大气 稳定度
与 地表 接受 能量 地形 等 各个方面 关系 但是 较为 明显 季节 时间 特征 主要 表现 ：
冬季 夏季 较 容易 产生 稳定 大气
夜晚 白天 较 容易 产生 稳定 大气 如下 图 ：红色 黄色 代表 稳定 情况 蓝色 代表 情况 纵轴 表示 各个 情况 发生
百分比 横轴 分别 表示 月份 图 一天 内 时间 图

图 6.8　雾霾评论自定义词典分词效果

图 6.9　雾霾评论内容的词云图

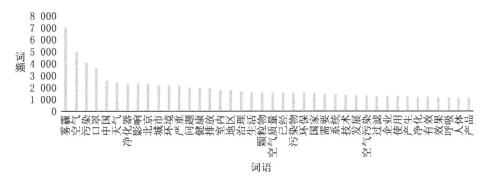

图 6.10　内容排名前 40 的词频分布图

从雾霾评论内容的词云图(见图 6.9)和排名前 40 的词频分布图(见图 6.10)中可以看到,排名靠前的几位为"雾霾""空气""污染""口罩"和"天气"等词汇,从侧面反映了该贴吧中大多数网民讨论的话题是与雾霾造成的空气污染有关。此外,也有谈到"健康""治理""环保"和"技术"等词汇的,也同样说明人们对雾霾治理的关心,而且有些网民已经在关注环保、雾霾的治理技术以及雾霾的防护等问题。

2. 文本表示

要想让计算机能够快速高效地处理这些大批量文本,就有必要用一种新的计算机能识别的方式对文本进行表示。高洁和吉根林(2004)的研究中表明,最常用的文本表示模型有三种:布尔模型、概率模型和向量空间模型[45]。向量空间模型与布尔模型和概率模型相比,其优点是通用化,可以作为多种算法的输入向量,文本的计算效率较高,而且向量空间模型是目前使用比较广泛的文本表示模型。所以本书在进行雾霾文本表示时,使用向量空间模型。首先是进行特征项的选择,特征项选择说到底是为了降维,特征数量的减少可以加快算法的计算速度,提高文本情感分析的效率。其次,用一定的方法选择信息量丰富的特征,舍弃无效的特征,可以减少噪音,有效提高分类的准确率。唐慧丰(2007)等指出,目前可以用来做特征选取的方法比较多,常用的有文档频率法(document frequency)、信息增益法(information gain)、统计量法(chi-square statistic)、互信息法(mutual information)等[46]。我们使用卡方统计量法,因为卡方统计量法综合了类别比例和文档频率两个因素。

3. 分类器设计

为了进行对比研究,取训练集和测试集的比例为 4∶1,分别将训练集分为 2 000 条、4 000 条和 6 000 条雾霾评论,测试集对应分别为 500 条、1 000 条和 1 500 条。依次对训练集和测试集下的雾霾评论进行人工标注。其中,为了方便,将所有的雾霾评论分成两类进行研究,即积极类和消极类;例如:对于文本"最爱南方没有雾霾遮住的天空,天可以如此蓝!",人工将其标注为积极类;对于文本"雾霾是肿了吗,危害在逐步加深,尤其对于女士来说,这简直就是不能容忍的啊,必须要做到全面防护啊",人工将其标注为消极类。

对于常见的分类器,Zhang(2004)在自己的研究中指出,朴素贝叶斯算法适合做文本分类的研究,具有一定的稳健性[47];Fan(2008)的研究指出,支持向量机算法对于高维稀疏数据集特别有效[48];其他常见的分类算法还有逻辑回归、随机森林、决策树等。所以,将原始数据分别使用朴素贝叶斯分类法、支持向量机、逻辑回归、随机森林、决策树分类法、迭代决策树这六种常用的文本分类方法进行实验。为方便标记,各分类算法简写如表 6.10 所示,分类评价指标选取常见召回率(recall)、准确率(precision)和 F-测度值(F-Measure),训练集雾霾文本数量分别为 2 000 条、4 000 条和 6 000 条时各分类评价指标结果见表 6.11、表 6.12、表 6.13。

表 6.10　　　　　　　　　各种分类方法名缩写表示

方法名	英文全拼	缩写
朴素贝叶斯	Native Bayesian classifier	NB
支持向量机	Support Vector Machines	SVM
逻辑回归	Logistic Regression	LR
随机森林	Random Forest	RF
决策树	Decision Tree	DT
迭代决策树	Gradient Boosting Decision Tree	GBDT

表 6.11　　　　　　　训练集 2 000 条时二分类评价指标结果

分类器	准确率	召回率	F-测度值
NB	0.657	0.776	0.693
LR	0674	0.784	0.696
RF	0.848	0.822	0.830
DT	0.855	0.816	0.827
GBDT	0.706	0.782	0.708
SVM	0.852	0.820	0.830

表 6.12　　　　　　　　　　训练集 4 000 条时二分类评价指标结果

分类器	准确率	召回率	F-测度值
NB	0.693	0.725	0.649
LR	0.831	0.831	0.817
RF	0.817	0.822	0.818
DT	0.786	0.786	0.786
GBDT	0.815	0.821	0.817
SVM	0.811	0.815	0.813

表 6.13　　　　　　　　　　训练集 6 000 条时二分类评价指标结果

分类器	准确率	召回率	F-测度值
NB	0.711	0.725	0.672
LR	0.834	0.837	0.833
RF	0.824	0.827	0.825
DT	0.789	0.787	0.788
GBDT	0.816	0.814	0.815
SVM	0.814	0.811	0.813

从表 6.13 的结果中可以看到,朴素贝叶斯、逻辑回归和 GBDT 这三个分类器的分类效果随着训练集文本量的增加,准确率也会增加,其余三个分类器在不同的训练集标准下,三个评价指标的变化幅度不大;分类的效果挺好,大部分分类器的分类准确率都在 0.8 以上。对比三个训练集标准下的分类器各指标评价结果可知,在不同的训练集标准下,分类器的分类结果不同;另外,当训练集文本数量从 2 000 条到 4 000 条再到 6 000 条的变化过程中,分类器分类的准确率也会有所提升。

以上各分类器分类结果中,分类准确率较高的随机森林、决策树和支持向量机这三种分类方法对剩余文本进行二分类时,结果显示:使用随机森林分类法有 32% 的文本被分到积极类中,68% 的文本被分到消极类中;使用决策树进行分类的结果中,有 35% 被分到积极类中,65% 被分到消极类中;使用支持向量机分类时,有 33% 被分到积极类中,有 67% 被分到消极类中。而对于朴素贝叶斯分类法、逻辑回归和 GBDT 分类法的分类结果中,分别有 3%、1% 和 4% 的文本被分到积极类,其余的均被分到消极类中(参见图 6.11)。该结果与分类器的分类准确率相对应,各个分类器均显示对于所使用的雾霾评论数据,网民的情感倾向于消极类别。

下面随机选取 5 条雾霾评论文本,对比各分类器分类结果。表 6.14 是选取到的 5 条文本的具体编号和内容。

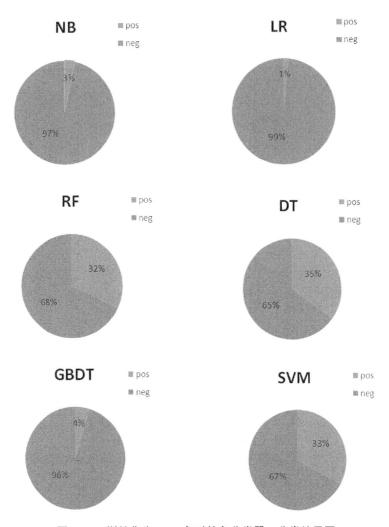

图 6.11   训练集为2 000条时的各分类器二分类结果图

表 6.14   文本编号和内容

文本编号	内容
0008322	外面有雾霾,办公室有烟霾! 真心没地儿待了
0009320	雾霾天这么重,呼吸起来难受,怎么办呢?
0010686	这两天终于见到太阳了。
0014071	北京这几天真是难得的好天气,终于看见湛蓝的天了,但是不知能坚持多久
0015282	废话不多说,新风系统,有想法的朋友联系我。

可以看出,表6.14中选取的雾霾文本语料中既有积极性文本也有消极性文本。下面对于二分类的分类器,将编号为0008322和0009320人工分为消极性文本,为了方便记录,记作"负";将编号为0010686、0014071和0015282人工分为积极性文本,记为"正",具体的分类器预测结果见表6.15。

表 6.15　　　　　　　　　　分类器二分类结果展示表

编号	真实结果	训练集数据量	分类器二分类预测结果					
			NB	LR	RF	DT	GBDT	SVM
0008322	负	2 000	负	负	正	负	负	正
		4 000	负	负	负	负	负	负
		6 000	负	负	负	负	负	负
0009320	负	2 000	负	负	正	正	正	正
		4 000	负	负	负	负	负	负
		6 000	负	负	负	负	负	负
0010686	正	2 000	负	负	正	正	负	负
		4 000	正	正	正	正	正	正
		6 000	正	正	正	正	正	正
0014071	正	2 000	负	正	正	正	正	正
		4 000	正	正	正	正	正	正
		6 000	负	正	正	正	正	正
0015288	正	2 000	负	负	负	负	负	负
		4 000	负	负	负	负	负	负
		6 000	负	负	负	负	负	负

从表6.15不难看出,各分类器对于随机选取的雾霾文本的预测结果大部分还是与人工判断一致的,但也有少量不一致的结果出现,比如:对于编号为0008322的文本,在训练集文本量为2 000条时,其文本想表达消极类的情绪,但随机森林和支持向量机却将其预测为积极类的情绪;同样的,对于编号为0010686的文本,在训练集为2 000条文本的情况下,文本想表达一种积极的情绪,但朴素贝叶斯、逻辑回归、GBDT和支持向量机却将该文本预测为消极类。其他训练集标准下预测均正确,这也从侧面反映出预测结果的好坏与训练集的个数是有关系的。对于编号为0015288的文本,人工识别为积极类的情绪,但这六种分类器均预测为消极类,可能和语句中含有"废话""不"等消极类的词汇有关。

6.4.5 结论

(1)对于文章中所采集的雾霾评论数据,各分类器的二分类结果显示网民的雾霾情绪识别偏向消极类别。

(2)结果显示,提升训练集中文本数量可在一定程度上提高分类器的分类准确率。另外,分类器的预测结果与分类准确率有一定的关系。

(3)对于文章获取到的雾霾评论数据,在二分类的情况下,决策树、随机森林、逻辑回归、支持向量机等我们所选取的分类算法中的大多数都可以取得良好的分类效果。

6.4.6 建议

鉴于雾霾文本确实可以在一定程度上反映网民在雾霾天气下的情感倾向,因此也可以折射出网民在雾霾发生时的关注点,所以,可以从上面的研究总结中出发,给出相关的建议。

首先,经过相关可视化分析,可以看出本书抓取的雾霾贴吧评论适合做情感分析,来探究一般网民对雾霾来临的情感极性。另外,我们知道雾霾的频发有一定的季节效应,所以以后可以尝试从不同的社交平台抓取数据,或者通过抓取不同时间段、不同季节的雾霾评论数据,从不同时间和空间的维度去做多角度分析,可能得出的结果更具有时效性和实用性。

其次,国家应该设立雾霾舆论防控平台。在人工进行文本标注的时候,发现有些网民在发表的一些雾霾言论中,为了引导舆论走向,经常会发布一些带有片面性的或者情绪性的文本言论,有些会虚报现实,这些言论如不及时制止,不仅会加重人们的心理恐慌,还会抹杀人们对美好生活的向往和信心。这时候,就需要国家出台相关政策,严重打击那些混淆视听、虚张声势、扰乱民心的不法分子;同时,还需要设立相应的应急防控平台,当雾霾事件来临时,及时了解公众关注的兴趣点,及时解决相关问题、稳定民心,把握民意和诉求。

最后,公众应以身作则,提高环保意识。对于雾霾天气的到来,我们不能仅仅在一些社交平台上宣泄完就不管不问了。

(1)我们要时刻记得我们的言论既受到法律保护也受到法律的约束,所以我们不能发表任何有损国家和人民的过激言论。

（2）公民应该理性地看待社交媒体上的一些言论，不能盲目接受。

（3）作为国家的一分子，人人都应该齐心协力、以身作则，比如：平时出门尽量乘坐公交车或者骑共享单车、逢年过节不购买烟花爆竹、看到违规行为立马进行举报等，从这些身边的小事做起来保护环境，提高环保意识，减少雾霾污染的发生。

6.5　基于改进 KNN-BP 神经网络的 $PM_{2.5}$ 浓度预测模型研究

6.5.1　引言

随着城市化进程的加速，重污染天气随之增多，京津冀、长三角、珠三角等 13 个区域被纳入重点大气污染预防区域，这些区域经济活动水平和污染排放高度集中，大气环境问题更加突出，京津冀地区污染最为严重（王金南，2016）[49]。研究发现空气污染不仅对空气质量和气候有严重影响，还严重危害人体健康（李岚淼等，2017）[50]，对居民主观幸福感造成影响（杨继东，2014）[51]，重污染天气逐渐成为热点话题。

国内外学者对重污染天气成因进行了化学组分分析（LEE K H 和 KIM Y J 等，2014）[52]，并研究了人为因素与自然因素形成机理，也有学者对重污染天气的成因做了研究。目前，在研究利用模型预测污染物浓度方面，有的学者基于 ARMA、GARCH 模型对重污染天气过程中污染物浓度进行预测（彭斯俊，2014）[53]，得到了较好的预测效果，还有学者采用回归分析、灰色模型、神经网络等方法进行预测[54-58]。赵晨曦等（2014）[59]选取日平均气温、相对湿度、风速、降水量等气象因子，利用 Spearman 秩相关分析研究了各气象因子对 $PM_{2.5}$ 和 PM_{10} 浓度的影响，但对大气污染物和气象要素的动态研究较少；刘金培（2016）[60]通过向量自回归模型，研究了其他大气污染物和气象因素对 $PM_{2.5}$ 的动态影响。目前，对重污染天气污染物浓度的预测大多是以 $PM_{2.5}$ 和 PM_{10} 为主，并采用污染物浓度日均值数据[61-63]。此外，我国绝大多数空气质量监控系统给出的数据是整个城市范围的空气质量，但空气质量会随着城市中各个点的交通、建筑密度、空气情况等因素发生剧烈变化，因此急需一种更精细化的预测方法。

在大数据背景下,数据的产生频率非常快,每时每刻都在生成海量电子化数据,为实时滚动预测提供了可能。笔者提出了一种精细化的基于各监测站点实时数据的空气质量滚动预测模型,考虑重污染天气周期性产生的特点,在输入层的变量里不仅添加了各污染物浓度以小时为单位的时间序列数据和气象数据,还添加了预测时刻所处一周中的天数和该时刻所在一天当中的小时数信息,考虑了历史时间窗内相关邻域点的影响,最后提出并采用偏小型柯西分布隶属度函数确定 KNN 权重,并结合 KNN 与 BP 神经网络模型对 $PM_{2.5}$ 小时浓度数据进行预测,为提高预测精度与预测效率提供了可能。

6.5.2　基于带权重的 KNN-BP 神经网络的 $PM_{2.5}$ 浓度预测

将带权重的 KNN-BP 神经网络模型用于重污染天气预测。根据 2014 年 5 月 1 日 00:00—2014 年 9 月 10 日 23:00 的时间序列数据并删除缺失值后的数据建立模型,选取 $PM_{2.5}$、PM_{10}、NO_2、CO、O_3、SO_2 6 种污染物浓度 X_1、X_2、X_3、X_4、X_5、X_6 及对应时刻的 6 种气象数据 X_7、X_8、X_9、X_{10}、X_{11}、X_{12},另外考虑了时间周期性的影响,添加预测时所在一周中的天数(X_{13})和该时刻所在一天中的小时数(X_{14}),一个实例共 14 个维度,即 KNN 节点的变量数为 14,在全部历史时间窗内对每个实例选取 K 个近邻,经验证 K 为 3 时预测结果最佳。之后对每一近邻的所有变量按欧氏距离添加隶属度权重,得到的 42 个维度数据($X_1 \sim X_{42}$)作为 BP 神经网络的输入层数据,输出层为要预测污染物浓度数据 Y,做滚动 48 小时预测,采用单隐层结构,模型如图 6.12 所示。

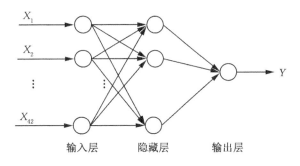

图 6.12　KNN-BP 神经网络重污染天气预测模型

隶属度函数[64]通常用柯西函数,通过观察节点间的欧氏距离的分布,确定 0.2 分位数以下的距离为分界线,认为距离小于 0.063 2 对 $PM_{2.5}$ 的影响相同,最终 KNN-BP 神经网络预测模型采用偏小型柯西函数对欧氏距离做变换,得到的隶属度作为权重对数据进行加权,公式如下:

$$A(d) = \begin{cases} 1, d \leqslant 0.063\ 2 \\ \dfrac{1}{d}, d > 0.063\ 2 \end{cases} \qquad 式(6.13)$$

将加权后的 42 个变量输入到 BP 神经网络的输入层中,经验证 $PM_{2.5}$ 预测模型隐藏层节点数为 8 时,预测效果最佳。输入层到隐藏层的传递函数选取 tansig,隐藏层到输出层的传递函数选取 logsig。带权重的 KNN-BP 神经网络的 $PM_{2.5}$ 浓度预测流程如图 6.13 所示。

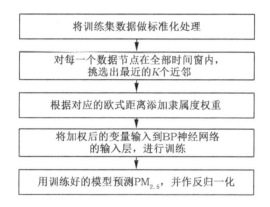

图 6.13 KNN-BP 神经网络的 $PM_{2.5}$ 浓度预测流程

6.5.3 试验结果与分析

1. 数据来源与选取

笔者采用微软研究院的城市计算部门公布的数据作为数据集,以 $PM_{2.5}$ 为例,采用北京市东城区监测站监测到的 $PM_{2.5}$ 小时浓度预测 $PM_{2.5}$ 浓度,单位为 $\mu g/m^3$。笔者选取该站的小时气象数据,包括天气现象、温度、气压、湿度、风速、风向 6 项,温度单位为℃,气压单位为 hPa,湿度指空气中水汽压与相同温度下饱和水汽压的百分比,风速单位为 m/s。其中,天气现象等级定义如表 6.16 所示,风向值定义如表 6.17 所示。

表 6.16　　　　　　　　　　　　　　　天气现象等级定义

数值	天气现象	数值	天气现象	数值	天气现象
0	晴	6	大雨	12	中雪
1	多云	7	暴雨	13	大雪
2	阴	8	雷雨	14	雾
3	雨天	9	雨雪	15	沙尘暴
4	小雨	10	雪天	16	风沙
5	中雨	11	小雪		

表 6.17　　　　　　　　　　　　　　　风向值定义

数值	风向	数值	风向
0	无风	1	东风
2	西风	3	南风
4	北风	9	不定
13	东南风	14	东北风
23	西南风	24	西北风

2. 结果分析

通过带权重的 KNN-BP 神经网络模型对 $PM_{2.5}$ 48 小时浓度进行滚动预测,首次预测是根据待预测的 48 小时前的数据,预测得到其中第 1 个小时的结果,之后每小时不断添加新测得的 1 小时数据来预测下一组数据,逐步实现对 48 小时各污染物浓度的预测,最终得到预测结果如图 6.14 所示。

从图 6.14 可以看出,模型预测总体效果比较好,采用平均误差(E)、平均绝对误差(MAE)、均方根误差(RMSE)、标准化平均误差(NME)和可决系数(R^2)等误差评估指标来衡量模型预测误差的大小,各误差指标的计算公式如下:

$$E = \frac{1}{n} \sum_{i=1}^{n} (f_i - y_i) \qquad \text{式(6.14)}$$

$$\text{MAE} = \frac{1}{n} \sum_{i=1}^{n} |f_i - y_i| = \frac{1}{n} \sum_{i=1}^{n} e_i \qquad \text{式(6.15)}$$

$$\text{RMSE} = \sqrt{\frac{1}{n} \sum_{i=1}^{n} (f_i - y_i)^2} \qquad \text{式(6.16)}$$

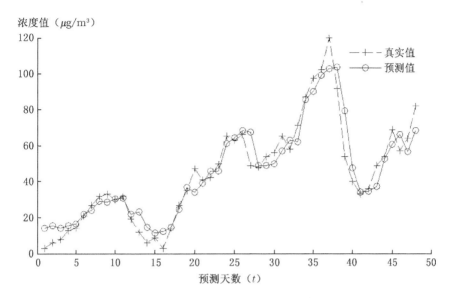

图 6.14　PM$_{2.5}$ 浓度监测值与预测值的对比

$$\text{NME} = \frac{\sum\limits_{i=1}^{n} |f_i - y_i|}{\sum\limits_{i=1}^{n} y_i} = \frac{\sum\limits_{i=1}^{n} |e_i|}{\sum\limits_{i=1}^{n} y_i} \qquad \text{式}(6.17)$$

$$R^2 = \frac{\sum\limits_{i=1}^{n} (f_i - \bar{f})(y_i - \bar{y})}{\sqrt{\sum\limits_{i=1}^{n} (f_i - \bar{f})^2 \sum\limits_{i=1}^{n} (y_i - \bar{y})^2}} \qquad \text{式}(6.18)$$

式中：f_i 为预测值；y_i 为实际监测值；$e_i = |f_i - y_i|$，为绝对误差；$\bar{f}$ 为 n 个样本预测值的平均值；$\bar{y}$ 为 n 个样本实际监测值的平均值。

为了验证带权重的 KNN-BP 神经网络对 PM$_{2.5}$ 浓度的预测效果，另采用多元线性回归（MLR）、KNN-BP 神经网络、K 近邻改进神经网络（KNN-BPNN）、带权重的 K 近邻改进神经网络（KNN-BPNN-W）等模型对 PM$_{2.5}$ 浓度进行预测，各模型的预测误差评估指标如表 6.18 所示。

表 6.18　　　　　　　　　各种模型的预测误差评估指标

评估指标	MLR	KNN	BPNN	KNN-BPNN	KNN-BPNN-W
E	−0.696	1.639	−2.102	−2.238	−0.405

评估指标	MLR	KNN	BPNN	KNN-BPNN	KNN-BPNN-W
MAE	7.606	7.431	8.795	7.713	6.132
RMSE	10.543	10.143	11.039	10.863	8.097
NME	0.169	0.166	0.196	0.172	0.137
R^2	0.927	0.933	0.930	0.924	0.958

从表 6.18 可以看出,KNN-BPNN-W 模型较其他模型的误差更低,可决系数 R^2 更接近 1,模拟结果较好。

为了检验模型稳定性,对传统 BP 神经网络、KNN-BP 神经网络、带权重的 KNN-BP 神经网络分别做 100 次 $PM_{2.5}$ 小时浓度预测试验,对得到的 100 次结果的 MAE 做箱线图,如图 6.15 所示。可以看出,大多数试验数据的 MAEKNN+BPNN+W 模型预测结果明显低于 KNN 模型与 MLR 模型,而且其中位数和四分位数都低于 BP 神经网络和 KNN+BPNN 模型,说明此模型的整体误差小且比较稳定。

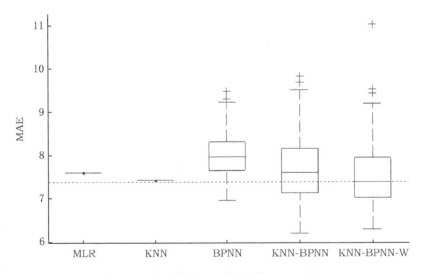

图 6.15　各种模型 100 次试验的 MAE 对比

6.5.4　结论

(1)通过基于隶属度函数定权的 KNN-BP 神经网络方法,可以对 $PM_{2.5}$

的小时浓度进行准确的动态滚动预测。该方法快速有效,相较其他方法误差指标更低,且稳定性更好。

(2)在实际应用中,大数据获取学习已存在实时完成的可能,因此从长远角度看,笔者提出的滚动预测方法有良好的使用前景且效果最优。

(3)笔者提出的改进 KNN-BP 神经网络方法,在 $PM_{2.5}$、PM_{10}、NO_2、CO、O_3、SO_2 6 种污染物实时浓度均可测得的情况下,可对 6 种污染物浓度进行实时预测更新,为空气质量预报及实时发布体系提供帮助。

6.6　基于 LSTM 的空气质量指数预测

6.6.1　LSTM 网络模型构建

结合污染物和气象数据的数据特征以及 RNN 神经网络的设计原则,基于 Keras 构建 LSTM[①] 模型。Keras 是一个基于 Tensorflow[65]、CNTK[66] 或 Theano[67] 为后端运行,用 python 编写的高级神经网络 API。Keras 的初衷是为人类而不是机器设计的 API,其将用户体验放在首要位置,遵循减少认知困难的最佳实践,具有用户友好、高度模块化以及可扩展性的简单而快速的原型设计。

图 6.16 为基于 LSTM 的 AQI 预测框架,涵盖了输入层、隐藏层、输出层以及训练网络参数、模型预测五大模块。

输入层:原始的污染物浓度序列(包括 AQI、$PM_{2.5}$、PM_{10}、CO、NO_2、O_3、SO_2 等因素)首先对其进行缺失值均值填充,再按照固定比例拆分为训练集和测试集,利用 Max-min 对其去除量纲,将输入数据转化为 LSTM 数据格式。

隐藏层:LSTM 层由 50 个单元构成,用于接收来自输入层的时序数据,LSTM 中的相应结点判断接收的信息进行选择性"遗忘"或"存储"处理,这样既对输出结果保留了有效信息,也不会保留全部信息导致因输入量过大而陷入"崩溃"。

---

① LSTM,全称长短期记忆人工神经网络(Long-Short Term Memory)。

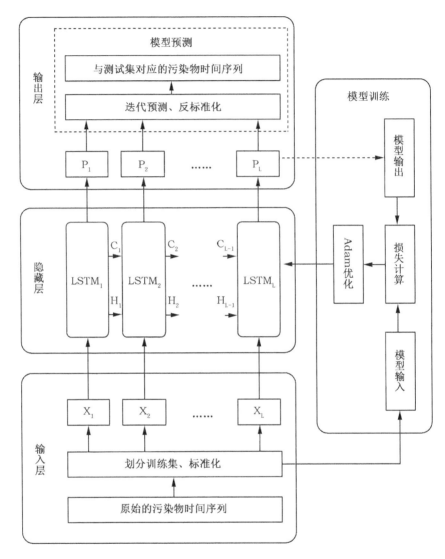

图 6.16   基于 LSTM 的 AQI 时间序列预测框架

模型训练:神经网络的训练就好比一个"黑箱",网络参数不会像线性回归一样是一个具体的数值,而会随着输入值的改变发生相应变化,每一组输入均会输出一个预测结果,随即预测值和实际值之间会产生一个误差,这个误差经过反向传播之后又会影响网络参数的设置进而减小误差,最终达到有效收敛。

输出层:通过设置 Epochs 的大小进而控制预测迭代次数,利用前 N 组解释变量向量值预测第 $N+1$ 个目标变量值,通过训练集进行反复迭代,训练出最优网络参数,将训练好的网络模型用于测试集进行预测,最终将预测结果进行反标准化得到最终预测值,与实际值比较得出 RMSE,并作出预测值—实际值曲线图进行可视化。

6.6.2　数据来源及处理

1. 数据选取

本研究数据来自团队通过网络爬虫技术获取的上海市各地区监测站的空气质量数据,选取了数据库中上海市 2016 年 7 月 1 日 00:00 至 2019 年 5 月 24 日 14:00 的 AQI 及污染物浓度数据。污染物浓度数据包括 $PM_{2.5}$、PM_{10}、CO、NO_2、O_3、SO_2 6 种污染物的小时浓度监测值,其中 CO 单位为 mg/m^3,其余五种污染物浓度单位为 $\mu g/m^3$。图 6.17 分别为 2016 年 7 月 1 日 00:00 至 2017 年 6 月 30 日 23:00,2017 年 7 月 1 日 00:00 至 2018 年 6 月 29 日 23:00 以及 2018 年 7 月 1 日 00:00 至 2019 年 5 月 24 日 14:00 这三年来 AQI 总体趋势,可以看到,每一年的总体趋势大致相同,说明空气质量指数有显著的季节趋势,且总体 AQI 均在 0～300 范围内。

2. 相关性分析

相关性分析是指研究变量两个或两个以上变量之间的相互依存关系的方向及密切程度。从随机变量之间的关系出发,相关性分析可分为线性相关和非线性相关。常见相关性检验包括皮尔逊(Pearson)相关系数、秩相关(Spearman)系数、肯德尔(Kendall Rank)相关系数等。Pearson 相关系数适用于:

两个变量均为连续数据,且呈线性关系;

两个变量总体呈正态分布(或接近正态的单峰分布);

两变量的观测值成对出现,且观测值对之间相互独立。

给定随机变量 X,Y,其 Pearson 系数 $\rho_{X,Y}$ 计算公式为:

$$\rho_{X,Y} = \frac{\mathrm{Cov}(X,Y)}{\sigma_X \sigma_Y} \qquad \text{式(6.19)}$$

其中,$\mathrm{Cov}(X,Y)$ 为随机变量 X,Y 的协方差;σ_X,σ_Y 分别为 X,Y 的标准差。$\rho_{X,Y}$ 取值范围为 $[0,1]$,$\rho_{X,Y}$ 越大表示两随机变量相关性越强。$\rho_{X,Y}=1$ 时,表示 X,Y 成正相关,$\rho_{X,Y}=0$ 时,表示 X,Y 没有线性关系。

秩相关系数又称斯皮尔曼相关性系数,适用于定序变量或随机变量整体呈单调分布的等间隔数据。因此,秩相关系数可以衡量随机变量之间的非线性关系。随机变量 X,Y 的秩相关系数 ρ_S 为:

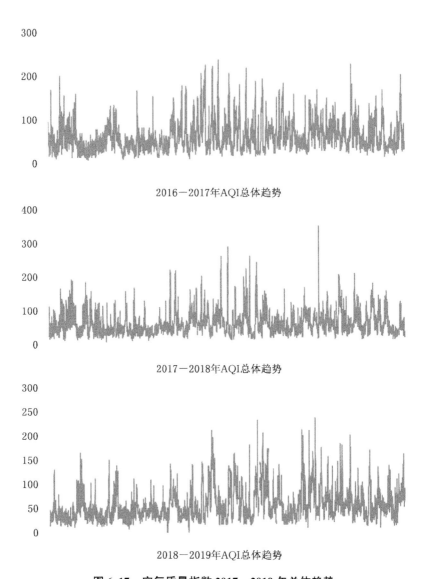

图 6.17 空气质量指数 2017—2019 年总体趋势

$$\rho_S = \frac{\sum_i (x_i - \bar{x})(y_i - \bar{y})}{\sqrt{\sum_i (x_i - \bar{x})^2 \sum_i (y_i - \bar{y})^2}} \qquad 式(6.20)$$

在实际应用中,X,Y 的连接方式并不重要,原公式可简化为:

$$\rho_S = 1 - \frac{6 \sum d_i^2}{n(n^2 - 1)} \qquad 式(6.21)$$

其中,d_i^x、d_i^y 为 x_i,y_i 的秩次,即原始 x_i,y_i 在排序后列表中的位置,秩次差 $d_i=d_i^x-d_i^y$。当两个变量完全正相关时,$\rho_S=1$,完全负相关时 $\rho_S=-1$。

肯德尔相关系数是指 n 个同类的统计对象,每个对象属性按特定规律排序,其他属性通常乱序,其适用情况与秩相关系数一致。假定 p 为 X,Y 中排列一致的统计对象对数,则有:

$$\tau=(P-(n\cdot(n-1)/2-P))/(n\cdot(n-1)/2)=(4P/(n\cdot(n-1)))-1$$
$$式(6.22)$$

肯德尔相关系数 $\tau\in[-1,1]$,$\tau=1$ 时,表示两个随机变量正相关,具有一致的等级相关性,$\tau=-1$ 时,表示两个随机变量负相关,具有完全相反的等级相关性,$\tau=0$ 时,表示两个随机变量完全独立。

利用 Python 中的 scipy 模块进行了统计学中三大相关性分析方法(皮尔逊相关性系数、秩相关系数、肯德尔相关系数),并使用作图函数库 matplotlib 直接绘制 AQI 与污染物浓度数据的相关性热力图,如图 6.18 所示。

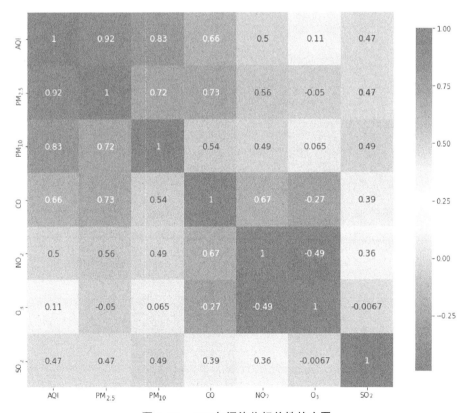

图 6.18　AQI 与污染物相关性热力图

数字表示两个属性值间的相关系性值,数字越大代表两个属性之间相关性越高,且对应方块颜色越深。由图 6.18 可知,AQI 与各污染物的相关性如下:

AQI 和 $PM_{2.5}$ 呈正相关,且相关性较大,相关性指数为 0.92;

AQI 和 PM_{10} 呈正相关,且相关性较大,相关性指数为 0.83;

AQI 和 CO 呈正相关,且相关性居中,相关性指数为 0.66;

AQI 和 NO_2 呈正相关,且相关性相对居中,相关性指数为 0.5;

AQI 和 O_3 呈正相关,且相关性较小,相关性指数为 0.11;

AQI 和 SO_2 呈正相关,且相关性相对居中,相关性指数为 0.47。

从相关性强弱来看,AQI 与 $PM_{2.5}$、PM_{10}、CO 之间相关性较强,呈显著的线性相关关系,AQI 与 NO_2、SO_2 相关性较弱,而 AQI 与 O_3 之间几乎没有线性关系。从相关性的方向来说,AQI 与 $PM_{2.5}$、PM_{10}、CO、NO_2、O_3、SO_2 均呈正相关趋势,说明 AQI 会随着污染物浓度的增大而增大,但 AQI 与 O_3 之间的正相关关系并不显著。按统计学定义,尽管每种污染物与 AQI 相关性存在差异,但均与其存在较显著的相关性,故本研究将 $PM_{2.5}$、PM_{10}、CO、NO_2、O_3、SO_2 6 种污染物数据指标均作为模型的输入特征。

3. 数据预处理与评价指标

在进行实证前,需对数据进行预处理。预处理包括缺失值的填充、数据标准化两个步骤。对于缺失值的填充,可以选取默认值、均值、众数、KNN 进行填充,当缺失值过多时,可设计算法对缺失值进行预测。

①填充固定值:指选取某个固定值(默认值)进行填充。

②填充均值:对缺失值填充所在列的均值。

③填充众数:对每一缺失值填充该缺失值所在列的众数,当存在某列众数为 NaN 的情况时,选择填充去除缺失值后该列的众数。

④填充 KNN 数据:KNN 是指选取缺失值相邻的 K 个数据,对其取均值进行填充。

无法直接评判哪一种填充方法更好,需根据具体问题确定选择哪一种方式。表 6.19 为数据缺失值数量及对其占比,由于污染物数据缺失数量占比不到总数据量的 0.035 732,这里选取均值填充。

表 6.19　　　　　　　　　　　缺失值数量及占比

time	Total	Percent
PM_{10}	845	0.035 732

time	Total	Percent
PM$_{2.5}$	216	0.009 134
O$_3$	150	0.006 343
CO	138	0.005 836
NO$_2$	137	0.005 793
SO$_2$	131	0.005 540
AQI	68	0.002 876

接着,为了去除量纲,需要对数据进行标准化。数据的标准化是指按照一定规则将数据去除量纲并使之映射到指定区间,从而可以避免高数量级维度的数据覆盖低数量级的数据,更有利于"梯度下降"过程,进而提升模型的训练效率。常见的数据归一化的方法有:Min-Max 标准化(Min-max normalization),log 函数转换,atan 函数转换,z-score 标准化(zero-mean normalization,此方法最为常用),模糊量化法等。z-score 标准化是 spss 中最常用的标准化方法,spss 默认标准化方法即为 z-score,也称为标准差标准化,利用原始数据的均值(μ)和标准差(σ)进行标准化。其转化函数为:

$$x^* = \frac{x - \mu}{\sigma} \qquad 式(6.23)$$

经过 z-score 处理过后,数据服从标准正态分布,即 $\mu=0,\sigma=1$。z-score 适用于无法得知数据的最大值和最小值,或存在超出取值范围的异常值的情况。

另一种常见的标准化方法为 Min-Max 标准化,其标准化方式为将数据作线性变换。需要注意的一点是,对数据进行 min-max 标准化处理的步骤为,需对训练集和测试集的数据分别进行标准化,而不是将所有数据同时进行标准化。公式如下:

$$x^* = \frac{x - x_{\min}}{x - x_{\max}} \qquad 式(6.24)$$

其中,$x_{\min}$ 为当前需标准化的数据的最小值,$x_{\max}$ 为相应的最大值,x^* 为归一化后的数据。Python 中利用 sklearn. preprocessing. MinMaxScaler()函数,MinMaxScaler 转换由向量行组成的数据集,将每个特征调整到一个特定的范围(通常是[0,1])。本书利用 Min-Max 标准化方法对污染物浓度数据进行归一化处理,将所有数据均等比例转化为[0,1]内的同一数量级的无量纲数据。表 6.20 为归一化后的污染物浓度数据。

表 6.20　　　　　　　　　　归一化后的污染物浓度数据

Time	AQI	$PM_{2.5}$	PM_{10}	CO	NO_2	O_3	SO_2
2016—07—01 00:00	0.269 9	0.294 6	0.169 2	0.144 7	0.262 9	0.155 8	0.108 1
2016—07—01 01:00	0.227 3	0.244 8	0.169 2	0.12	0.216 5	0.129 9	0.087 8
2016—07—01 02:00	0.193 2	0.203 3	0.169 2	0.113 5	0.201 0	0.098 7	0.094 6
2016—07—01 03:00	0.196 0	0.207 5	0.134 5	0.099	0.149 5	0.090 9	0.087 8
2016—07—01 04:00	0.153 4	0.141 1	0.125 8	0.088 3	0.139 2	0.062 3	0.074 3
…		…	…	…	…	…	…
2019—05—24 10:00	0.153 4	0.157 7	0.102 0	0.066 7	0.299 0	0.337 7	0.040 5
2019—05—24 11:00	0.164 8	0.128 6	0.125 8	0.033 4	0.185 6	0.431 2	0.040 5
2019—05—24 12:00	0.204 5	0.095 4	0.121 5	0.016 7	0.123 7	0.459 7	0.033 8
2019—05—24 13:00	0.198 9	0.103 7	0.156 2	0.016 7	0.123 7	0.457 1	0.040 5
2019—05—24 14:00	0.261 4	0.103 7	0.169 2	0.016 7	0.123 7	0.501 3	0.040 5

　　时间序列预测问题属于预测问题,则预测值和实际值之间必然会存在误差,且误差不可避免,只可能将误差尽可能最小化。对于模型预测性能的评判,一般采取损失函数对网络模型预测值与实际值之间的差异进行评价,从而对模型误差进行分析对比。误差越小,模型性能越好。值得注意的是,回归问题和分类问题损失函数并不相同,本书研究的是回归问题,故主要采用如下几种回归模型的损失函数当作评价指标来衡量模型预测效果,其中 y_i 为实际值,$\hat{y_i}$ 为预测值,$\bar{y}$ 为样本实际值的平均值,$\bar{y} = \frac{1}{n}\sum\limits_{i=1}^{n} y_i$,$n$ 为样本数量。

　　(1)均方误差损失函数

　　均方误差(Mean Square Error,MSE)是评价点估计的最一般的标准。取值范围为[0,+∞),当 $MSE = 0$ 时,预测值与实际值完全吻合。MSE 越小,模型预测性能越好。计算公式如下:

$$MSE = \frac{1}{n}\sum\limits_{i=1}^{n} (\hat{y_i} - y_i)^2 \qquad 式(6.25)$$

（2）均方根误差损失函数

均方根误差（Root Mean Square Error，RMSE），又称标准误差。在数值上等于 MSE 的开方，其对个体差异极其敏感，在数量级上非常直观，例如 $RMSE=8$，可以认为预测值相比真实值平均相差 8，能从拟合的精确度的角度反映模型预测值与真实值的差异程度。计算公式如下：

$$RMSE = \sqrt{MSE} = \sqrt{\frac{1}{n}\sum_{i=1}^{n}(\hat{y_i} - y_i)^2} \qquad 式(6.26)$$

（3）平均绝对误差损失函数

平均绝对误差（Mean Absolute Error，MAE），又称为平均绝对离差，是每个预测值与实际值之差的绝对值的平均值，其很好地避免了存在正负误差相互抵消的问题，因而能较准确实际地反映真实误差的大小。范围为 $[0,+\infty)$，当预测值与真实值完全吻合时，$MAE=0$，此时预测模型不存在误差；误差越大，该值越大。计算公式如下：

$$MAE = \frac{1}{n}\sum_{i=1}^{n}|\hat{y_i} - y_i| \qquad 式(6.27)$$

（4）平均绝对百分比误差损失函数

平均绝对百分比误差（Mean Absolute Percentage Error，MAPE）是一个相对值，而不是绝对值。一般用来对不同模型对同一组数据的预测效果进行对比，即对同一组数据，模型 A 比模型 B 的 $MAPE$ 小，则说明模型 A 更好。

$$MAPE = \frac{100\%}{n}\sum_{i=1}^{n}\left|\frac{\hat{y_i} - y_i}{y_i}\right| \qquad 式(6.28)$$

理论上取值范围为 $[0,+\infty)$，需要注意的一点是，当数据中分母出现 0 时，则此公式不再可行。$MAPE$ 越趋向于 0，则说明误差越小，模型拟合得越完美。当 $MAPE>100\%$ 时，即表明拟合效果较劣质。

（5）对称平均绝对百分比误差损失函数

对称平均绝对百分比误差（Symmetric Mean Absolute Percentage Error，SMAPE）一般和 MAPE 一起使用，用来对比不同模型对同一数据的预测精度。

$$SMAPE = \frac{100\%}{n}\sum_{i=1}^{n}\frac{|\hat{y_i} - y_i|}{(|\hat{y_i}|+|y_i|)/2} \qquad 式(6.29)$$

当数据中包含实际值为 0 且预测值也为 0 时，该公式不可使用。$SMAPE$ 值越小，模型拟合越好。

6.6.3　实验结果分析

1. LSTM 模型的预测结果图形拟合

预测模型的性能由多种因素共同决定,包括但不限于神经网络结构、网络参数设置。在处理输入序列时,其特征以时间步长呈现给 LSTM 网络。因此,每个时间步长 t 的输入由网络处理,一旦处理了序列的最后一个元素,就返回整个序列的最终输出。在训练期间,与传统的前馈网络类似,调整权重和偏差项使得它们最大限度地减少训练样本中特定目标函数的损失。

本书的 LSTM 模型结构分别由四层(六层)LSTM 层和一个全接连层组成,为了防止过度拟合,在 LSTM 层后加入 dropout 层,dropout 是指每一个 epoch 训练过程中,会依概率舍弃其中某些神经元,被舍弃的神经元其权重为 0,经过多次迭代后最终输出的是多个模型的融合所确定的一组参数的单个模型。dropout 率 p 代表神经元被保留下来的概率,$1-p$ 代表神经元被舍弃的概率,p 一般取值为 $0.5\sim0.8$,根据交叉验证 $p=0.5$ 时,随机生成的网络结构最多,此时模型预测效果最好,故这里 dropout 率取值 0.5。下文以 4 层 LSTM 层为例说明调参过程。

模型利用前 24 小时的污染物浓度数据预测未来一小时的 AQI,将原时序数据转化为 series_to_supervised(data,24,1) 的有监督序列,原始序列一共 23 624 条数据,前 20 000 条用作训练集,剩余数据用作测试集。每层 LSTM 有 50 个神经元,损失函数选取 MSE,优化器为 adam。

LSTM 神经网络调参过程如下:首先训练次数 epochs 固定为 50,对 LSTM 神经元个数进行调节,从 30 至 80 间隔 5 进行选取,确定最佳的隐层节点数为 50。epoch 的大小会影响网络训练运行效率和预测精度,epochs 过大可能会造成过拟合且运行速率较慢,过小则可能会引起欠拟合。调整 epochs 对模型进行训练,从而迭代次数不同可获得不同的 AQI 预测结果,下图分别为迭代 20 次、60 次、100 次的预测值—实际值对比结果,对应得到的均方根误差(RMSE)分别为 0.102 68、0.105、0.108 7。

将模型预测结果预测值—实际值拟合为折线图如图 6.19 所示,其中横坐标代表时间,纵坐标代表 AQI 指数值,红色(+)实线曲线为实际值,蓝色(＊)虚线曲线代表预测值。可以看到随着 epoch 的增大,模型的预测效果显著提升。图 6.20 为训练过程中 epoch 取值为 100 时的 loss-epoch 变化曲线。

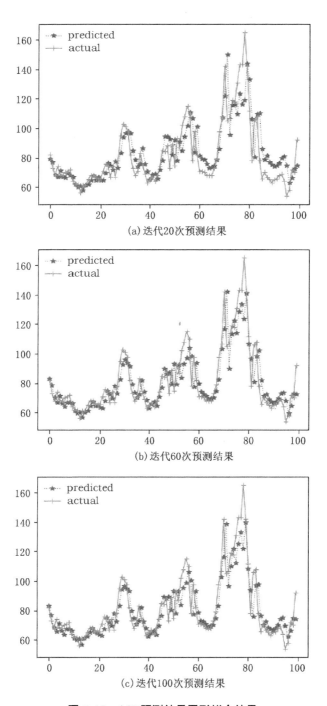

(a) 迭代20次预测结果

(b) 迭代60次预测结果

(c) 迭代100次预测结果

图 6.19　AQI 预测结果图形拟合结果

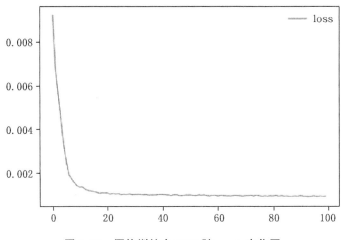

图 6.20   网络训练中 MSE 随 epoch 变化图

batch_size 是指在一次训练过程中选取的样本数,batch_size 的大小影响模型优化的程度和速度。当不设置 batch_size 时,意味着每一次训练均选取全部样本进行网络训练,在样本量较小时可以如此,但一旦为大型数据库,一次性将所有数据均传入到网络中进行训练,必然会引起系统崩溃,且训练速度极慢。batch_size 太小会导致训练不容易收敛,模型预测效果极其糟糕,而随着 batch_size 增大,运行速率会变快,但 epoch 也要随之增大以期达到相同精度,从而可以找到一个 batch_size 达到最终收敛精度的最优。

参照上述参数配置过程,确定所有超参数指标,最终确定模型的最佳参数配置如表 6.21 所示。

表 6.21   LSTM 神经网络超参数设置表

设置参数	描述	设置值
n_features	输入属性	7
time_step	步长	24
LSTM layers	隐藏层层数	5
Hidden dim	隐藏层单元数	model. add(LSTM(50, return_sequences=True))
epochs	训练迭代次数	epochs=100
batch_size	训练批次	batch_size=256
损失函数	误差计算方式	loss='mse'
模型优化	Dropout 优化	model. add(Dropout(0.5))
	Adam 算法	optimizer='adam'

　　数据量大小同样会影响模型的预测效果。为了测试数据量对模型性能的影响,将数据集分为三个时间段,如表 6.22 所示,数据量分别为 1 年、2 年和近 3 年的预测误差指标结果。

表 6.22　　　　　　　　　　**不同数据量 LSTM 模型预测性能**

时间	数据量	训练集	测试集	RMSE	MAE	MAPE	SMAPE
2016.7.1 00:00— 2017.6.30 23:00	8 389	7 500	889	11.743	8.684 0	16.807 4	15.301 0
2016.7.1 00:00— 2018.6.29 23:00	16 443	14 000	2 443	12.214	7.538 7	11.335 4	11.322 7
2016.7.1 00:00— 2019.5.24 14:00	23 624	20 000	3 624	10.359	6.465 1	11.507 2	10.882 6

　　为了验证 LSTM 模型的预测性能,同时选取了集成自回归平均滑动(ARIMA)模型、多元线性回归(MLR)模型、BP 神经网络(BPNN)模型进行对比实验。表 6.23 为使用各种方法进行建模的误差对比,表中各列误差数值越小则代表对应的模型拟合效果越好。

表 6.23　　　　　　　　　　**不同模型的预测结果对比试验**

检验模型	RMSE	MAE	MAPE	SMAPE
ARIMA	27.354	20.479	29.284	28.348
MLR	18.394	14.248 4	19.372 2	18.193
BPNN	19.298	17.377 2	23.565 4	21.901 63
LSTM	10.500	6.638 528	11.571 141	10.884 804

对比结果可以发现:

　　随着输入的数据量增加,模型预测效果得到显著改善。当模型训练数据量为一年的污染物浓度(8 389 组数据)数据时,模型预测误差较大,预测效果较差,预测值曲线与实际值曲线偏离程度较为明显,且 RMSE 达到0.117 43,而随着训练数据达到两年/三年时(数据量为 16 443 组以及23 624 组数据),模型预测效果有明显改善,三年数据量预测误差减少至0.103 59。

　　与其他三种常用时间序列预测模型对比,LSTM 模型取得了较高的预测准确性,LSTM 取得了明显的优势,各评价指标 LSTM 均为最低且明显优于其他几种预测模型,且 RMSE 低至 0.105。基于上述结果,可以判定LSTM 在空气质量预测应用上确为有效,且稳定性更好。

2. 上海市各区 AQI 预测效果

为验证 LSTM 网络模型泛化能力,即对于不同数据集验证原网络模型预测性能是否依然表现良好,故接下来选择其他数据集进行测试模型的预测性能。本书分别选取上海市静安区、虹口区、浦东川沙、浦东新区、浦东张江、青浦区、十五厂、徐汇区、杨浦区 10 个地区观测点作为实验对象,实验选取这 10 个地区 2016 年 7 月 1 日 00:00 至 2019 年 5 月 24 日 14:00 的污染物浓度数据,由于存在极少量缺失时刻数据,故每个地区数据集总量存在些许差异,但这几乎不影响实验可靠性,故这里对整个时间点信息均缺失的数据并未进行补足,作忽略不计处理。这 10 个地区的实验数据的预处理均与 3.2 节中数据预处理方法保持一致,利用上述的 LSTM 网络模型分别对这 10 个地区进行预测,得到各地区预测误差结果如表 6.24 所示。

表 6.24　　　　　　　　　　上海市各地区预测结果

实验对象	数据量	训练集	测试集	RMSE	MAE	MAPE	SMAPE
静安区	22 980	20 000	2 980	10.527	6.415 9	11.207 4	10.673 3
虹口区	23 359	20 000	3 359	11.479	7.093 8	12.758 6	12.007 5
浦东川沙	23 533	20 000	3 533	10.952	6.216 9	10.536 4	10.190 6
浦东新区	23 516	20 000	3 516	9.837	6.224 3	10.925 0	10.576 3
浦东张江	23 069	20 000	3 069	10.271	6.618 5	11.232 2	10.589 9
普陀区	23 624	20 000	3 624	10.714	6.798 1	12.330 5	11.459 3
青浦区	23 491	20 000	3 491	11.437	6.735 1	10.830 4	10.349 6
十五厂	23 407	20 000	3 407	10.443	6.179 2	10.818 0	10.226 8
徐汇区	23 443	20 000	3 443	10.502	6.218 7	10.184 5	9.642 1
杨浦区	23 177	20 000	3 177	10.907	6.112 0	10.261 8	9.365 0

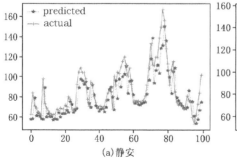

(a)静安

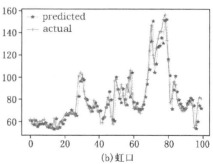

(b)虹口

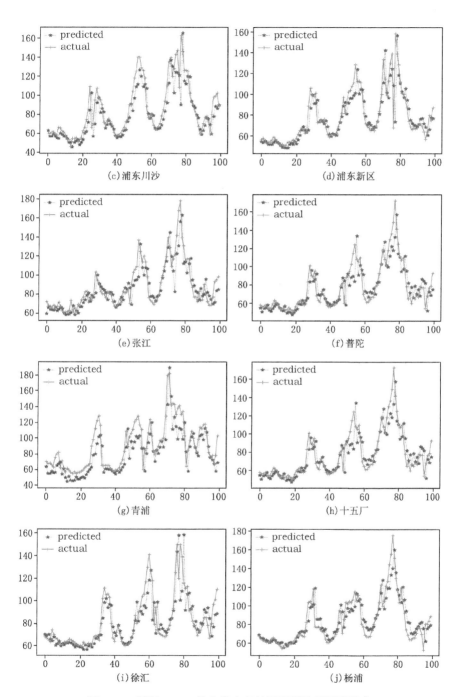

图 6.21 基于 LSTM 的上海市各地区预测结果图形拟合

各地区模型预测结果拟合为折线图如图 6.21 所示,其中横坐标代表时间,以测试集最后 100h 预测值—实际值(predicted-actual)作为展示结果,横坐标这里代表第 0~100h,纵坐标代表对应地区 AQI 值。可以看到,利用近三年上海 10 个地区污染物浓度数据进行空气质量指数的预测,模型预测 RMSE 均在 0.11 以下,MAE 均低于 0.07,MAPE 以及 SMAPE 均低于 0.13,且每个误差之间具有相对稳定性,不存在差距较大的现象。对比结果可以发现,预测模型具有普遍性,即对于上海相邻地区或空气质量状况类似的地区,可直接使用上述 LSTM 网络模型对空气质量进行预测,预测精度能达到较高水平,能为相关雾霾治理提供一定科学依据。

3. 特征选择优化

众所周知,空气质量受众多影响因素共同影响,包括但并不限于当地自身的煤矿物质的燃烧、工业排放、交通尾气排放、地理环境等因素,由于大气相互流通的天然条件,相邻地区的空气质量溢出效应也会对当地环境气候产生不容忽视的影响。空气的跨界传输和交互作用使得相邻地区空气污染情况存在高度相关性,相邻地区 AQI 时间序列总体趋势呈高度一致。因此本书接下来将引入空间因素影响对预测模型做进一步改进。

以浦东新区为例,加入空间影响因素,即在特征选择部分引入空间影响因素,这里将特征属性加入周边地区的空气质量指数,即杨浦区(YP)、虹口区(HK)、徐汇区(XH)、川沙(CS)、十五厂(SWC)、张江(ZJ)、青浦区(QP)、普陀区(PT)、静安区(JA)的 AQI 值,前五个时间序列如表 6.25 所示。

表 6.25　　　　　浦东新区污染物浓度及上海各地区 AQI 数据

2016-7-1 0:00	2016-7-1 1:00	2016-7-1 2:00	2016-7-1 3:00	2016-7-1 4:00
54	53	53	56	38
33	34	35	33	26
57	56	56	62	62
0.846	0.825	0.812	0.817	0.747
38	38	45	40	20
64	48	29	27	35
15	19	23	20	13
54	50	50	48	38
50	45	43	46	39

2016-7-1 0:00	2016-7-1 1:00	2016-7-1 2:00	2016-7-1 3:00	2016-7-1 4:00
57	50	48	51	39
57	45	50	53	38
70	52	53	69	52
48	52	50	40	29
77	67	67	49	23
95	80	68	69	54
58	53	55	52	

　　利用这16个特征属性前24h的历史数据对第24+1h时刻的AQI进行预测,以上述LSTM网络模型对数据重新训练,除n_features即特征属性变为16外,其他网络参数均不改变,得到预测误差结果如表6.26所示,预测值—实际值拟合曲线如图6.22所示。

表6.26　　　　　　　　加入空间信息后LSTM网络模型预测性能

检验模型	RMSE	MAE	MAPE	SMAPE
LSTM	8.243	5.922 2	10.017 3	9.639 2

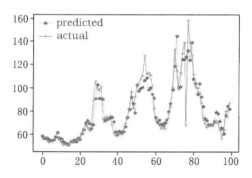

图6.22　基于LSTM的AQI预测(引入空间因素后)

　　可以看到,与未考虑空间因素的模型预测误差相比,考虑了空间因素后,RMSE等误差指标均有所减小,预测值—实际值拟合曲线也比原来更加吻合,这说明相邻地区的空气质量对当地AQI的预测确有联动影响,这为后续空气质量预测精度提升提供了一个角度,对政府、企业等制定相关控霾政策提供科学依据。

6.6.4　小结

（1）从深度学习的角度来代替传统时间序列预测方法，通过改进循环神经网络构建长短期记忆预测模型（LSTM）。

（2）考虑历史时间窗口的 AQI 及污染物浓度数据对下一时刻 AQI 的联动作用，旨在开发一个数据驱动的序列到序列的 AQI 预测模型。首先利用网格搜索法确定 LSTM 最优网络参数，通过多次超参数组合试验找到性能最佳的网络和训练参数算法配置，对上海市 10 个地区选取 2017 年 7 月 1 日 00:00 至 2019 年 5 月 24 日 14:00 的空气质量指数以及 $PM_{2.5}$、PM_{10}、CO、NO_2、O_3、SO_2 6 种污染物浓度小时数据作为样本，序列间隔为 1 小时，分别使用 LSTM 模型对空气质量指数进行预测。在 LSTM 优化部分，考虑空间因素的影响，在特征选择部分加入其他 9 个地区的 AQI 对单地区进行预测，获得了更高的预测精度。其中前 24 小时污染物浓度数据作为预测空气质量的自变量，第 24+1 小时的 AQI 作为最终模型的输出结果，利用 LSTM 模型对普陀区 AQI 预测确定网络参数，详细说明了网络调参过程，并利用最优模型对上海市其他地区进行测试均得到了良好的预测效果。

（3）为进一步提高预测精度，在特征选择部分引入了上海市其他地区的 AQI 值作为特征属性，模型误差减小，预测精度得到了进一步提高，证实相邻地区空气质量对当地 AQI 的预测确有改善作用。

参考文献

[1]Laws E. Tourist destination management: issues, analysis and policies[M]. Routledge,1995.

[2]程励,张同颢,付阳. 城市居民雾霾天气认知及其对城市旅游目的地选择倾向的影响[J]. 旅游学刊,2015,30(10): 37—47.

[3]陈荣. 基于支持向量回归的旅游短期客流量预测模型研究[D]. 合肥工业大学,2014(11).

[4]Ginsberg J,Mohebbi M H,Patel R S,et al. Detecting influenza epidemics using search engine query data[J]. Nature,2009,457(7232): 1012—1014.

[5]张崇,吕本富,彭赓,等. 网络搜索数据与 CPI 的相关性研究[J]. 管理科学学报,2012(7):50—59+70.

[6]Ginsberg J,Mohebbi M H,Patel R S,et al. Detecting influenza epidemics using search

engine query data[J]. Nature,2009,457(7232)：1012－1014.

[7]Chen F C. Back-propagation neural networks for nonlinear self-tuning adaptive control [J]. IEEE Control systems magazine,1990,10(3)：44－48.

[8]Davidson A P,Yu Y. The Internet and the occidental tourist：An analysis of Taiwan's tourism websites from the perspective of western tourists[J]. Information Technology & Tourism,2004,7(2)：91－102.

[9]沈苏彦,赵锦,徐坚. 基于"谷歌趋势"数据的入境外国游客量预测[J]. 科学资源,2015,37(11).

[10]上海市旅游局. 上海旅游统计资料(2013.10－2016.10)[EB/OL]. http://lyw. sh. gov. cn/lyj_website/HTML/DefaultSite/lyj_xxgk_lytj_2016/List/list_0. htm.

[11]Yang X,Pan B,Evans J A,et al. Forecasting Chinese tourist volume with search engine data[J]. Tourism Management,2015,46：386－397.

[12]Choi H,Varian H. Predicting the present with Google Trends[J]. Economic Record,2012,88(s1)：2－9.

[13]Zinkevich M. Online convex programming and generalized infinitesimal gradient ascent[EB/OL]. [2003－2－1]. https://www. clocin. com/p-316245678. html.

[14]肖金成. 长三角城市群一体化与高铁网络体系建设[J]. 发展研究,2014(5):8－12.

[15]王亚龙,王永岗. 大气污染和肺癌相关生物标志物的研究进展[J]. 癌症进展,2017,15(11):1246－1249.

[16]钱佳丽,朱昊辰. 上海的雾霾天气特征及影响因素[J]. 上海节能,2015(8):424－430.

[17]Burnett R T ,Cakmak S ,Krewski B D . The Role of Particulate Size and Chemistry in the Association between Summertime Ambient Air Pollution and Hospitalization for Cardiorespiratory Diseases[J]. Environmental Health Perspectives,1997,105(6):614－620.

[18]董蕙青,宇春霞. 南宁市呼吸道疾病预测研究[J]. 气象科技,2005(6):559－564.

[19]Crouse D L ,Peters P A ,Hystad P,et al. Ambient $PM_{2.5}$,O_3,and NO_2 Exposures and Associations with Mortality over 16 Years of Follow－Up in the Canadian Census Health and Environment Cohort (CanCHEC)[J]. Environmental Health Perspectives,2015,123(11)：1180－1186.

[20]秦耀辰,谢志祥. 大气污染对居民健康影响研究进展[J]. 环境科学,2019(3)：1－12.

[21]李瑞盈. 秦皇岛气象条件对儿童上呼吸道疾病影响研究[A]. 中国气象学会:中国气象学会,2018:3.

[22]俞璐. 基于支持向量机回归的传染病预测系统建模[D]. 中国科学技术大学,2015.

[23]Trafalis T B,Ince H. Support Vector Machine for Regression and Applications to Financial Forecasting[C]. IEEE-INNS-ENNS International Joint Conference on Neural Networks. 2000.

[24]Yang X S,Deb S,Fong S. Accelerated Particle Swarm Optimization and Support Vector Machine for Business Optimization and Applications[J]. Communications in Computer & Information Science,2011,136(13):53—66.

[25]王仲洲. 改进的 GA-SVM 算法在继发性肾炎诊断中的研究与应用[D]. 昆明理工大学,2017.

[26]傅征. 计量经济学实验基础教程[M]. 武汉:武汉大学出版社,2010.

[27]Howarth E,Hoffman M S. A multidimensional approach to the relationship between mood and weather[J]. British Journal of Psychology,1984,75(1).

[28]Skov T,Cordtz T,Jensen L K,et al. Modifications of health behaviour in response to air pollution notifications in Copenhagen[J]. Social Science & Medicine,1991,33(5).

[29]唐奇开. 天气状况与人的情绪[J]. 广西气象,2000(2).

[30]蒋晨光. 环境污染对人心理健康的影响[J]. 解放军健康,2006(4).

[31]保罗·贝尔著,朱建军译. 环境心理学[M]. 北京:中国人民大学出版社,2009.

[32]Martijn van Zomeren,Russell Spears,Colin Wayne Leach. Experimental evidence for a dual pathway model analysis of coping with the climate crisis[J]. Journal of Environmental Psychology,2010,30(4).

[33]谭珣,叶淑姿,魏丽梦,等. 不容忽视的空气——雾霾对市民心理影响[J]. 新丝路,2016(20).

[34]Pang B,Lee L. Opinion mining and sentiment analysis[J]. Foundations and trends in information retrieval,2008,2(1—2).

[35]孙茂松,左正平,黄昌宁. 汉语自动分词词典机制的实验研究[J]. 中文信息学报,2000(1).

[36]姚兴山. 基于 Hash 算法的中文分词研究[J]. 现代图书情报情术,2008(3).

[37]王彩荣. 汉语自动分词专家系统的设计与实现[J]. 微处理机,2004(3).

[38]翟凤文,赫枫龄,左万利. 字典与统计相结合的中文分词方法[J]. 小型微型计算机系统,2006(9).

[39]Turney P D,Littman M L. Unsupervised learning of semantic orientation from a hundred-billion-word corpus[J]. arXiv preprint cs/0212012,2002.

[40]Hassan A,Qazvinian V,Radev D. What's with the Attitude? Identifying Sentences with Attitude in Online Discussions[C]// Conference on Empirical Methods in Natural Language Processing,EMNLP 2010,9—11 October 2010,Mit Stata Center,Massachusetts,Usa,A Meeting of Sigdat,A Special Interest Group of the ACL. DBLP,2010.

[41]Taboada M,Brooke J,Tofiloski M,et al. Lexicon-based methods for sentiment analysis[J]. Computational linguistics,2011,37(2).

[42]张庆庆,刘西林. 基于机器学习的中文微博情感分类研究[J]. 未来与发展,2015(4).

[43]黄冬,何睿. "大数据"认知的语义网与情感倾向分析[J]. 中国文化产业评论,2015,22(2).

[44]Pang B,Lee L. Opinion mining and sentiment analysis[J]. Foundations and trends in information retrieval,2008,2(1—2).

[45]高洁,吉根林. 文本分类技术研究[J]. 计算机应用研究,2004,7(30).

[46]唐慧丰,谭松波,程学旗. 基于监督学习的中文情感分类技术比较研究[J]. 中文信息学报,2007(6).

[47]Zhang H. The Optimality of Naive Bayes[C]// Seventeenth International Florida Artificial Intelligence Research Society Conference,Miami Beach,Florida,Usa. 2004.

[48]Fan R E,Chang K W,Hsieh C J,et al. Liblinear:A Library for Large Linear Classification[J]. Journal of Machine Learning Research,2008,9(9).

[49]王金南. 控制 $PM_{2.5}$ 污染:中国路线图与政策机制[M]. 北京:科学出版社,2016.

[50]李岚森,李龙国,李乃稳. 城市雾霾成因及危害研究进展[J]. 环境工程,2017,35(12):92—97.

[51]杨继东,章逸然. 空气污染的定价:基于幸福感数据的分析[J]. 世界经济,2014,37(12):162—188.

[52]Lee K H,Kim Y J,Kim M J. Characteristics of aerosol observed during two severe haze events over Korea in June and October 2004[J]. Atmospheric Environment,2006,40(27):5146—5155.

[53]彭斯俊,沈加超,朱雪. 基于 ARIMA 模型的 $PM_{2.5}$ 预测[J]. 安全与环境工程,2014,21(6):125—128.

[54]黄思,唐晓,徐文帅,等. 利用多模式集合和多元线性回归改进北京 PM_{10} 预报[J]. 环境科学学报,2015,35(1):56—64.

[55]艾洪福,潘贺,李迎斌. 关于空气雾霾 $PM_{2.5}$ 含量预测优化研究[J]. 计算机仿真,2017,34(1):392—395.

[56]孙宝磊,孙暠,张朝能,等. 基于 BP 神经网络的大气污染物浓度预测[J]. 环境科学学报,2017,37(5):1864—1871.

[57]Díaz-robles L A,Ortega J C,Fu J S,et al. A Hybrid ARIMA and Artificial Nneural Networksmodel to Forecast Particulate Matter in Urban Areas:the Case of Temuco,Chile[J]. Atmospheric Environment,2008,42: 8331—8340.

[58]艾洪福,石莹. 基于 BP 人工神经网络的雾霾天气预测研究[J]. 计算机仿真,2015,32(1):402—405.

[59]赵晨曦,王云琦,王玉杰,等. 北京地区冬春 $PM_{2.5}$ 和 PM_{10} 污染水平时空分布及其与气象条件的关系[J]. 环境科学,2014,35(2):418—427.

[60]刘金培,汪官镇,陈华友,等. 基于 VAR 模型的 $PM_{2.5}$ 与其影响因素动态关系研究:以西安市为例[J]. 干旱区资源与环境,2016,30(5): 78—84.

[61]迈尔·舍恩伯格,库克耶. 大数据时代[M]. 杭州:浙江人民出版社,2013.

[62]潘竟虎,张文,王春娟. 2011—2013 年中国雾霾易发生期间 API 的分布格局[J]. 环境工程学报,2016,10(3): 1340—1348.

［63］杨健,宋冰,谭帅,等. 时序约束 NPE 算法在化工过程故障检测中的应用[J]. 化工学报,2016,67(12)：5131－5139.

［64］Zheng Y,Liu F R,Hsieh H P. U-air：When Urban Air Quality Inference Meets big Data[C]. Chicago：Association for Computing Machinery,2013：1436－1444.

［65］TensorFlow：learning functions at scale[J]. Martín Abadi. ACM SIGPLAN Notices. 2016(9).

［66］Luo S T,Ju Y C,Zhou J W,et al. Crystal structure of CntK,the cofactor-independent histidine racemase in staphylopine-mediated metal acquisition of Staphylococcus aureus[J]. International Journal of Biological Macromolecules,2019,135.

［67］Freitas A V L,Kaminski L A,Iserhard C A,Barbosa E P,Marini Filho O J. The endangered butterfly Charonias theano（Boisduval）（Lepidoptera：Pieridae）：current status, threats and its rediscovery in the state of São Paulo,southeastern Brazil[J]. Neotropical entomology,2011,40(6).

第七章　京津冀区域城市
雾霾污染网络分析

本章首先运用节点重要性的三种评价方法对京津冀区域内的城市节点进行分析;其次构建了京津冀区域 9 个城市的雾霾污染静态无向加权网络,应用 Copula 函数研究城市间雾霾污染的动态非对称尾部相关关系;最后结合复杂网络相关理论建立了京津冀区域城市雾霾污染动态有向加权网络。

7.1　基于节点重要性评价的京津冀
城市静态雾霾污染网络实证分析

随着城市发展不断推进,区域内部城市与城市之间的联系也愈发紧密,而这种城市间的联系不仅仅体现在交通与经济发展方面,还包括了雾霾污染方面的空间关联。对于雾霾污染而言,区域内的每个城市就相当于一个污染源,这些污染源通过直接地相互作用和间接地相互影响,渐渐地编织成了一个区域城市雾霾污染网络。而在这个雾霾污染网络中,并不是所有城市都对区域雾霾污染带来了相同的贡献度,有些城市发挥着核心的作用,另外一些城市在整个网络中并没有什么明显的作用。因此,从整个大区域中挖掘出真正的"重灾区"才能采取针对性的措施防控与治理雾霾污染。本章希望从整个京津冀雾霾污染网络中挖掘出内部联系最为紧密、相关性最强的一个雾霾污染子网络,而节点的重要性评价对于子网络中节点的选择发挥着至关重要的作用。本章将采用三种节点重要性评价方法对京津冀雾霾污染网络中的城市节点重要性进行评价,提取出京津冀区域城市雾霾污染的核心子网络,并以此子网络中的 9 个城市作为下一章京津冀区域城市雾霾污染动态网络实证研究的对象。

7.1.1　数据来源

由于京津冀区域的首要雾霾污染物是 $PM_{2.5}$,为了便于研究,本书仅采用 $PM_{2.5}$ 这项雾霾污染物浓度指标来体现雾霾污染的严重程度。为了建立京津冀区域城市雾霾污染网络,本章以京津冀区域内的北京、天津、石家庄、保定、廊坊、唐山、邢台、衡水、邯郸、承德、张家口、沧州、秦皇岛共 13 个城市作为研究对象,选取 2013 年 10 月 28 日到 2017 年 10 月 17 日共 1 488 天内 13 个城市的日均 $PM_{2.5}$ 浓度数据作为样本,单位为 $\mu g/m^3$。

7.1.2　基于节点重要性评价的京津冀雾霾污染网络实证分析

1. 度与集群系数的分析

本章将京津冀 13 个城市作为 13 个节点,以城市与城市之间日均 $PM_{2.5}$ 浓度的 Pearson 相关系数作为是否连边的判别标准,选取相关系数矩阵中非对角线元素的所有元素的均值为阈值,本章通过计算求得的连边阈值为 0.69。若相关系数大于阈值 0.69 则连接两个城市节点,否则不建立连接关系,由此构建了京津冀区域城市雾霾污染网络。

然而由于城市间的位置距离也将影响雾霾污染物的传输,因此本章将两两城市间日均 $PM_{2.5}$ 浓度的相关系数与两两城市间最短距离的比值作为网络结构中边的权重,构造出京津冀区域城市雾霾污染加权网络。在实际计算中,为了消除城市间不同距离量纲所带来的误差,本章选用了线性比例变换法,即用两两城市的距离除以两两城市最大距离,得到了一个范围在 (0,1] 间的距离系数,再用相关系数除以距离系数得到边的权重。同样,再对边权进行线性比例变换得到了 (0,1] 间的权重,表 7.1 为求得的权重邻接矩阵。

表 7.1　　　　　　　　　　京津冀区域 13 个城市权重邻接矩阵

	北京	天津	石家庄	保定	廊坊	唐山	邢台	衡水	邯郸	承德	张家口	秦皇岛	沧州
北京	0.00												
天津	0.33	0.00											
石家庄	0.15	0.15	0.00										
保定	0.27	0.27	0.32	0.00									
廊坊	0.55	1.00	0.16	0.32	0.00								
唐山	0.25	0.45	0.10	0.16	0.35	0.00							
邢台	0.00	0.11	0.46	0.20	0.12	0.08	0.00						
衡水	0.02	0.19	0.29	0.29	0.18	0.12	0.31	0.00					
邯郸	0.00	0.00	0.27	0.14	0.00	0.00	0.89	0.24	0.00				
承德	0.23	0.00	0.00	0.00	0.15	0.23	0.00	0.00	0.00	0.00			
张家口	0.00	0.00	0.00	0.00	0.00	0.00	0.00	0.00	0.00	0.00	0.00		
秦皇岛	0.12	0.18	0.00	0.10	0.16	0.35	0.00	0.00	0.00	0.00	0.00	0.00	
沧州	0.09	0.44	0.19	0.32	0.34	0.23	0.16	0.33	0.00	0.00	0.00	0.00	0.00

注:此邻接矩阵为对称矩阵,矩阵中除对角线以外的 0 表示这两个城市不邻接。

　　通过表 7.1 可以发现,将京津冀区域 13 个城市作为节点,在整个网络的邻接矩阵 A 中,每一个非零矩阵元素 a_{ij} 表示城市节点 i 与节点 j 的连边权重,若 a_{ij}＝0 则表示节点 i 与节点 j 未连边。通过判断每个节点在邻接矩阵中的非零边权个数可以得到节点的度,每个节点的度分别是 9(北京),9(天津),9(石家庄),10(保定),10(廊坊),10(唐山),8(邢台),9(衡水),4(邯郸),3(承德),0(张家口),5(秦皇岛),8(沧州)。由于张家口是一个度为 0 的孤立节点,即张家口不与网络中其他任意城市节点连边。因此,接下来的研究将去除张家口这个节点,只考虑京津冀区域城市雾霾污染网络中其他的 12 个节点。

　　为了能更加清晰地展现出各个节点自身以及邻点的连边状态,本章参照第二章"三角形"和"三元组"的定义,给出了京津冀区域城市雾霾污染网络中每个节点的连边状态及其形成的"三角形"和"三元组"的示意图(如图 7.1 所示)。

　　图 7.1 中一共有 12 个分图,每个分图(a)到(l)分别代表北京、天津、石家庄、保定、廊坊、唐山、邢台、衡水、邯郸、承德、秦皇岛、沧州 12 个城市的连边状态。红色实线表示两个城市节点直接连接,红色虚线表示该城市节点的两个邻点也互为邻点。从图中可以直观地看出,分图(i)、(j)、(k)所代表的邯郸、承德、秦皇岛 3 个城市节点直接连边的节点分别只有 4 个、3 个和 5 个,远远低于其他 9 个城市节点的直接连边节点数,且这 3 个节点的邻点也互为邻点的情况并不多。因此,可以判断这 3 个城市节点在整个京津冀网络中属于重要性偏低的节点。

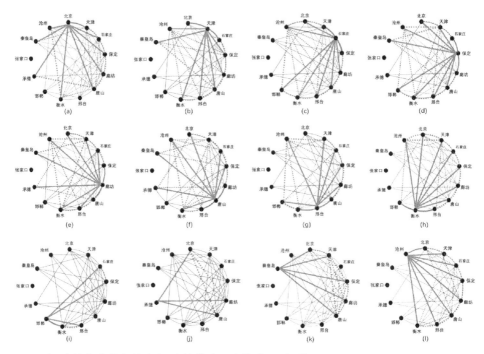

注：实线代表节点的连边，虚线代表两边构成"三角形"。

图 7.1 以 12 个城市为节点所构造网络中的"三角形"与"三环组"

根据 Holme 所提出的加权网络的节点集群系数计算公式，由式（3.8）求出了网络中 12 个节点的集群系数，结果见表 7.2。

表 7.2 以 12 个城市为节点的集群系数

地区	北京	天津	石家庄	保定	廊坊	唐山
集群系数	0.248 3	0.249 2	0.250 0	0.235 0	0.223 8	0.226 3

地区	邢台	衡水	邯郸	承德	秦皇岛	沧州
集群系数	0.208 4	0.236 5	0.388 0	0.362 0	0.342 8	0.269 0

虽然在表 7.2 中，邯郸、承德与秦皇岛的集群系数最高，这表明 3 个城市的小集团结构的完美程度较高，但考虑到 3 个城市的度分别只有 4、3 和 5，在所有城市节点的度中分列倒数三位。此时，仅考虑集群系数没有任何实际意义。因此，本章将度除平均度作为权重，利用式（3.9）求得加权集群系数（见表 7.3）以呈现真实的网络结构。

表 7.3   以 12 个城市为节点的加权集群系数

地区	北京	天津	石家庄	保定	廊坊	唐山
加权集群系数	0.322 8	0.324 0	0.325 0	0.339 5	0.323 3	0.326 9
地区	邢台	衡水	邯郸	承德	秦皇岛	沧州
加权集群系数	0.240 9	0.307 5	0.224 2	0.156 9	0.247 6	0.310 8

分析表 7.3 中包含度的权重的集群系数可以发现,加权集群系数由高到低的城市节点分别是保定、唐山、石家庄、天津、廊坊、北京、沧州、衡水、秦皇岛、邢台、邯郸、承德。这一结果也符合 12 个城市在京津冀区域中的地理位置特征,排名前八的城市位于京津冀区域中部,而排名末尾的四位中秦皇岛与承德位于京津冀区域的北部,邢台和邯郸位于京津冀区域的南部。

进一步计算出 12 个城市节点所构成网络的整体加权集群系数为 0.287 5。以网络的整体加权集群系数作为标准,若节点的集群系数大于网络的整体集群系数,则表示该节点十分重要;反之,则表示该节点不太重要。由此可知,保定、唐山、石家庄、天津、北京、廊坊、沧州、衡水这 8 个城市节点重要性较高,而秦皇岛、邢台、邯郸、承德这 4 个城市节点重要性较低。

2. 网络效率与脆弱性

通过式(3.13)求出网络的整体效率为 3.356 0。接着,逐一去除 12 个城市节点,并计算出去除单个节点后对应的网络效率与网络脆弱性(见表 7.4),表中网络效率为去除该城市节点之后,其余城市节点组成网络的网络效率。去除城市节点后的网络效率由低到高排序分别为:唐山、保定、石家庄、廊坊、天津、北京、沧州、衡水、邢台、秦皇岛、邯郸、承德。网络脆弱性由高到低排序同样亦是如此。

表 7.4   去除单个节点的网络效率与脆弱性

地区	北京	天津	石家庄	保定	廊坊	唐山
网络效率	3.332 8	3.325 0	3.174 1	3.140 2	3.204 5	3.005 2
网络脆弱性	0.006 9	0.009 2	0.054 2	0.064 3	0.045 2	0.104 5
地区	邢台	衡水	邯郸	承德	秦皇岛	沧州
网络效率	3.401 9	3.383 4	3.590 2	3.746 2	3.569 9	3.374 5
网络脆弱性	−0.013 7	−0.008 2	−0.069 8	−0.116 3	−0.063 7	−0.005 5

在表 7.4 中,分别去除唐山、保定、石家庄、廊坊、天津、北京这 6 个城市

节点后的网络效率均小于原来网络的整体效率,同时脆弱性均大于 0,这表明去除这些节点会使得网络的整体连通性变差,即会对整个网络的互通互联造成显著的破坏。而另一方面,分别去除了沧州、衡水、邢台、秦皇岛、邯郸、承德这 6 个城市节点后的网络效率均大于原来网络的整体效率,同时脆弱性均小于 0,这说明去除这些城市节点后对于网络的整体连通性不仅未起到太大的破坏,反而还增加了整个网络的平均交通容易程度。但其中,沧州、衡水和邢台 3 个节点相较初始网络效率增加并不显著,分别只增加了 0.018 5、0.027 4 和 0.045 9 个单位的效率值,而秦皇岛、邯郸和承德 3 个节点比初始网络效率分别增加 0.213 9、0.234 2、0.390 2 个单位的效率值,增加率分别为 6.37%、6.98% 和 11.63%。因此,可以认为前者比后者在网络中占有更重要的地位。

3. 节点重要性综合评价

度能有效反映一个节点自身的连边状况,却不能反映其邻点的连边状况;与之相反,集群系数能反映一个节点的邻点的连边状况,却不能体现其邻点的规模大小。如果可以将度与集群系数结合起来评价节点的重要性,则会使得节点重要性的评价更为科学、全面。

在此思想上,任卓明等人综合考虑节点的邻点数及其邻点间的连边状况,提出了一种基于度与集群系数的节点重要性综合评价方法[1],其评价指标 P_i 记为:

$$P_i = \frac{f_i}{\sqrt{\sum_{j=1}^{N} f_i^2}} + \frac{g_i}{\sqrt{\sum_{j=1}^{N} g_i^2}} \qquad \text{式(7.1)}$$

式(7.1)中,f_i 表示节点 i 的度与其邻点的度之和,即 $f_i = k_i + \sum_{u \in \Gamma(i)} k_u$。其中,$k_u$ 表示节点 u 的度,$\Gamma(i)$ 表示节点 i 的邻点集合。g_i 可表示为:

$$g_i = \frac{\max\limits_{j=1}^{N} \left\{ \frac{c_j}{f_j} \right\} - \frac{c_i}{f_i}}{\max\limits_{j=1}^{N} \left\{ \frac{c_j}{f_j} \right\} - \min\limits_{j=1}^{N} \left\{ \frac{c_j}{f_j} \right\}} \qquad \text{式(7.2)}$$

上式中的 c_i 为节点 i 的集群系数。

对于式(7.1),f_i 反映的是自身的度与邻点的度的信息,刻画出节点的整体规模。而 g_i 反映的是节点的邻点间的紧密程度,刻画出节点的邻点连通性。使用同趋化函数对 f_i 与 g_i 处理,得到了综合评价指标 P_i。P_i 越高则说明节点 i 的重要性越强。

通过式(7.1)、(7.2)可以计算得到网络中各节点的属性(见表7.5)。

表 7.5 网络中各节点属性

城市节点	k_i	c_i	f_i	g_i	P_i
北京	9	0.248 3	82	0.975 1	0.643 6
天津	9	0.249 2	87	0.970 2	0.649 6
石家庄	9	0.250 0	86	0.952 4	0.648 9
保定	10	0.235 0	91	0.989 2	0.674 7
廊坊	10	0.223 8	90	1.000	0.674 6
唐山	10	0.226 3	90	0.996 9	0.673 6
邢台	8	0.208 4	77	0.938 7	0.617 7
衡水	9	0.236 5	86	0.957 2	0.624 0
邯郸	4	0.388 0	40	0.182 7	0.211 3
承德	3	0.362 0	32	0.000	0.119 5
秦皇岛	5	0.342 8	53	0.548 9	0.383 8
沧州	8	0.269 0	82	0.910 1	0.614 3

表7.5中k_i为节点i的度,c_i为节点i的集群系数,f_i为节点i的度与邻点的度之和,g_i为节点i的集群系数比上f_i后进行归一化处理的值,最后一列为节点重要性评价指标P_i,对P_i从大到小进行排序可以得到节点重要性排名,分别是:保定、廊坊、唐山、天津、石家庄、北京、衡水、邢台、沧州、秦皇岛、邯郸、承德。从P_i值可以明显看出,前9个城市节点的P_i均大于0.6,且前9个P_i中的最大值和最小值相差仅有0.060 4,这表明前9个城市在整个网络体系中均属于重要节点。而秦皇岛、邯郸与承德3个城市节点的P_i分别仅为0.383 8、0.211 3与0.119 5,明显小于其他9个节点,所以可以将这3个节点列为重要性不高的节点。

7.1.3 京津冀区域城市雾霾污染静态网络分析

本章运用了三种节点重要性评价方法对京津冀区域城市雾霾污染网络中的节点重要性进行评价,三种方法得到的结果如下:

(1)通过度和集群系数构造出节点加权集群系数,秦皇岛、邯郸、承德、邢台这4个城市节点的加群集群系数均低于网络的整体集群系数0.287 5,属于重要性较低的4个城市节点。

（2）运用网络效率及脆弱性对节点重要性进行评价可知,去除秦皇岛、邯郸和承德 3 个节点后的网络效率比初始网络效率有显著的增加(增加率分别为 6.37%、6.98%和 11.63%),因此这 3 个节点在整个网络中的重要性不高。

（3）采用基于度与集群系数的节点重要性综合评价方法,保定、廊坊、唐山、天津、石家庄、北京、衡水、邢台、沧州这 9 个城市节点的节点重要性评价指标 P_i 均大于 0.6。而秦皇岛、邯郸与承德 3 个城市节点的 P_i 分别仅为 0.383 8、0.211 3 与 0.119 5,明显小于其他 9 个节点,属于重要性排名靠后的 3 个节点。

综合以上三种节点重要性评价方法所得到的结果,本章给出了一个综合节点重要性排名,按照重要性由高到低分别是保定、唐山、廊坊、石家庄、天津、北京、沧州、衡水、邢台、秦皇岛、邯郸、承德。

基于上述节点重要性综合评价结果,本章在原有的京津冀区域城市雾霾污染网络的基础上提取出了联系最为紧密、相关性最强的一个雾霾污染子网络,子网络一共包含 9 个城市节点,分别是:保定、唐山、廊坊、石家庄、天津、北京、沧州、衡水、邢台(如图 7.2 所示)。

图 7.2　京津冀区域城市雾霾污染子网络示意图

分析图 7.2 中京津冀区域的城市地理位置分布信息不难发现,邯郸位于京津冀区域最南端,秦皇岛、承德与此前去除在外的孤立节点张家口均位于京津冀区域最北端,这 4 个城市都属于京津冀区域中的"边缘城市",它们受制于距离因素的影响,对区域内部其他城市带来的雾霾污染影响相对较低,所以被排除在真正的"重灾区"——京津冀区域城市雾霾污染子网络之外。而其他 9 个城市则形成了一个相互联系紧密且节点较为集中的子网络。

7.1.4 小结

本节首先以京津冀区域中的城市为节点,以两两城市之间日均 $PM_{2.5}$ 浓度的相关系数作为是否连边的判别标准,将日均 $PM_{2.5}$ 浓度的相关系数与两两城市间最短距离的比值作为网络结构中边的权重,构建了京津冀区域城市雾霾污染无向加权网络。在实证分析部分,首先对度进行了分析,去除了孤立节点张家口市。接着,分析了剩下 12 个城市的度、集群系数、加权集群系数、网络效率及网络脆弱性与节点重要性综合评价方法。最后,结合几种上述节点重要性评价方法得到了京津冀地区雾霾污染无向加权网络所有节点的重要性排名。在此基础上,本章提取出了整个京津冀区域城市雾霾污染网络中联系最为紧密、相关性最强的一个雾霾污染子网络,雾霾污染子网络一共由 9 个城市节点组成,分别是保定、唐山、廊坊、石家庄、天津、北京、沧州、衡水、邢台。在下一章京津冀区域城市雾霾污染动态网络的实证研究中,将以本节所提取的雾霾污染子网络中的 9 个重点城市作为研究对象。

7.2 基于动态非对称尾部相关性
的京津冀雾霾污染动态网络实证分析

城市间雾霾污染的相互影响是一个持续性的过程,这就意味着一个城市每时每刻都受到区域内其他城市当前以及前一期污染的影响。同时,受地形、地理位置、风向、温度乃至气压等外部环境因素的影响,城市与城市间雾霾污染的相互影响、相互作用的程度也并非一致。由此,可以总结出区域内城市间雾霾污染的相关性具有时变性和非对称性这两点特征。而本章的目标就是刻画出区域内部城市与城市间雾霾污染的动态非对称尾部相关性。

7.2.1　数据说明及描述性统计

选取 2013 年 10 月 28 日至 2018 年 10 月 9 日京津冀地区 9 个城市 1 800 天内的日均 $PM_{2.5}$ 浓度数据作为样本,单位为 $\mu g/m^3$。值得注意的是,由于监测点或数据源更新问题,样本中存在少量的缺失值。而对于缺失值的处理,选取的方式为均值填充,即选取同一城市已知日均 $PM_{2.5}$ 浓度的均值作为该城市缺失值的填充值。由于缺失值的数量极少,因此可以忽略均值填充所带来的误差。

本节首先通过 R 语言软件分别对 9 个城市的日均 $PM_{2.5}$ 浓度数据做频率分布直方图及概率密度曲线图(见图 7.3)。整体来看,9 个城市的日均 $PM_{2.5}$ 浓度均近似服从右偏的偏态分布,且均具有"尖峰厚尾"的特征。

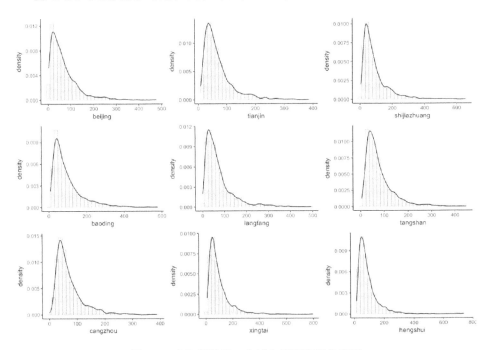

图 7.3　京津冀地区 9 个城市概率密度曲线图

进一步,对样本数据做描述性统计分析,分析结果见表 7.6。通过表 7.6 中的 Jarque-Bera 统计量可知,在 1% 显著性水平下 9 个城市日均 $PM_{2.5}$ 浓度序列均拒绝服从正态分布这一原假设。而通过表 7.6 中给出的几个基本统计特征可以看出,9 个城市日均 $PM_{2.5}$ 浓度偏度均大于 0,且峰度均远大于正态分布的峰度值 3,说明雾霾污染物浓度时间序列具有与金融时间序列相似的"右偏""尖峰""厚尾"的特征。再对 9 个城市日均 $PM_{2.5}$ 浓度序列做 ADF 检验,结果表明 9 个 $PM_{2.5}$ 浓度序列均在 1% 显著性水平下拒绝原假设,即不存在单位根,是平稳的时间序列。

表 7.6　　　　　　　　9 个城市日均 $PM_{2.5}$ 浓度数据的统计特征

城市	均值	标准差	偏度	峰度	J-B 统计量	ADF 统计量
北京	68.71	62.68	2.06	8.79	3 796.03	−13.68
天津	68.73	51.17	2.03	8.31	3 349.39	−11.97
石家庄	94.07	82.52	2.31	10.09	5 374.30	−10.47
保定	97.22	80.50	1.98	7.88	2 956.00	−10.73
廊坊	73.33	66.43	2.20	9.03	4 187.57	−12.75
唐山	78.52	58.05	1.98	8.20	3 207.94	−11.69
沧州	71.06	50.48	2.00	8.33	3 329.72	−10.91
邢台	96.96	82.59	2.54	12.48	8 682.64	−9.97
衡水	88.67	67.04	2.73	16.37	15 643.31	−10.70

7.2.2　动态非对称尾部相关系数模型的建立

1. 时间序列的分段

本节中的城市 $PM_{2.5}$ 浓度时间序列长度 T 为 1 800 天,以 365 天作为窗宽 L 沿该序列进行滑动。由于城市雾霾污染的消散存在一定的滞后性,本章考虑以一天作为同一城市雾霾污染的滞后影响时间,即滑动的步长 Δ 为 1。如此一来,原序列就变换成了 1 436 个时间片断,每一个时间片断又是一个长度为 365 的时间序列,每个城市的每个时间片断 $w_{n,k}$ 可以表示为:

$$w_{n,k} = \{c_{n,k}, c_{n,k+1}, \cdots, c_{n,k+m}, \cdots, c_{n,k+364}\}, k=1,2,\cdots,1436 \qquad 式(7.3)$$

式(7.3)中,n 表示城市序号($n=1,2,\cdots,9$),k 表示时间片断序号,$w_{n,k}$ 表示第 n 个城市第 k 期的时间片断序列,$c_{n,k+m}$ 表示第 n 个城市第 $k+m$ 天的 $PM_{2.5}$ 浓度。

考虑 A 城市的两个连续的雾霾污染时间片断 $w_{1,k}$ 和 $w_{1,k-1}$,与 B 城市的两个连续的雾霾污染时间片断 $w_{2,k}$ 和 $w_{2,k-1}$。根据式(7.4)、(7.5),在第 k 期时,A 城市对 B 城市的影响造成的上尾相关系数 $\lambda_{Ut}^{A \to B}$ 和 B 城市对 A 城市的影响造成的上尾相关系数 $\lambda_{Ut}^{B \to A}$ 可以表示为:

$$\lambda_{Ut}^{A \to B} = P(w_{2,k} \mid w_{2,k-1}, w_{1,k}) - P(w_{2,k} \mid w_{2,k-1}) \qquad 式(7.4)$$

$$\lambda_{Uk}^{B \to A} = P(w_{1,k} \mid w_{1,k-1}, w_{2,k}) - P(w_{1,k} \mid w_{1,k-1}) \qquad 式(7.5)$$

2. 阈值的选取及 Copula 函数的确定

为了研究尾部相关性,首先就需要找到哪里是"尾部",即确定尾部所在的最小极值点。阈值的选取尤为关键,过高的阈值会导致超出阈值数据量太少,使得参数的方差偏高。而过低的阈值会使得超出阈值数据量太多,从而导致超出量不能显著收敛于广义帕累托分布(Generalized Pareto Distribution,GPD)[2]。常用的阈值选取方法主要有 Hill 图法和平均超额函数法,本章选取最常用的 Hill 图法进行阈值选取。Hill 图法的原理是选取使得 Hill 统计量趋于稳定的起始点作为阈值点[3]。

首先,整合 9 个城市 1 800 天的日均 $PM_{2.5}$ 浓度数据得到了 16 200 条日均 $PM_{2.5}$ 浓度数据。对日均 $PM_{2.5}$ 浓度数据进行极值分析,本章利用 R 语言软件做出了 Hill 图(见图 7.4),通过图 7.4 可以大致判断出在阈值 $u=150$ 附近曲线开始变得平稳。

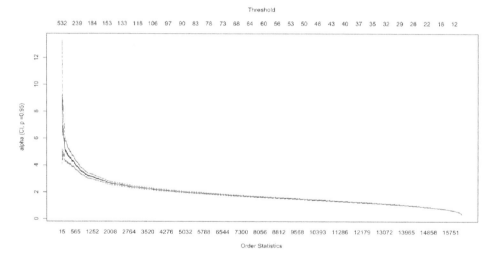

图 7.4　Hill 图

为了进一步验证阈值的选取是否合理,在 $u=150$ 向左向右各均匀选取了 50 个点,即取 $u=100$ 到 $u=200$ 之间的 100 个点作为阈值,做出了不同阈值下的误差限对比图(见图 7.5)。从图中可以看出,阈值 u 在 131 附近时误差较为稳定,所以选取 $u=131$ 作为阈值较为合适。而对于总量为 16 200 的样本数据,当阈值 $u=131$ 时,超出阈值个数为 $N_u = 2\ 585$。

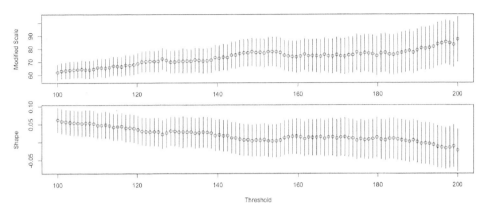

图 7.5 不同阈值下的误差限对比图

在确定了阈值之后,还需要选择最适合的 Copula 函数。本章通过 Mat-lab 软件采用赤池信息准则(Akaike Information Criterion,AIC)和贝叶斯信息准则(Bayesian Information Criterion,BIC)对三种 Copula 模型进行检验,结果如表 7.7 所示。

表 7.7　　　　　　　　　　三种 **Copula** 函数的模型检验结果

Copula 函数	Loglike	AIC	BIC
Gumbel Copula	801.029 9	1 604.059 8	1 609.555 3
Clayton Copula	824.604 4	1651.208 9	1656.704 4
Frank Copula	828.539 1	1659.078 1	1664.573 6

在本主题 3.3.1 小节中提到,Gumbel Copula 函数常应用于上尾相关性较强的变量间相关关系的研究,而表 7.7 的结果也恰恰验证了这一点。表中 AIC 统计量和 BIC 统计量最小的是 Gumbel Copula 函数,所以本章中所采用的 Copula 函数就是对上尾相关性更为敏感的 Gumbel Copula 函数。

3. 动态非对称上尾相关性分析

通过上一小节,本章确定了阈值及 Copula 函数,接下来就可以结合式(7.4)、式(7.5)、式(3.26)和式(3.27)进一步计算两两城市的动态非对称上尾相关性。

在每一期的非对称尾部相关系数计算过程中,都通过极大似然估计法对 Gumbel Copula 函数中的未知参数进行估计,如此循环迭代完所有的 1 435 期,就可以得到一个城市对于另一个城市的动态上尾相关系数曲线。以北京和天津两个城市为例,做出了北京、天津动态非对称上尾相关系数曲线图(见图7.6)。

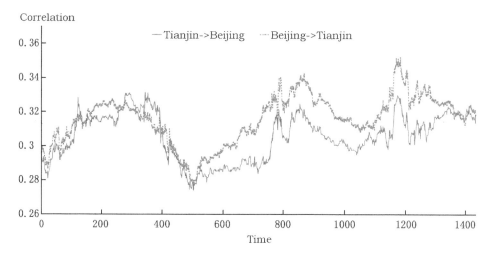

图 7.6   北京、天津动态非对称上尾相关系数曲线图

图 7.6 是根据动态非对称相关系数做出的曲线图,横坐标表示时间期数,纵坐标表示相关系数。图中红色虚线表示北京对天津影响下的上尾相关系数曲线,蓝色实线表示天津对北京影响下的上尾相关系数曲线。通过图7.6 可以发现北京天津的动态非对称相关系数在总体趋势上高度一致,但是绝大部分时间红色虚线处于蓝色实线的上方,这就意味着北京对天津的影响要普遍高于天津对北京的影响,换言之,北京在北京、天津两个城市的雾霾污染传输中占据主导地位。

同理,可以计算出京津冀地区 9 个城市的动态非对称上尾相关系数。以第 1 期为例,可以做出一个京津冀地区 9 个城市雾霾污染非对称相关系数矩阵(所有相关系数均保留两位有效数字),如表 7.8 所示。

表 7.8   京津冀地区 9 个城市第 1 期非对称上尾相关系数矩阵

	北京	天津	石家庄	保定	廊坊	唐山	沧州	邢台	衡水
北京	1.00	0.31	0.29	0.32	0.37	0.31	0.24	0.24	0.22
天津	0.31	1.00	0.31	0.34	0.38	0.39	0.37	0.28	0.31
石家庄	0.24	0.24	1.00	0.30	0.26	0.23	0.25	0.30	0.26
保定	0.28	0.29	0.32	1.00	0.31	0.28	0.29	0.29	0.29
廊坊	0.36	0.36	0.31	0.35	1.00	0.35	0.30	0.28	0.27
唐山	0.33	0.40	0.31	0.35	0.38	1.00	0.35	0.28	0.30

续表

	北京	天津	石家庄	保定	廊坊	唐山	沧州	邢台	衡水
沧州	0.23	0.34	0.29	0.31	0.30	0.31	1.00	0.29	0.32
邢台	0.19	0.20	0.28	0.26	0.22	0.19	0.23	1.00	0.26
衡水	0.20	0.28	0.29	0.30	0.26	0.25	0.31	0.31	1.00

为了更直观地体现出京津冀地区城市间雾霾污染尾部相关的非对称性,并挖掘城市间影响的因果性特征,本章做出了京津冀地区 9 个城市第 1 期雾霾污染影响因果分析图(见图 7.7)。

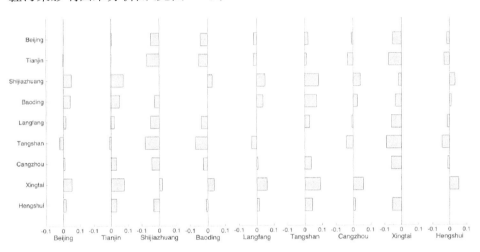

图 7.7 京津冀地区 9 个城市第 1 期雾霾污染影响因果分析图

图 7.7 是由 9 个水平条形图组成,对于每一个水平条形图,横轴代表影响的城市,纵轴每一个城市代表被影响的城市。条形图方向若为负代表纵轴相应城市对该横轴城市影响更为明显,反之代表该横轴城市更占主导影响地位。条形图长度越长代表影响程度越强。通过图 7.7 可以发现,在第 1 期时,北京、天津和唐山 3 个城市对周边城市呈正向影响,而保定、石家庄和邢台 3 个城市为被影响城市。

7.2.3 京津冀地区城市雾霾污染动态网络模型

1. 京津冀地区城市雾霾污染动态网络模型的建立

通过上一节的分析,可以计算得到城市与城市之间动态非对称上尾相关系数,而这样的两两相关性并不能完全地体现整个京津冀区域雾霾污染的关联性特征。为了进一步挖掘出京津冀区域整体的相关性特征,本节中将构造出京津冀城市雾霾污染动态网络,并分析不同时期下网络的特征。

　　每一期的相关系数矩阵只能反映当前时期下城市间的相关性强弱,并不能反映整体相关性强弱随时间变化的特征。而根据非对称相关系数矩阵可以得到每一期的相关系数矩阵图。以第 1 期、第 718 期和第 1435 期为例,做出京津冀 9 个城市雾霾污染非对称相关系数矩阵图(见图 7.8)。图 7.8 中的分图(a)、(b)、(c)分别表示第 1 期、第 718 期和第 1435 期的状态。通过三个时期京津冀地区 9 个城市雾霾污染相关程度的状态可以看出,刚开始第 1 期时,矩阵图整体颜色较深,意味着大部分城市间的相关性较强,即整个京津冀区域城市雾霾污染相关性强。到了第 718 期时,矩阵图整体颜色偏浅黄,此时整个京津冀区域城市雾霾污染相关性较弱。而发展到最后的 1435 期时,矩阵图局部区域颜色略有加重,这代表局部区域相关性又有所升高。

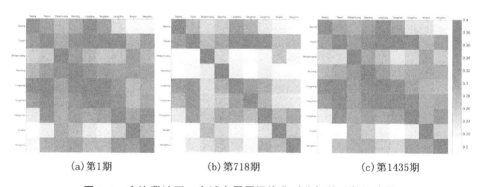

(a)第1期　　　　　　　　(b)第718期　　　　　　　　(c)第1435期

图 7.8　京津冀地区 9 个城市雾霾污染非对称相关系数矩阵图

　　在非对称相关系数矩阵的基础上,本节构造了以城市为节点的京津冀雾霾污染网络。在网络中,以非对称相关系数的大小作为节点是否连边的判断标准,选取每一期相关系数矩阵非对角线元素的均值作为当期的阈值。在一期中,若一个城市对另一个城市影响下的相关系数大于该阈值,则两个城市节点进行有向连边,且边权为此相关系数;反之,则两节点不建立此方向上的连接关系。同样以第 1 期、第 718 期和第 1435 期为例,计算出这三期的连边阈值分别为 0.293 2、0.282 1 和 0.309 0。本章用 NetDraw 软件绘制出了第 1 期、第 718 期和第 1435 期的京津冀雾霾污染网络结构演化图(见图 7.9)。图中每个节点代表一个城市,若一个节点到另一个节点的上尾相关系数大于该期的阈值,则进行有向连边,且连边越粗代表这个方向的上尾相关性越强。

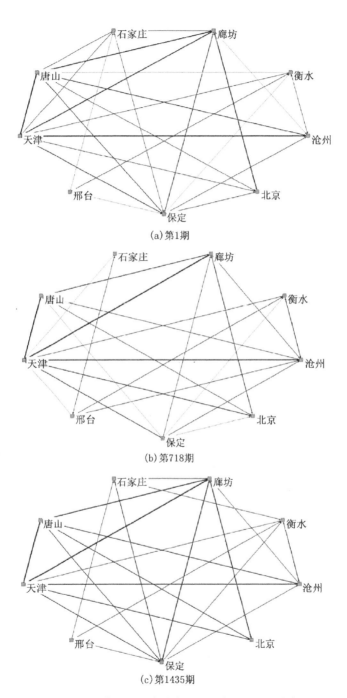

(a) 第1期

(b) 第718期

(c) 第1435期

图 7.9　京津冀区域 9 个城市雾霾污染网络结构演化图

通过图7.9可以大致看出京津冀区域城市雾霾污染网络的演化过程。其中,第718期时的网络连边数明显少于第1期和第1435期的总连边数。这表示在中期时,网络整体相关性不强。同时,结合对比三个时期网络的各节点连边总数及连边强度可以发现,京津冀雾霾污染网络中主要的节点有天津、保定和唐山,而相关性较强的城市雾霾传播路径主要有天津—廊坊、天津—唐山、唐山—廊坊、北京—廊坊、天津—沧州、保定—廊坊、衡水—沧州。这些主要节点及主要传播路径集中在京津冀区域中部。

为了进一步观察京津冀雾霾污染网络在各个状态下的连边总数演化情况,本章利用Matlab软件做出了京津冀雾霾污染动态网络连边总数演化图(见图7.10)。

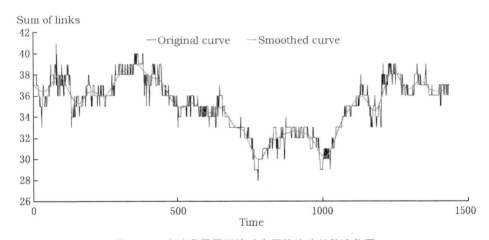

图7.10 京津冀雾霾污染动态网络连边总数演化图

在图7.10中,横轴代表时间期数,纵轴代表网络总连边数,图中黑色实线是真实的连边总数曲线图。为了反映出各个时期下网络连边总数的大致趋势,本章利用局部平滑法平滑出了图中红色实线。通过图7.10可知,网络总连边数大致稳定在28~41,在前期及后期,网络总连边数整体偏高,而在中期总连边数较低。为了进一步分析京津冀雾霾污染网络的整体相关程度,下一节将对网络的特征进行更为深入的分析。

2. 京津冀地区城市雾霾污染动态网络的特征分析

首先,本小节将分析加权网络的平均边权。对于无权网络,节点的平均度能体现出网络的连接情况。而上升到加权有向网络,由于节点间边权的大小不一致,边权的平均和能有效呈现出网络内部节点间平均连边情况的强弱。

接着,分析网络的集群系数。网络整体的集群系数通常用于反映网络内部连接的紧密程度,较高的网络集群系数内部连接更为紧密,偏低的网络集群系数内部连接较为稀疏。为了得到网络整体的集群系数,就需要先对网络中每个节点的集群系数进行计算。利用式(3.8)可以将有向加权网络中每个节点的加权集群系数 $C_B^w(i)$ 表示为[4]:

$$C_B^w(i) = \frac{1}{k_i(k_i - 1)} \sum_{\langle j,k \rangle} (\widetilde{w}_{ij} \widetilde{w}_{jk} \widetilde{w}_{ik})^{\frac{1}{3}} \qquad \text{式}(7.6)$$

其中,k_i 表示节点 i 的出度,$\widetilde{w}_{ij} = w_{ij} + w_{ji}$,$\widetilde{w}_{jk} = w_{jk} + w_{kj}$,$\widetilde{w}_{ik} = w_{ik} + w_{ki}$。而网络的集群系数可以表示为网络中所有节点加权集群系数的均值[5],记为:

$$C = \frac{1}{N} \sum_i C_B^w(i) \qquad \text{式}(7.7)$$

最后,对网络效率进行分析。为了得到网络效率就需要先对测地线长进行计算。利用式(3.12)可以推导出有向网络中节点 i 与节点 j 的测地线长 d_{ij}^w 的计算公式:

$$d_{ij}^w = \begin{cases} \dfrac{1}{\dfrac{1}{w_{ij}} + \dfrac{1}{w_{ji}}} = \dfrac{w_{ij} \cdot w_{ji}}{w_{ij} + w_{ji}}, & w_{ij} \neq 0 \text{ 且 } w_{ji} \neq 0 \\[2ex] w_{ij}, & w_{ij} \neq 0 \text{ 且 } w_{ji} = 0 \\[1ex] w_{ji}, & w_{ij} = 0 \text{ 且 } w_{ji} \neq 0 \\[1ex] 0, & w_{ij} = 0 \text{ 且 } w_{ji} = 0 \end{cases} \qquad \text{式}(7.8)$$

上式中,w_{ij} 为节点 i 对节点 j 影响下的相关系数,w_{ji} 为节点 j 对节点 i 影响下的相关系数,这里的测地线长 d_{ij}^w 反映的是节点 i 与节点 j 的亲密程度大小。结合式(7.8)与式(3.13)可以计算出整个网络的效率。

以第 1 期、第 718 期和第 1435 期为例,通过计算上述三种网络特征统计量,得到了三个时期京津冀雾霾污染网络特征结果(见表 7.9)。

表 7.9　　　　　　　　　　三个时期京津冀雾霾污染网络的特征

期数	平均边权	集群系数	网络效率
第 1 期	0.342 4	0.206 8	0.145 8
第 718 期	0.324 1	0.175 7	0.140 5
第 1435 期	0.368 8	0.191 4	0.154 1

分析表 7.9 可以发现,在平均边权上,第 1435 期平均边权最高,第 1 期

其次,第718期最小。这说明在整段时间序列的开始和结束城市与城市之间的平均相互影响程度最高,在中期时,城市间的平均相关程度稍弱。而在集群系数一列中,第1期的集群系数略大于第1435期,第718期的网络集群系数最小。这意味着在中期时的网络内部整体连接较为稀疏,而前期和后期的网络内部连接较为稠密。继续分析网络效率一列可以发现,最后一期的网络效率最高,第1期网络效率居中,第718期网络效率在三个状态中最低。这表明后期的网络内部节点间关联性更强,中期时内部节点间相关性最弱。

　　为了观察京津冀雾霾污染网络的三种特征在所有状态下的演化情况,本章利用Matlab软件做出了京津冀雾霾污染网络平均边权、集群系数及网络效率演化图(见图7.11)。在图7.11中,蓝色实线代表网络平均边权变化曲线,红色虚线代表网络集群系数变化曲线,黑色带三角标记实线代表网络效率变化曲线。

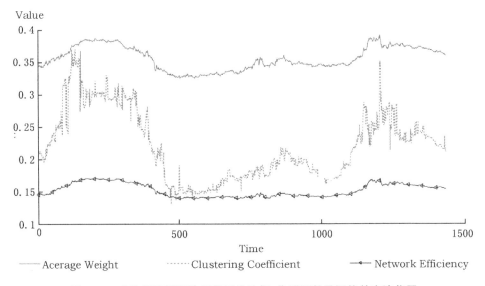

图7.11　京津冀雾霾污染网络平均边权、集群系数及网络效率演化图

　　通过图7.11可以看出,网络平均边权、网络集群系数和网络效率总体趋势大致一致,都是前期和后期较高,而中期较低。这表明整个京津冀雾霾污染网络的整体相关性在前期和后期较高,中期关联度偏低。另一方面,相比于网络平均边权和网络效率,网络集群系数的波动更为剧烈,这说明京津冀雾霾污染网络的拓扑结构随着时间变化而有着显著变化,这可以理解为整个网络的状态并不是非常平稳,会有较大的波动,而造成这一现象的原因极有可能与京津冀地区内部地理环境及实时气象条件等客观因素有关。

进一步,本章具体分析了京津冀雾霾污染网络在整个演化过程中的节点间连边状态(见表7.10)。表7.10中总连边数状态矩阵的每一个元素代表两个对应城市节点间在总共1435期内保持有向连边的总数。

从表7.10可以看出,在所有1435期内,除了城市节点自身(矩阵对角线元素)全部连边,廊坊对北京、保定对天津、廊坊对天津、唐山对天津、沧州对天津、北京对廊坊、天津对廊坊、保定对廊坊、唐山对廊坊、天津对唐山、廊坊对唐山、天津对沧州、保定对沧州、衡水对沧州、沧州对衡水这15条有向边也在整个网络演化过程中始终相连。此外,天津对北京、唐山对北京、北京对天津、衡水对天津、沧州对廊坊、北京对唐山、沧州对唐山、廊坊对沧州、唐山对沧州、石家庄对邢台、邢台对衡水这11条有向边也在网络演化过程中的大部分时期内保持连接。以上连边状态说明,在京津冀城市雾霾污染网络的整体演化过程中,其他城市的雾霾污染对天津和沧州几乎都是正向影响,而保定的雾霾污染在大多数时期影响着除邢台外的其他大部分城市。

表7.10　　　　　　京津冀城市雾霾污染网络城市节点总连边状态矩阵

	北京	天津	石家庄	保定	廊坊	唐山	沧州	邢台	衡水
北京	1 435	1 402	0	62	1 435	1 415	0	0	0
天津	1 284	1 435	0	276	1 435	1 435	1 435	0	548
石家庄	395	1 038	1 435	555	922	501	641	1 315	854
保定	942	1 435	854	1 435	1 435	1 151	1 435	5	1 028
廊坊	1 435	1 435	212	561	1 435	1 435	1 301	0	363
唐山	1 267	1 435	0	196	1 435	1 435	1 416	0	0
沧州	0	1 435	0	235	1 417	1 372	1 435	0	1 435
邢台	0	324	1 081	243	0	15	658	1 435	1 345
衡水	0	1 268	0	35	0	57	1 435	318	1 435

7.2.4　小结

首先选取了联系最为紧密、相关性最强的雾霾污染子网络中的9个城市作为研究对象,对其日均$PM_{2.5}$浓度数据进行了数据说明及描述性统计分析;其次,确定了尾部阈值,选取了 Gumbel Copula 函数为本章所采用的

Copula 函数。同时,针对城市间雾霾污染影响的时变性以及非对称性的特点,结合 Copula 函数以及时间序列相关理论推导出了动态非对称尾部相关系数,构建了全新的京津冀城市雾霾污染动态有向加权网络模型。最后,分别对网络平均边权、网络集群系数和网络效率这三个网络特征进行了更为深入的分析,并具体分析了京津冀雾霾污染网络在整个演化过程中的节点间连边状态。结果表明,在京津冀城市雾霾污染网络演化过程中,整个京津冀城市雾霾污染网络的整体相关性在前期和后期较高,中期关联度偏低。而京津冀城市雾霾污染网络整体连边状态反映出网络中重要的有向边与城市节点,其中,其他城市的雾霾污染对天津和沧州几乎都是正向影响,保定的雾霾污染在多数时期影响着除邢台外的其他大部分城市。

7.3　本章小结

随着雾霾污染问题得到社会的重视,打赢这场蓝天保卫战成为所有百姓的殷切期望。而作为一个区域性的环境污染问题,仅仅以行政区域为单位单独治理雾霾污染收效甚微。因此,如何科学地将联防联控应用在区域雾霾污染治理上成为亟待解决的一大问题。本书首先立足于传统的皮尔逊相关系数以城市为节点构建了京津冀雾霾污染静态网络模型。其次,结合 Copula 函数与时间序列相关理论构造了动态非对称尾部相关系数,并构建出京津冀雾霾污染动态网络模型。在此基础上,本书对整个京津冀区域内城市间雾霾污染的演化发展进行了深入的分析,得到以下三点主要结论:

(1)整个京津冀城市间雾霾污染扩散主要集中在京津冀区域中部。基于第三章节点重要性综合评价结果,在原有的京津冀区域城市雾霾污染网络的基础上提取出了联系最为紧密、相关性最强的一个雾霾污染子网络,子网络一共包含 9 个城市节点,分别是保定、唐山、廊坊、石家庄、天津、北京、沧州、衡水、邢台。地处整个京津冀区域南部及北部的邯郸、秦皇岛、承德和张家口4 个城市,受制于距离因素的影响,对区域内部其他城市带来的雾霾污染二次扩散影响相对不显著,所以被排除在真正的"重灾区"——京津冀区域城市雾霾污染子网络之外。因此,整个京津冀城市间雾霾污染的传播集中于京津冀区域中部。

(2)城市间雾霾污染的传播方向在整个时间序列上存在一定的规律。其他城市的雾霾污染对天津和沧州两个城市几乎呈现正向传播影响,而保定的雾霾污染在多数时期影响着除邢台外的其他大部分城市。进一步分析得到,廊坊对北京、保定对天津、廊坊对天津、唐山对天津、沧州对天津、北京对廊坊、天津对廊坊、保定对廊坊、唐山对廊坊、天津对唐山、廊坊对唐山、天津对沧州、保定对沧州、衡水对沧州、沧州对衡水这 15 条线路为京津冀区域雾霾污染的主要传播线路。

(3)整个京津冀雾霾污染演化过程前期和后期京津冀区域城市间整体相关程度较高,而在中期稳定在一个偏低的相关程度。本书通过分析网络平均边权、网络集群系数和网络效率这三个网络特征,总结出了京津冀城市间雾霾污染尾部相关性的演化规律。在前期和后期京津冀区域城市间整体相关程度较高,而在中期稳定在一个偏低的相关程度。

7.4　政策建议

通过第四章的结果可以发现京津冀城市雾霾污染网络中节点间存在着显著的上尾相关性,而网络的整体关联性会使城市雾霾污染呈现出区域性的特征。为了有效降低区域性城市雾霾污染所带来的负面影响,应当积极推进京津冀城市雾霾污染网络内的雾霾污染防治一体化,进一步实现区域内部城市雾霾污染协同治理与联合治理。为了促进京津冀城市雾霾污染防治一体化格局的形成,本书提出了以下四点政策建议:

(1)将监管重心放在节点重要性较高的 3 个重点城市。将京津冀城市雾霾污染子网络中 9 个节点城市(北京、天津、石家庄、保定、廊坊、唐山、沧州、邢台、衡水)列为联合防治核心区域,设立区域雾霾污染联合监管中心,根据京津冀城市雾霾污染网络的连通特点进行统筹规划,制定切实可行的雾霾污染联防联控方案,有效协调京津冀区域城市相关部门间的沟通。特别是对于节点重要性较高的 3 个重点城市:保定、廊坊和唐山,要进一步加大监管力度,以使得整个京津冀城市雾霾污染网络的连通效率降低,从而遏制整个区域雾霾污染的二次扩散。

(2)进一步修订及完善大气污染防治的相关政策与法规。突破传统的行政体系约束,建立更符合实际的政策法规体系,实现跨城市跨部门的协同合作,共同防治及监管雾霾污染。

（3）将整个区域联防联控的重心放在京津冀城市雾霾污染网络中的重要节点以及重要的有向边上。对重点节点例如保定、廊坊、唐山采取更为严格的防控政策，对北京—廊坊、天津—廊坊、唐山—廊坊、沧州—天津、衡水—沧州等重要的传输路线采取更为积极地减缓或阻断污染物传输的措施，加大对污染物重点传输路线上的工厂等污染源的监管治理力度。

（4）在京津冀区域建立大数据信息服务中心。京津冀城市雾霾污染网络内的所有城市将每一时刻城市内每个空气质量监测点当前监测到的各类雾霾污染物浓度、风力、风向、气压等相关数据实时上传至大数据中心，通过大数据中心对所有采集到的结构化及非结构化数据进行实时处理及分析，继而计算两城市的动态非对称上尾相关系数建立实时京津冀城市雾霾污染网络。一旦超出预警阈值便启动应急联防联控方案，阻断或减缓重点城市的重点传播方向的雾霾污染传播，从而达到区域协同治理雾霾的目标。

参考文献

[1]任卓明,邵凤,刘建国,等．基于度与集群系数的网络节点重要性度量方法研究[J]．物理学报,2013,62(12)：128901.

[2]肖海清,孟生旺．极值理论及其在巨灾再保险定价中的应用[J]．数理统计与管理,2013,32(2)：240—246.

[3]陆静,张佳．基于极值理论和多元Copula函数的商业银行操作风险计量研究[J]．中国管理科学,2013,21(3)：11—19.

[4]王又然．社交网络站点社群信息过载的影响因素研究——加权小世界网络视角的分析[J]．情报科学,2015,33(9)：76—80.

[5]王丹,金小峥．可调聚类系数加权无标度网络建模及其拥塞问题研究[J]．物理学报,2012,61(22)：228901.

第八章 区域一体化雾霾治理的效率评估与路径选择

8.1 引 言

"同雾霾,共命运"成为雾霾重污染区难以回避的现实。雾霾污染的空间溢出效应跨区域、常态化与治理复杂性特征需要区域治理主体实施联防联控措施,但行政区域分化会导致在治理雾霾时只考虑各方利益的问题。如何达到有效治理,需要深入探究区域一体化雾霾污染治理的实现路径与政策措施。本章首先进行中国区域一体化雾霾治理效率评估分析,找出问题与瓶颈;根据分析结论验证大数据关联分析测度方法的科学性、有效性与普适性,提出我国区域一体化雾霾治理的路径选择和完善雾霾污染治理措施的政策建议。

8.2 区域一体化雾霾治理效率评估分析——以京津冀为例

8.2.1 研究思路

近年来,京津冀地区的雾霾污染现象较为严重,京津冀地区各级政府一直以来都非常重视对雾霾的治理,虽然已经取得一定的成效,但仍然有可提升的空间。对京津冀雾霾治理效率的评价成为当下亟待解决的重要课题。在投入—期望产出及投入—非期望产出的视角下,构建科学的京津冀地区雾霾治理效率 DEA 评估模型;进一步,选取了 2017—2018 年京津冀 13 个城市(北京、天津、保定、唐山、廊坊、石家庄、邯郸、秦皇、张家口、承德、沧州、邢台、衡水)的数据,通过实证分析研究京津冀地区雾霾治理效率的评估模型、现阶段的状况、不足和问题的源头以及相应的应对措施。

8.2.2　雾霾治理绩效指标构建

1. 指标选取

为了通过 DEA 方法评价雾霾治理绩效,需要先构建一套合理的评价指标体系,根据问题的需要选取能反映模型需要的指标,指标选取要遵循的原则有三点:①选取适当数量的指标。鉴于拇指法则(Rule of Thumb),如果选取的指标太多,会降低模型的鉴别性能,但是如果指标数量过少,又无法反映真实的经济现象,对经济现象的解释会过于片面和出现较大的偏差。②选取能够反映要描述的经济现象的真实过程。真实客观地选取模型指标,定义指标的正向或逆向,确定其属性,而不是任意带有主观性地选择,模型的结果才能够对现实的经济生产过程有正确的指导方向和意义。③选取指标应遵从便于获得数据和易于实际操作性。对于建立模型的指标数据如果难以获得或者要投入大量的资本才能获得,那么模型的通用性和普适性会大大降低,所以在建立指标模型时应充分考虑数据的可获得性。

本书参考 PSR 模型[①]理论对雾霾治理效率评估进行指标体系构建,PSR 模型能有效反映雾霾的影响因素:首先,人口、经济的增长对于雾霾形成产生一定的压力;其次,在这种压力的驱动下,区域范围内的天气状况受到影响会表现为 $PM_{2.5}$、SO_2、NO_2 等气体浓度的变化;最后,相关区域的机构与政府会针对雾霾状况带来的压力而采取相应的措施。根据前面提到的研究,本指标的选择可以填补以下空白:首先,因为大多数文献使用 CO_2、SO_2、NO_2 等作为环境影响指标,然而环境因子的选择应根据研究对象的具体情况而定,因此在压力响应的基础之上选择除氮氧化物(NO_2、NO 等)以外的传统能

---

① PSR(Pressure-State-Response)模型,直译为"压力—状态—响应"模型,最早由学者 Tony Friend 和 David Rapport 共同研究并提出,目的都是为了寻找环境压力、相关状态与最终环境响应之间的相互作用。

源、新能源、电力消耗、固体废物等多个方面的影响因子作为研究对象取代氮氧化物的非期望产出;其次,本研究关注雾霾环境的治理效果不只局限于直接治理状态方面,还考虑了对社会、经济以及生活方面的效应,因此在产出部分引入第三产业比重、旅游业比重等期望产出。

图8.1展示的是PSR框架,该框架直观地阐明了在一个区域范围内人类的社会生产对自然环境造成影响,形成压力,以及产生了雾霾天气,管理者收集相关统计信息后采取的政策与应对策略。

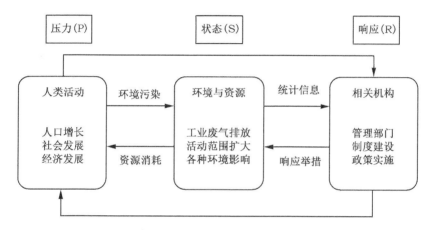

图 8.1 雾霾的 PSR 框架

结合图8.1雾霾的 PSR 框架展示的内容,可以详细地构建具体指标体系,如表8.1所示。

表 8.1 雾霾影响因素指标的 PSR 框架

目标层	准则层	指标层	含义
	压力指标	人口密度	反映人口与经济对地
		人均 GDP	区雾霾的影响压力
		日均 SO_2 浓度	
雾霾影响因素	状态指标	日均 NO_2 浓度	年日均浓度
		日均 PM_{10} 浓度	
		日均 $PM_{2.5}$ 浓度	
	响应指标	人均绿地面积	各区绿地覆盖状况
		绿地覆盖率	

构建基于 DEA 模型的雾霾治理效率测度评价指标体系,指标体系可分

为投入指标、非期望产出指标、期望产出指标三个方面。

在投入指标体系中,主要考查管理部门治理雾霾所采取的必要政策和措施,在基于雾霾 PSR 框架中的响应指标分析,在环境绿化治理方面可采用人均绿地面积和绿地覆盖率,但是考虑到研究的全面性,还要采用其他方面的治理措施,在现有的相关文献分析总结得到的关于雾霾治理投入指标主要有:在社会经济生活方面应该考虑的有人均城市公共交通客运量,工业环境治理方面有固体垃圾废弃物综合利用率、工业污染源治理投资、工业烟尘排放达标率、工业二氧化硫排放达标率,空气直接治理方面有空气污染治理投资(燃气投资)、空气污染治理投资(集中供热投资)、工业废气设施治理设施当年运行费用等,在经济投入方面考虑社会从业人数、社会固定资产投资、社会 R&D 投入等。

在非期望产出指标体系中,主要考查雾霾的负面影响,可以对应于雾霾 PSR 框架中的状态指标,即日均 SO_2 浓度、日均 NO_2 浓度、日均 $PM_{2.5}$ 浓度,此外,在此基础之上,还考虑到研究的全面性,因此纳入非空气质量类影响,例如能源消费类指标,即单位 GDP 能耗,煤炭、原油、天然气、新能源消耗量,电力消费数量,固体废弃物排放等。

在期望产出指标体系中,主要考查雾霾的治理效果,即在降低雾霾负面影响的情况下使经济发展能力最大化,可以对应于雾霾 PSR 框架中的压力指标,即人口密度和人均 GDP,城市的空气质量的状况对于城市的旅游业、科技方面的发展以及产业的升级转变都有着一定程度上的影响,此外还应考虑的指标有旅游业总收入占 GDP 的比重、万人专利申请量、第三产业比重等。

综上所述,将基于 DEA 模型的雾霾治理效率测度评价指标体系整理如表 8.2 所示。

表 8.2　　　　　　　DEA 模型雾霾治理效率测度评价指标

指标类型	指标名称	统计口径
投入指标	人均绿地面积	%
	绿地覆盖率	%
	人均城市公共交通客运量	人/天
	固体废弃物综合利用率	%
	工业烟尘排放达标率	%
	工业二氧化硫排放达标率	%
	工业污染源治理投资	万元

续表

指标类型	指标名称	统计口径
	空气污染治理投资(燃气投资)	万元
	空气污染治理投资(集中供热投资)	万元
	工业废气设施治理设施当年运行费用	万元
	社会从业人数	万人
	社会固定资产投资	亿元
	电力消费数量	千瓦时
非期望产出指标	日均 SO_2 浓度	毫克/立方米
	日均 NO_2 浓度	毫克/立方米
	固体废弃物排放	万吨
	日均 $PM_{2.5}$ 浓度	毫克/立方米
	单位 GDP 能耗	亿元
	煤炭、原油、天然气、新能源消耗量	万吨
	电力消费数量	千瓦时
期望产出指标	人口密度	人/平方千米
	人均 GDP	元
	旅游业总收入占 GDP 比重	％
	万人专利申请量	件
	第三产业比重	％

2. 数据采集

为全面分析京津冀地区雾霾治理方面取得的成效,本书选取了 2017—2018 年京津冀 13 个城市(北京、天津、保定、唐山、廊坊、石家庄、邯郸、秦皇、张家口、承德、沧州、邢台、衡水)的数据,数据主要来源于北京市、天津市、河北省 13 个城市发布的各年统计年鉴、国家统计局发布的各年数据以及部分数据来自天津市环保局官方网站有关报告,表 8.3 将数据主要采集过程进行详细说明,对于缺少统计资料的个别年份数据,使用同类均值插补方法进行补全。

表 8.3　　　　　　　　DEA 模型雾霾治理效率测度评价指标采集

指标	采集
人均绿地(公园)面积(平方米)	
绿地覆盖率(%)	
人均城市公共交通客运量(人/天)	
固体废弃物综合利用率(%)	
工业烟尘排放达标率(%)	
工业二氧化硫排放达标率(%)	
工业污染源治理投资(万元)	
空气污染治理投资(燃气投资)(万元)	
空气污染治理投资(集中供热投资)(万元)	
工业废气设施治理设施当年运行费用(万元)	
社会从业人数(万人)	城市统计年鉴
社会固定资产投资(亿元)	
社会 R&D 投入(亿元)	
日均 SO_2 浓度(毫克/立方米)	
日均 NO_2 浓度(毫克/立方米)	
固体废弃物排放(万吨)	
日均 $PM_{2.5}$ 浓度(毫克/立方米)	
单位 GDP 能耗(吨/万元)	
煤炭、原油、天然气、新能源消耗量(万吨)	
电力消费数量(亿千瓦时)	
人口密度(人/平方千米)	
人均 GDP(元)	国家统计局数据
国内旅游者消费支出(亿元)	
接待入境旅游外汇收入(万美元)	城市统计年鉴
接待入境旅游外汇收入(亿元)	
GDP 总量(亿元)	国家统计局数据
旅游业总收入占 GDP 比重(%)	根据官方数据计算
专利申请受理总量(件)	城市统计年鉴

指标	采集
常住人口(万人)	国家统计局数据
万人专利申请量(件/万人)	根据官方数据计算
第三产业 GDP(亿元)	城市统计年鉴
第三产业比重(%)	根据官方数据计算

3. 数据处理及描述分析

以京津冀地区雾霾治理效率为评价对象,本书选取 2017—2018 年的投入指标以及投入变量的代号分别是:①人均绿地面积 X_1;②绿地覆盖率 X_2;③人均城市公共交通客运量 X_3;④固体废弃物综合利用率 X_4;⑤工业烟尘排放达标率 X_5;⑥工业二氧化硫排放达标率 X_6;⑦工业污染源治理投资 X_7;⑧空气污染治理投资(燃气投资) X_8;⑨空气污染治理投资(集中供热投资) X_9;⑩工业废气设施治理设施当年运行费用 X_{10};⑪社会从业人数 X_{11};⑫社会固定资产投资 X_{12};⑬社会 R&D 投入 X_{13}。投入指标原生数据的描述性分析如表 8.4 所示。

表 8.4　　　　　　　　　　投入指标数据描述分析

指标	Mean		Std. Dev.		Max		Min	
年份	2017	2018	2017	2018	2017	2018	2017	2018
X_1	25.17	13.16	4.77	2.18	17.7	17.7	8.8	10.6
X_2	50.59	51.21	30.99	5.57	54.7	58.7	24.4	36.3
X_3	313.2	259.07	112.58	106.06	420	481	149	112
X_4	93.57	92.52	22.77	4.77	94.01	99.01	71.8	86.26
X_5	65.11	55.54	62.74	7.92	66.3	66.3	38.3	38.9
X_6	58.81	57.56	37.21	6.1	67.8	67.8	36.1	49.7
X_7	13 688.13	13 396.31	46.4	21 586.27	69 078	78 509	661	789
X_8	592	638.076 9	53.7	733.74	2254	2145	240	147
X_9	7 701.33	1 668.077	30.74	1 754.2	5 880	6 075	460	344
X_{10}	88.13	95.69	52.9	72.31	324	317	41	32
X_{11}	491.07	481.630 8	98.69	31.35	1 374.52	1 246.8	1 508.23	180.09
X_{12}	4 063.23	4 054.6	95.66	30.82	11 579.65	11 274.69	1 996.25	1 585.96
X_{13}	399.5	339.74	15.13	392.94	1 452.14	1 579.65	78.23	77.81

本书选取 2017—2018 年期望产出指标以及期望产出变量代号：①人口密度 Y_1；②人均 GDP Y_2；③旅游业总收入占 GDP 比重 Y_3；④万人专利申请量 Y_4；⑤第三产业比重 Y_5。期望产出指标的原生数据进行描述统计分析如表 8.5 所示。

表 8.5 期望产出数据描述

指标	Mean		Std. Dev.		Max		Min	
年份	2017	2018	2017	2018	2017	2018	2017	2018
Y_1	1 998.25	2 059.23	1 502.26	1 419.03	5 258.00	5 309.00	599.23	617.00
Y_2	6 005.23	5 941.77	35 642.20	35 544.20	15 261.20	140 761.30	6 005.23	5 941.77
Y_3	0.17	0.16	0.08	0.08	0.40	0.40	0.08	0.08
Y_4	46 957.40	44 938.38	54 256.89	54 216.11	213 589	211 212	11 325	10 245
Y_5	0.49	0.52	0.13	0.11	0.85	0.81	0.52	0.41

本书选取 2017—2018 年的非期望产出指标以及非期望产出变量代号：①日均 SO_2 浓度 U_1；②日均 NO_2 浓度 U_2；③固体废弃物排放 U_3；④日均 $PM_{2.5}$ 浓度 U_4；⑤单位 GDP 能耗 U_5；⑥煤炭、原油、天然气、新能源消耗量 U_6；⑦电力消费数量 U_7。非期望产出的原生数据进行描述分析如表 8.6 所示。

表 8.6 非期望产出的数据描述

指标	Mean		Std. Dev.		Max		Min	
年份	2017	2018	2017	2018	2017	2018	2017	2018
U_1	0.05	0.05	0.02	0.03	0.09	0.09	0.01	0.01
U_2	0.07	0.05	0.02	0.02	0.09	0.09	0.01	0.01
U_3	449.32	467.31	365.23	368.77	1562.00	1495.00	123.00	104.00
U_4	0.07	0.07	0.02	0.03	0.09	0.09	0.02	0.01
U_5	0.89	0.87	0.56	0.38	1.23	1.41	0.29	0.26
U_6	3 652.12	3 435.34	2 351.20	2 060.05	7 995.23	8 011.04	1 458.20	1 380.97
U_7	612.30	587.40	253.32	248.86	1 152.32	1 142.38	289.30	265.20

8.2.3   雾霾治理绩效评估的 DEA 模型构建

1. SBM 模型

对 Tone(2001)建立的 SBM 模型进行了归纳，并建立了一个含有非期望产出的雾霾治理效率评价模型。不同于以往的径向(radial)模型，提出的基于松弛变量的 SBM 模型综合考虑了投入、期望产出和非期望产出对雾霾治理效率的影响,并通过不同的权重设置,探讨了资源和污染物两类变量对雾霾治理效率的影响程度。在实证分析部分,将建立的模型应用于我国京津冀地区雾霾治理效率评价,找出对评价结果具有显著影响的因素,为政府提高资源利用效率和减少环境污染提供了可供借鉴的指导信息。SBM 模型[①]在模型中同时考虑这两种导向,目标函数的构建也是基于所有变量有可能存在一定的改进空间,最终得到一个取值在 0 和 1 之间的效率测量值。尽管 SBM 模型是基于松弛变量,不考虑方向性的问题,但是会受到投入、产出变量单位的影响,所以不能直接获得投入产出的效率值。

模型假设有 n 个决策单元(DMU),每个 $DMU_i(1,2,\cdots,m)$ 消耗 m 种投入,生产出 s 种产出。记 DMU_i 的第 i 种投入为 $x_{ij}(i=1,2,\cdots,m)$,第 r 种产出为 $y_{rj}(r=1,2,\cdots,s)$。Tone(2001)构建的 SBM 模型形式如下:

$$
\min\rho = \frac{1 - \dfrac{1}{m}\sum_{i=1}^{m}\dfrac{s_i^-}{x_{i0}}}{1 + \dfrac{1}{s}\sum_{r=1}^{s}\dfrac{Sr^+}{y_{r0}}} \qquad 式(8.1)
$$

$$
\begin{aligned}
&\text{s.t. } X\lambda + s^- = x_0 \\
&\quad\quad Y\lambda - s^+ = y_0 \\
&\quad\quad \lambda \geqslant 0, s^- \geqslant 0, s^+ \geqslant 0
\end{aligned}
$$

在上式中 s^- 是投入的松弛变量、s^+ 是产出的松弛向量。

2. DEA-SBM 模型

模型式(8.1)是一个分式的规划,在此基础之上可通过 Chames-Cooper 变换,可以将其等价转化成一个线性规划问题再进行求解,其等价形式如下所示:

$$
\begin{aligned}
&\min\tau = t - \frac{1}{m}\sum_{i=1}^{m}\frac{S_i^-}{x_{i0}} \\
&\text{s.t. } 1 = t + \frac{1}{s}\sum_{r=1}^{s}\frac{S_r^+}{y_{r0}} \qquad 式(8.2) \\
&\quad\quad tx_0 = XA + S^- \\
&\quad\quad ty_0 = YA - S^+ \\
&A \geqslant 0, S^- \geqslant 0, S^+ \geqslant 0, t \geqslant 0
\end{aligned}
$$

---

① SBM 模型,全称基于松弛向量度量方法(Slacks-Based Measure),由 Tone(2001)建立。

其中，$t = \dfrac{1}{1 + \dfrac{1}{s}\sum\limits_{r=1}^{s}\dfrac{S_{r0}^{+}}{y_{r0}}}$，$s^{-} = ts^{-}$，$s^{+} = ts^{+}$，$A = t\lambda$

对于每个投入变量来说，在任何情况下其松弛变量都不可能超过它本身，即

$$s^{-}_{i} \leqslant x_{i0}, \forall\, i = 1, 2, \cdots, m \qquad \text{式(8.3)}$$

对于产出变量，其松弛变量只要为大于等于 0 的数即可，也可是超过产出变量的值。考察模型式(8.1)的目标函数，可以得到：

$$0 \leqslant \frac{1}{m}\sum_{i=1}^{m}\frac{s_{i}^{-}}{x_{i0}} \leqslant 1$$

$$\frac{1}{s}\sum_{r=1}^{s}\frac{s_{r}^{+}}{y_{r0}} \geqslant 0 \qquad \text{式(8.4)}$$

所以，目标函数值应满足：

$$0 \leqslant \rho \leqslant 1 \qquad \text{式(8.5)}$$

记模型式(8.1)目标函数的最优解为 ρ^{*}。

定义 4.1：决策单元 DMU_i 为 SBM 有效的充分必要条件是 $\rho^{*} = 1$。

$\rho^{*} = 1$ 也等价于 $s_{*}^{-} = 0, s_{*}^{+} = 0$，即最优解中不存在投入的超量使用和产出的短缺。

从模型式(4.1)的目标函数的表达式易知：① SBM 模型具有单位不变性，也即 SBM 的效率值不随投入、产出变量的单位变化而变化；② 对于不同的投入、产出松弛变量，SBM 都是单调递减的，松弛变量越大，SBM 效率值越小。

3. 含有非期望产出的综合效率 SAE 模型

考虑建立一个基于松弛变量的 DEA 模型并且包含非期望产出的生产系统进行效率评价。

假设有 n 个决策单元，决策单元 DMU 使用投入 $x_{ij}(i = 1, 2, \cdots, m)$ 生产出期望产出 $y_{rj}(i = 1, 2, \cdots, g)$ 和非期望产出 $u_{lj}(i = 1, 2, \cdots, m)$，其中，$m$ 表示投入个数、g 表示期望产出的个数，b 表示非期望产出的个数。

建立一个基于松弛变量的综合效率模型 SAE(Sparse Auto Encode)：

$$\min\rho = \frac{1 - \alpha\,\dfrac{1}{m}\sum\limits_{i=1}^{m}\dfrac{s_{i0}^{-}}{x_{i0}} - \beta\,\dfrac{1}{b}\sum\limits_{i=1}^{b}\dfrac{s_{l0}^{-}}{u_{l0}}}{1 + \dfrac{1}{g}\sum\limits_{r=1}^{g}\dfrac{s_{r0}^{+}}{y_{r0}}} \qquad \text{式(8.6)}$$

$$s.t.\ X\lambda = X_0 - S_1^-$$
$$Y\lambda = Y_0 - S^+$$
$$U\lambda = X_0 - S_2^-$$
$$e\lambda = 1$$
$$\lambda \geqslant 0, S_1^-, S_2^-, S^+ \geqslant 0$$

在式中 $S_1^- = (S_{10}^-, S_{20}^-, \cdots, S_{m0}^-)$ 是投入的松弛变量，$S_2^- = (S_{10}^-, S_{20}^-, \cdots, S_{b0}^-)$ 是期望产出的松弛向量，$S^+ = (S_{10}^+, S_{20}^+, \cdots, S_{g0}^+)$ 是非期望产出的松弛向量，e 为单位向量，$\lambda = (\lambda_1, \lambda_2, \cdots, \lambda_n)$ 为非负权重向量。下标"0"是被评测决策单元。参数 α 和 β 为对应于投入和非期望产出的权重，用以表示资源使用和污染物排放两方面对决策单元环境效率的贡献度。

模型式(8.3)具有如下两个性质：

性质 3.1 单位不变性：SAE 效率值 ρ 不受变量 X, Y, U 单位的影响。

性质 3.2 单调性：SAE 效率值 ρ 随着松弛变量 S_1^-, S_2^-, S_3^- 的增加而单调递减。

8.2.4　结果分析

基于评价结果的效率改进，对社会活动过程中资源使用效率和污染物排放量是否仍有减少具有重要意义，并在一定程度上减轻京津冀地区的资源消耗压力和环境压力。本节应用模型式(8.3)在基于京津冀地区的 2017—2018 年指标数据基础上进行建模分析，以期找到现有治理策略中存在的问题和改进的方向，为京津冀地区的可持续发展提供一些可供参考的信息。

在模型式(8.3)中，定义 $\alpha = \beta = 0.5$，将节约能源和促进污染物排放减少置于同等地位，符合我国现阶段的发展需求。以京津冀经济圈城市(即北京市、天津市以及河北省的保定、唐山、廊坊、石家庄、邯郸、秦皇岛、张家口、承德、沧州、邢台、衡水的 11 个地级市合计共 13 个城市)作为决策单元，计算得到其雾霾治理效率值，如表 8.7 所示。

表 8.7　　　京津冀地区 2017—2018 年雾霾治理效率结果对比分析

	2017 年	2018 年
北京	0.985 6	1
天津	1	1
保定	1	1

续表

	2017 年	2018 年
唐山	0.304 5	0.406 2
廊坊	0.522 3	0.507 8
石家庄	0.99	1
邯郸	0.426 3	0.406 1
秦皇岛	1	1
张家口	0.988 2	1
承德	0.562 3	1
沧州	0.724 1	0.612 4
邢台	0.312 5	0.277 9
衡水	0.211 3	0.195 8

由表 8.7 可知,从总体上来看,2017 年到 2018 年京津冀地区雾霾治理的效果没有什么太大的波动,说明在这两年该地区的雾霾状况基本上趋于稳定。北京、天津、保定、石家庄、秦皇岛、张家口这 6 个决策单元在 2017 年、2018 年均为有效的,承德在 2018 年也是有效的,说明在 2018 年承德市对于雾霾治理的力度有所加大,其余 6 个决策单元的治理效率由高到低依次为沧州、廊坊、唐山、邯郸、邢台、衡水。可以大概看到,雾霾治理效率与当地发展程度有一定的相关性,相对而言,发展较快、规模较大的城市比发展较慢、规模较小的城市拥有更高效的雾霾治理效率。

为了深入研究地区经济发展和资源消耗、环境污染的关系,本书引入 5 个强度概念,分别为:

①R&D 投入强度:单位人均 GDP 所消耗的 R&D 投入资金。

②能源强度:单位人均 GDP 所消耗的煤炭、原油、天然气、新能源。

③电力强度:单位人均 GDP 所消耗的电量。

④PM$_{2.5}$ 强度:单位人均 GDP 所排放的 PM$_{2.5}$ 数量。

⑤固废强度:单位人均 GDP 所排放的固体废弃物数量。

表 8.8　　京津冀地区雾霾治理强度相关指标

DMU	治理效率	R&D 投入强度	能源强度	电力强度	PM$_{2.5}$ 强度	固废强度
北京	1.000 0	6.016 2	2.012 1	2.015 2	0.757 3	5.461 4

DMU	治理效率	R&D 投入强度	能源强度	电力强度	PM$_{2.5}$ 强度	固废强度
天津	1.000 0	5.102 4	5.024 3	1.981 4	0.685 1	2.281 5
保定	1.000 0	3.150 1	1.673 8	1.305 1	0.296 2	3.824 2
唐山	0.406 2	3.435 1	6.284 1	2.515 1	3.276 2	12.876 2
廊坊	0.507 8	6.634 4	8.326 6	3.715 5	2.645 2	10.767 3
石家庄	1.000 0	12.334 9	3.151 8	3.355 1	0.374 1	4.374 1
邯郸	0.406 1	12.854 3	12.252 6	10.091 4	1.245 6	11.016 3
秦皇岛	1.000 0	7.128 6	3.712 3	4.642 7	0.024 1	5.014 4
张家口	1.000 0	2.059 4	1.328 3	1.195 1	0.613 1	1.874 6
承德	1.000 0	10.484 9	1.844 1	2.035 1	0.985 2	3.562 7
沧州	0.612 4	5.025 4	6.701 4	6.731 4	0.635 2	11.586 7
邢台	0.277 9	3.405 2	9.614 1	5.129 3	1.272 5	10.958 9
衡水	0.195 8	10.415 3	11.174 1	7.952 5	2.235 2	11.424 6

这 5 个强度指标能够体现雾霾治理过程中的资源消耗状况和环境污染状况,这些指标都是逆向指标,数值越小越好。根据表 8.8 对比治理效率指标数值和强度指标,可以发现,一般而言,强度指标数值越低,治理效率越高。

8.2.5 京津冀地区雾霾治理中存在的问题及成因

1. 京津冀地区雾霾治理中存在的问题

社会发展过程中,知识、经济和信息是三个主要因素,创新是进步的根本动力。京津冀地区第二产业在 GDP 中的占比比较高,而且近几十年来的经济增长属于粗放型,产能过耗现象较为严重,空气和环境遭到了较为严重的破坏。科技能够有效地改善污染状况,因此科技方面的 R&D 投入非常重要。但目前京津冀地区的 R&D 投入还不够,环保科技的创新不能满足污染治理的需求,环保企业的环保技术研发成本高,但是收益低,资金回流慢,制约了环保技术创新。导致京津冀地区 R&D 经费投入较低的原因,可以归类为:

(1)各方的思想意识不够规范化。目前广泛存在于大众思想中的误区是:政府对社会 R&D 投入应该是“放养”政策,不需要去管理,因为社会 R&D 投入的运作是市场规律主导的,和政府没有多少关系。在这种思想影响下,很多地方并不在意环保科技型中小企业的融资困境,让其自生自灭。

另一种相反的观点认为政府应该全权负责和解决中小企业的金融问题,提供大量的资金支持,而不需培育适合环保科技型中小企业发展的金融市场环境。还有一种错误观点认为单纯靠建设大量的风投公司能解决问题,但是事与愿违,风投公司不愿意与高风险的中小企业合作,更喜欢规模大、实力强的客户,结果对于中小企业融资难的问题找到解决的途径。

(2)社会 R&D 投入参与各方的顶层设计不足。只有明确社会 R&D 投入中各参与方的位置和作用,才能更合理地引导各参与方的行为模式,例如银行应该思索自身在社会 R&D 投入的发展中具有什么样的影响力?应该如何改善服务模式来促进社会 R&D 投入的发展?政府应该考虑要在何种程度上去控制市场才能恰如其分?如何选择介入市场的时机?这些都属于顶层设计思维,规范化这些才能更好地促进社会 R&D 投入的发展进步。

(3)社会 R&D 投入信息服务平台不完善。环保科技型中小企业的融资需求和资本的投资需求的信息平台还不完善,因为缺乏统计指标体系,其实金融市场并不缺乏资本,相反有巨额资金的企业会想尽办法去寻找投资的机会,然而事实上却有大量需要资金的中小型环保科技企业深陷融资困境。之所以出现这种不合理现象,主要原因在于信息市场不透明,需求的一方找不到供给方,于是难以完成资源匹配。目前并没有一个权威的、功能全面的社会 R&D 投入信息统计平台出现。

(4)缺乏环保科技企业成长潜力评价机制和信用评级体系。这种缺失导致投资人无法准确判断和预判企业的发展潜力,由于风险难以评估,资本往往取向于保守,所以环保科技企业获得融资较为困难。同时,因为缺乏信用评级体系,导致市场上有部分皮包公司利用国家政策营利,严重破坏了市场秩序。

(5)缺少新型社会 R&D 投入产品。目前各个环保科技型中小企业对资金的需求问题比较突出,而金融机构的科技金融产品种类单一、形式僵化,不能满足市场实际需求,导致环保科技型中小企业融资难,发展慢,容易陷入经营困境。另外,市场上还存在技术入股难以定价、股权退出方式难以确定等问题。

2. 节能技术和清洁能源发展力度不足

随着我国各种产业高速发展,对能源的消耗越来越多,由于当前京津冀地区各类产业普遍对有关资源的利用效率偏低,所以导致很多资源被浪费,这违背了我国的绿色环保发展理念。完善节能技术在京津冀地区产业发展中的应用,对于提高京津冀地区雾霾治理效果具有很大程度上的效果。节能技术旨在提高各种能源的资源利用率或者是减少能源的消耗,同时采用相关技术手段分析能源消耗现状,找出节能的方法并实施节能措施。加大在京津冀地区产业发展中应用节能技术的力度,对于提高资源利用率、减少资源浪费、促进环境保护、贯彻国家绿色发展理念等具有重要意义。

京津冀地区为了解决能源短缺危机,政府及相关环保机构正在推广和宣传绿色健康发展的理念,大力支持清洁能源的使用和发展。清洁能源主要由核能和可再生能源组成,对环境的负面影响较小,能够源源不断地供应,是未来能源的理想选择。清洁能源是环保能源,对环境友好,主要包括三大类:一是可再生能源,例如水能、风能、生物能、太阳能、氢能、地热能、潮汐能等;二是新能源,例如天然气、洁净油、清洁煤、核能等;三是新型高效的自动化控制技术和仪器。清洁能源是指能够对能源清洁、高效率地、系统化地进行应用的技术体系,具有以下特点:

第一,清洁能源是一种新兴的技术体系而非一种新引进的能源类别;

第二,清洁能源同时考虑能源的经济效率和其清洁性;

第三,清洁能源的清洁性的定义是能够按照严格的能源排放标准进行有组织的排放。

但目前在京津冀地区清洁能源建设过程中还存在以下问题:

(1)相关政策体系不完善。清洁能源的发展建设需要政府主导开展,而京津冀地区关于清洁能源的政策规章制度还有待改进和完善。并且缺乏一定的经济动力,缺少稳定性和协调性强的政策,因此在一定程度上清洁能源的发展受到了抑制,所以相关机构部门对于建立完善的清洁能源机制体系的任务迫在眉睫。

(2)资金和技术方面短缺。因为清洁能源的发展涵盖领域非常广泛,相关技术比较复杂,资金需求量大,所以京津冀地区除了在少数清洁能源领域能领先,在很多领域还存在资金不足、技术落后等问题。在政府各级财政拨款渠道中,缺少关于清洁能源发展项目的规划,导致清洁能源发展资金不足,自主研发能力较弱,缺乏高端设备制造能力,需要依赖进口来弥补技术和设备上的短板。

(3)市场需求不稳定。由于清洁能源开发流程复杂,市场化时间短,所以商品化程度偏低,清洁能源产业薄弱。市场经验的缺乏导致清洁能源企业很难提供契合市场的产品和服务,以及缺少相关的市场法规和行业标准,导致相关需求增长缓慢,缺乏连续稳定的市场需求。

3. 电力资源节能力度不足

京津冀地区在电力消耗方面还需要进一步提高用电效率,可以通过实施特定的电价政策来促进工商业用户和居民用户科学用电,减少不必要的浪费。电价政策中的阶梯电价、分时电价、实时电价等方式都可以在一定程度上促进电力资源的节约,但是目前京津冀地区在电价政策实施中存在一些问题,导致电价政策的现行执行标准并没有对节能减排起到直接的促进作用。电价政策的制定本意是通过适度抬高价格,促进用户减少不必要的用电浪费,但是根据政策实施后的宏观统计数据来看,用户的用电数量并没有明显下降,甚至还有小幅度增加。与发达国家阶梯电价标准进行对比,可以发现京津冀地区的阶梯差价还不够明显。虽然京津冀地区的阶梯电价制度满足了有利于现状的原则,但是这种改变对于促进用户节能减排的效果甚微,从长期来看,通过阶梯电价减少用户用电浪费行为才是主要发展方向,因此,必须正视和反思这个问题。

4. 空气污染治理力度不足

汽车尾气、煤炭不完全燃烧而形成的二氧化硫污染是京津冀雾霾严重的主要原因之一。雾霾的治理历时长且需要大量的投入和成本,以及政府和各生产单位不懈努力,不断升级生产技术、减少空气污染物和粉尘的排放。目前,京津冀地区的雾霾治理虽然取得了一定的成绩,但是受到监管体系不完善、气候中洋流等因素的影响,经常会反复出现雾霾现象,还需要进一步实现对空气环境质量检测、生产检测、惩治力度等方面的严格监管。

5. 固体废弃物治理力度不足

固体废弃物如果不能得到妥善处理,就容易造成严重的环境污染。固体废弃物在存放和消灭的过程中,容易产生大量粉尘等空气污染物,严重威胁空气质量,同时还容易污染土地资源和水资源,造成耕地受损和用水危机。采用填埋方式处理的白色垃圾极难被自然降解,而采用焚烧方式更加剧了雾霾污染。目前京津冀地区对城市垃圾仍采取填埋和焚烧的方法只能做到部分无害化,还没能利用绿色化学技术做到完全无害化处理。

8.2.6　雾霾治理问题成因分析

1. 治理主体缺乏协调机制和良好的执行环境

京津冀地区执行雾霾治理政策主要是在发改委的推动下,在制定雾霾综合治理的同时全方位考虑了效率和公平、因地制宜、社会影响等多方面因素,政策本身较为科学和完备。尽管这样,在雾霾治理相关措施的实施过程中,执行主体之间无法进行有效合作和互相协调,导致失去了一个较为良好的政策实施环境。这种执行主体协调机制的不完备,在雾霾治理政策实施过程中产生了较大的阻碍作用,因此,在新的雾霾治理政策进行实际的执行之前,应保证该政策有一个良好的实施环境,打造互联互通的系统联动机制,以实现执行主体之间的高效信息传递。

另外,京津冀地区政府对雾霾治理政策实施外部环境的改善不够,应进一步促进政府、企业、监管部门、第三方机构协作机制的发展,逐步提高沟通效率。到目前为止,京津冀地区政策相关的配套政策和措施还不到位,未来仍然要继续大力促进政策和配套政策有机结合,尽量让政府部门充分监管企业生产规范。政策实施外部环境的发展建设需要政府主导开展,而目前相关政策体系还不完善,缺乏经济激励,缺少稳定性和协调性强的政策,这在一定程度上阻碍了外部环境的构建,所以促进形成有利于京津冀地区政策实施发展的政策体系是当务之急。

2. 社会公众对雾霾治理的认识不足

由于雾霾治理执行单位宣传工作的缺失,导致大多数社会公众对雾霾治理政策缺乏正确的认识,社会公众对雾霾的产生、治理、防治等环节缺乏科学的了解,因此每次发生大规模雾霾都会引起社会公众对政府环境治理工作的质疑,为了提高社会公众对雾霾治理的认识程度,有必要加强雾霾治理的政策宣传。在新的要求下,雾霾治理执行单位的宣传人员需要具备更高的专业素质,但是京津冀地区的雾霾治理宣传并没有得到同步发展,暴露了很多宣传问题。在未来的发展中,京津冀地区的宣传单位需要进一步加强人才培养,提高人员的业务素质和服务意识,不断提升雾霾治理政策的宣传水平。另外,辅助雾霾治理政策实施的第三方组织在京津冀地区还没有兴起,这类组织的主要功能是为政策对象提供服务,弥补执行机构的缺失,比如提供咨询服务、科普宣传、社会调查等,辅助政策顺利实施。

3. 雾霾治理人力资源开发不足

(1)人力资源开发机制不完善。目前,京津冀地区政府缺乏完善的雾霾治理人力资源开发机制,导致潜在的雾霾治理人力资源没有被充分开发,具体而言,雾霾治理人力资源开发机制需要从增加人才数量和提高人才质量两个方面入手,而当前人力资源开发由于不被基层政府重视,仍然延续传统的招人、用人模式,导致难以开发新的雾霾治理人才。雾霾治理人力资源开发机制不完善一方面在于对人才的挖掘力度低,人才储备数量少,政府缺乏与有关单位的合作,没有从源头上培养人才,另外,由于普通的雾霾治理管理岗位待遇较差,难以吸引到优秀人才就任;另一方面在于对外部人才的引入力度较差,这是由于人才引入机制不到位以及岗位条件较差的原因,缺少单位引荐人才的同时,岗位自身的物质待遇和发展前景都不高,导致人才引入较为困难;此外,基层雾霾治理人才难以获得培训和提升,而且容易受到传统排外思想的打压,导致自身业务能力难以得到提高,事业发展缓慢,导致优秀人才流失严重。政府对于雾霾治理人力资源开发不力,使本土的雾霾治理人才大量流失,而当地人才由于缺少培训和开发又没有得到有效利用,造成雾霾治理人力资源的浪费。因此,政府应持续完善人力资源开发机制,使当地雾霾治理人才潜力得到有效挖掘,缓解雾霾治理人力资源短缺问题。

(2)人力资源管理不科学。目前,京津冀地区政府的人力资源管理机制不够科学。

首先,人事管理过于粗疏,出现很多专业不对口、人力资源错配严重的情况,这种情况在新职员的引入中更加明显。人才与岗位匹配机制不完善,大学生所学专业被忽视,导致大学生与所在岗位出现错位,造成了潜在的人力资源浪费。

其次,对于调岗的管理不到位,导致人力资源的流动性差,因为人才成长、岗位待遇、用人需求是不断动态变化的,固定不变的人事安排并不总能保持最佳配置的状态,需要根据实际变化及时做出相应的调整,才能保持人力资源的最佳配置,而现有体制难以做到这一点。

最后,政府雾霾治理人力资源管理普遍流于形式,只是单纯为了完成任务,没有切实考虑雾霾治理事业发展的需求,引入的人才不太合适,而且雾霾治理管理人才的发展空间有限,职业规划难以清晰,上升通道不明朗,造成很多优质管理人才不愿来到岗位工作,认为会耽误自己的前途,这对雾霾治理事业的建设是非常不利的。

(3)激励体制效果差。当前雾霾治理单位的激励体制效果较差,具体存在以下几点问题:

第一,薪酬体制不完善:高水平的雾霾治理人才节约了单位的部分培养成本,对政策法规理解得更精准,应在薪酬上优于低学历人员;根据有关调查,以公务员为代表的雾霾治理人才的收入水平在十个主要行业中排名靠后,较低的工资待遇水平容易引起在职人员的心理失衡,在部分经济落后的乡镇地区,雾霾治理人才的工资更低,工资与物价不成正比,在岗人员生活压力增大,导致在职人员缺乏工作积极性,造成人才流失。

第二,绩效考核指标不规范,现行的考核机制依然受到传统人事制度考核的负面影响,对雾霾治理人员的考核流于形式,考核指标不仅单一还非常笼统,缺乏量化的考核标准,导致考核难以真正反映人员的工作绩效,失去了应有的激励作用。

第三,缺乏人才培养体制,很多雾霾治理人才往往只有入职时接受过培训,之后缺乏后续的跟进培训,专业能力长期得不到提高,自身职业发展缓慢,缺乏职业发展激励,不利于培养高素质专业型人才。

第四,核心价值观缺失,服务意识的完善能增强组织的凝聚力和吸引力,价值观的塑造是雾霾治理事业建设的核心之一,个人与组织的价值观相统一,才能激励人才的工作积极性,走得更加长远。

8.2.7　主要结论与政策建议

本书主要研究目前京津冀地区的雾霾治理效率问题。研究发现,雾霾治理效率与当地发展程度有一定的相关性,相对而言,发展较快、规模较大的城市比发展较慢、规模较小的城市拥有更高效的雾霾治理效率。R&D投入强度、能源强度、电力强度、$PM_{2.5}$强度、固废强度5个强度指标能体现雾霾治理过程中的资源消耗状况和环境污染状况,这些指标都是逆向指标,数值越小越好。一般而言,强度指标数值越低,治理效率越高。从整体来看,京津冀地区雾霾治理中还存在很多问题,仍然有很大的提升空间。

京津冀地区政府应该积极优化雾霾治理政策,确保雾霾治理质量获得不断提升:

1. 提高社会R&D经费投入

要做好社会R&D投入相关工作,就要建立全面完善的工作机制,社会R&D投入是一个涉及多方面的综合系统,需要所有参与方的大力支持。

(1)整合各方机制,在横向和纵向上均形成合力。政府和市场相关机构应该统一思想认识,规范工作机制,建立有效的监督监管体制,目标一致,齐心协力,集中各方资源促进社会R&D投入的发展,尽快解决环保科技型中小企业的融资困境。社会R&D投入发展的初期需要政府作为主导力量对其进行扶持,全权负责其健康发展,如果政府力度不到位,社会R&D投入工作在早期缺乏成型的机制和流程,很容易失去活力,陷入艰难的困境。

(2)完善社会R&D投入发展顶层设计。顶层设计应该全面统筹,整体兼顾,从直接与市场相关的金融机构、金融市场体系,到中间信息服务机构,再到政府层面的相关组织和管理监督体制这五个参与方,都要考虑其历史使命,明确责任和义务,规范工作流程,以便使市场资源得到最优化配置,促进社会R&D投入的发展。

（3）建设社会 R&D 投入信息服务平台。通过完善统计指标体系，来指导满足环保科技型中小企业的融资需求和资本的投资需求的信息平台。平台应尽快建立大数据库，配合规范的信息审查机制，尽快收录各个环保科技型中小企业、融资机构的数据，来实现信息匹配，促进资本流通。

（4）建立环保科技企业成长潜力评价机制和信用评级体系。对环保科技企业的相关指标进行规划和整合，例如技术开发的可持续性、核心产品的市场竞争力，企业销售激励机制的先进性等，将这些指标量化测评，最终建立能有效评估企业发展潜力的测评机制。同时为了使金融资源达到最优化配置，应优先选择信用度高的企业，所以建立关于企业信用的评级体系是非常重要的，通过信用评级体系使企业信息公开透明化。

（5）创造新型社会 R&D 投入金融产品。发展社会 R&D 投入的意义就是解决产业升级中在特定阶段对资金的需求问题，所以它相对于一般金融有其特殊的地方，在金融的各个环节，无论是担保、抵押，还是租赁、交易等，都应该开发新的模式，根据功能的不同做细化分类。

2. 发展节能技术和清洁能源

首先，京津冀地区应该加强节能技术的发展。在众多的节能技术中，大多数人选择的是太阳能技术的应用。太阳能的采暖与供热功能、太阳能的电池发电系统等可以应用在供电以及取暖等方面，发展前景很大。社会经济发展中通常要消耗大量电力，利用太阳能发电技术，可以帮助缓解用电压力，通过事先在设施中安装一些太阳能板，通过太阳能板发电供应给活动需求，利用太阳能发电不仅能缓解我国发电压力，还能降低用电安全风险。利用太阳能技术供暖，有利于降低煤炭资源的使用量，从而减少温室气体排放，贯彻节能减排、绿色环保的发展理念。另外，太阳能技术还具有不被环境影响、使用安全性高、维修简单、安装方便等优点。目前我国太阳能电池技术世界领先，在太阳能发电规模上也位于世界前列。同时，增加对新型环保材料的利用，能够使材料资源利用率最大化，从而达到节约行业资源的目的，提高企业的效益，还能有助于环保事业的发展。

其次，京津冀地区应该大力发展清洁能源，具体措施如下：

（1）完善相关政策体系。为了促进清洁能源建设领域的快速发展，需要京津冀地区政府进一步完善相关政策体系。京津冀地区能源部、财务部、发改委等有关部门同属政府方面，需要建立完善的协调机制和联席会制度来组织它们的工作，提高工作效率，同时对于非官方机构，诸如行业协会、企业集团等，要统一思想认识，意识到促进清洁能源发展建设并非仅仅是政府的政策类工作,也是需要各个市场主体参与的经济投资行为。

(2)加强资金和技术投入。

第一,在京津冀地区政府各级财政拨款渠道中要支持清洁能源项目的发展,各级政府要通过媒体、政策、会议向社会倡导加大对清洁能源项目的投资,积极吸引和引导企业、个人投资,保障清洁能源建设所需的资金充足。

第二,京津冀地区各级政府要进一步拓宽合作领域,加大与国际组织、机构合作的力度,积极推动在清洁能源研究和生产上的双边、多边合作关系,增进各方技术、理念、文化交流。同时采取切实措施,创造有利于吸引外资的政策、基础设施、场地等,吸引国际机构和社会团体、企业家和个人到当地投资清洁能源项目。

(3)培育相关市场需求。

首先,在京津冀地区各级政府提供政策支持的基础上,倡导清洁能源企业进行横向联合,通过各方交流、共享资源,促进新工艺、新技术的引进,不仅要提升产品和服务的质量,还要尽量减少生产的成本,扩大销路。

其次,京津冀地区各级政府要制定和实施有关政策促使资金和能力充足的机构和个人对清洁能源的发展贡献力量,此外还可以对行业中的相关技术人员进行关于清洁能源技术的培训,从而建立一个稳定地能够长期发展壮大的清洁新能源的新兴产业和稳定的市场。

最后,京津冀相关机构能够对清洁新能源的产品质量进行检测,有必要的话可以建立相关的评估体系,建立国家级别的产品质量检测系统,同时健全可以支撑清洁能源产业持续长期发展的技术服务体系。

3. 促进电力资源的节约

京津冀地区政府应该积极对政策实施效果进行反馈收集,改善政策中的不足之处。通过前文的论述可以了解到,京津冀地区的电价政策本身具有一定的不合理性,导致阶梯电价政策的发展受到了一定程度的阻碍,而电力产品是一种重要的社会公共服务产品,对于保障民生、维护社会稳定发展具有重要意义,因此,促进电价政策的完善和合理化是非常必要的。在电价政策的细化和完善方面,主要有两个考虑因素:

第一,峰谷电价的合理应用。由于当前京津冀地区的电力供应较为充足,即使是在用电高峰期,也没有出现供电不足的情况,因此暂时没有细化研究分时电价和峰谷电价的合理性,存在随意定价的弊端。目前来看,现存的电价政策并不合理,不能有效地促进节能减排政策的实现,随着京津冀地区经济规模越来越大,用电需求量也可能逐年增加,而目前在电源结构中,火力发电仍然是主体,这种高污染的发电形式在未来可能会继续增加规模,因此,节能减排问题需要尽快解决。京津冀地区在未来的电力定价机制中,需要重新考量峰谷电价的标准,完善峰谷电价的定价机制,可以采用大数据技术进行定价机制功能性的提高。重新考量峰谷电价的标准时,需要确保引入新政策能够保障居民电价基本水平在可接受的范围内,符合做为公共产品要保障民生的要求;在现有阶梯电价的基础上,完善分时电价和峰谷电价,引导居民科学用电;结合当地实际发展情况,设置因地制宜的分时和峰谷标准,不断细化政策。

第二,提高阶梯划分和价差的合理性。京津冀地区的阶梯电价政策在推广阶段基本已经实现较好的落实效果,但对于改善用户用电习惯、促进节能减排等方面效果仍然有限。因此,京津冀地区需要继续优化用户阶梯电价的等级划分以及等级之间的价格差距,以提高对用户用电合理化的促进作用。发达国家对奢侈性电力消费的约束会更强,这一点京津冀地区可以适当学习,增设档位并提高高档位电价水平,加强对高消耗用户的用电约束,形成电力消费越高,价格越是迅速上涨的机制。同时,京津冀地区的阶梯电价政策应该充分照顾到普通用户的基础用电需求,坚持执行第一档位的电价维持较低水平,并监督政策落实到位。

4. 加强空气污染和固体废弃物治理力度

京津冀地区早期经济发展过于粗放导致环境污染较为严重,近年来,环境污染治理工作越来越受到当地政府重视。绿色化学技术作为一种新兴技术,对环境污染程度小,能够治理环境污染,未来发展前景十分广阔。京津冀地区政府应该大力推动当地应用绿色化学技术进行空气污染和固体废弃物治理的推广普及应用,比如利用固体废弃物电离气化技术(SKYGAS)做到垃圾无害化处理,实现"零排放"。

5. 完善主体协调机制和政策执行环境

京津冀地区政府应该积极构建各个部门的协作机制,促进联系和沟通,实现效能的最大化。京津冀地区实行雾霾治理政策以促进雾霾状况的改善,具有保障民生、促进节能减排、优化产业结构等方面的作用。京津冀地区实行的雾霾治理政策在社会上的反响较好,但是政策执行主体之间的协调机制还不完善,企业、政府、监管部门的信息互通机制有待进一步完善,促进执行机构实现合理分工、找准自身定位。在政府从法律上落实雾霾治理政策的前提下,确保执行系统中各个环节都能够规范化运营,以使每个环节的运营效果得到确认,避免出现监管失职。

京津冀地区政府雾霾治理政策要得到有效实行,除了雾霾治理政策本身必须具有合理性,也需要将制定的主要政策与其相应的配套措施进行充分的结合,使其更加完善与更具功能性,以此得到预期效果最大化。还需要建立完善的环境监管评价体系,其内容包括:明确监管方案的目标,指出监管中存在的风险以及实现监管目标的方案抉择;对管理过程当中有可能产生的各种消极作用进行计算,并将结果反映给相关决策者。

6. 加强社会公众对雾霾治理的认识

京津冀地区政府要将社会公众作为政府的客户,积极为人们服务,提高服务质量和水平,因此政府有责任向社会公众义务宣传雾霾治理政策的意义,提供咨询服务,执行单位在政府的指导下进行宣传,由于雾霾治理的成效关系到人们生活的方方面面,所以要加强普及雾霾治理的科普,培养社会公众的节能减排意识,提高社会公众对雾霾治理政策的配合程度,才能保障政策的顺利实行。在制定雾霾治理政策时,要充分考虑当地社会公众生产、生活状态,积极听取社会公众的建设性意见,实现与社会公众的良好互动模式,提高社会公众的环境保护意识,并及时收集反馈意见,让节能减排观念深入人心,成为行为准则。对雾霾治理政策的宣传工作需要相关部门长期坚持,不能流于形式,而是要与生活紧密相连。宣传要讲究方式,不能出现消极情绪,要纠正社会公众关于雾霾治理的错误认识,为政策实施提供良好的环境,做好充分的铺垫。还要及时了解社会公众对雾霾治理政策的困惑,在公告栏上开设文案版块进行答疑解难,使社会公众能真正意义上了解雾霾治理政策的制定初衷。要积极支持第三方机构的发展,充分发挥第三方机构对政策实施的辅助作用。

7. 加强雾霾治理人力资源开发水平

京津冀地区政府要积极加强雾霾治理人力资源开发水平,具体措施有:

(1)完善人力资源开发机制。要完善和改进京津冀地区政府雾霾治理人力资源开发机制,首先,要增加雾霾治理人才储备数量,可以通过增加本土人才开发和与学校合作来实现。开发本土雾霾治理人才具有很多优势:第一,他们了解当地实际情况,与当地群众能充分沟通,了解群众真实想法;第二,他们能够很好地完成走访工作;第三,他们工作更加稳定,更愿意留在家乡发展,不容易流失。京津冀地区政府应加强对当地人才的招聘力度和培训力度,建立完善的培养机制,弥补他们在知识理论上的短板,做到实践经验和理论的融合,提高业务能力。政府与学校合作,可以通过扩招、定向安排就业等政策开发人才,从大专院校毕业生、军队转业干部、企事业单位分流人员中向雾霾治理管理岗位引流,加大对雾霾治理岗位重要性和发展潜力的宣传,增加岗位对人才的吸引力,引导人力资源的定向发展,培养更多雾霾治理人才。

其次,要增加对雾霾治理人力资源的引入,鼓励有关单位进行人才引荐,并通过优化人事制度来增加对外部人才的吸引力。一方面要保障引进的人才专业对口,避免人才资源错配;另一方面要增强用人制度的透明程度,避免有权力的人以权谋私,要维护工作环境的公平性。此外,也要适当提高引入人才的工资待遇,并给予他们良好的发展空间。

最后,要建立灵活的人才流动机制,一方面,通过完善流动竞争激励机制调动雾霾治理单位内部职工的工作积极性,促进组织内部优胜劣汰、更新换代,以提高雾霾治理人才的业务能力;另一方面,要促进雾霾治理人才的柔性流动,突破原有体制束缚,发展聘任流动制、项目合作制、咨询流动制等用人模式。

(2)引进科学管理理念。目前雾霾治理人力资源的管理水平较低,多数时候是人治大于法治,管理中随意性较大,缺乏统一的管理制度,加上长期以来对雾霾治理人力资源管理的忽视,导致管理体制存在诸多问题。具体可以通过以下几点入手:第一,完善人才与岗位匹配机制,重视引入人才的专业选择,安排专业对口的岗位,减少资源错配现象;第二,增强人才的调岗管理,提高人力资源流动性,使雾霾治理岗位的人力资源配置始终保持在最佳状态;第三,切合实际引入人才,不要盲目追求引入高学历人才,合适更加重要;第四要规划人才的职业发展空间,为人才预留上升通道,提高人才的积极性。

(3)充分考虑人才需求。激励体制优化设计的目标主要是创造公平公正的工作环境和挖掘雾霾治理人员的潜力。

首先,政府要打造良好的就业环境,改善硬件设施,加强文化建设,塑造良好工作环境,提升员工的发展信心;在单位内部要完善人事制度,做到公务流程的透明化,监管到位,避免出现以权谋私、暗箱操作的情况,维护制度公平。

其次,要完善物质激励和精神激励制度。

物质激励包括工资、保险、公积金、礼品等,其中最基本的是薪酬激励。薪酬包括基本薪酬、激励薪酬和间接薪酬。薪酬激励的策略类型有:激励型、竞争型、成本型。激励型策略使勤奋的员工收入远远高于懒散的员工,能充分调动员工的积极性;竞争型策略通过更高的薪资吸引到优秀人才,但是需要良好的人事管理才能留住人才;成本型策略关注节约日常开支,但是不能盲目降低运营成本引起员工不满。薪酬激励体制设计应该以科学完善的路径为基础:制定相关人才的薪酬政策和机制,对市场上相关职位的薪酬进行调查统计分析,在确定各个岗位职责和权限的基础上,制定合理的薪酬策略,最后对工资的级别、工资的水平以及结构进行确定。

　　精神激励包括开会口头表扬、奖状、带薪休假等。在目标激励体制中,要设置清晰的目标,符合现实发展需要;目标设置要有针对性,适合激励对象的个性化需求;目标设置要切实可行;要公平评价绩效。在参与管理体制中,要体现下属的主人翁地位,做到信任、有效沟通和授权。

　　最后,还要重视对人才的职业发展激励,一方面要设置明确的职业上升通道,帮助员工做出职业生涯规划,提供让员工长远发展的平台,激励员工为了自己的前途而奋斗;另一方面要完善培训激励体制,建立动态的培训机制,根据社会、单位自身的变化,灵活调整培训策略。通过摸底调查总结得出真正的培训需求,有针对性的组织培训课程和活动。另外,没有规矩不成方圆,应建立与激励体制配套的约束体制,因为激励与约束是相辅相成、互为补充的,缺少约束的激励难以有效实施,缺少激励的约束难以让人遵守,约束包括法律约束、市场和行业约束、劳动合同约束、规章制度约束、自我约束等,需要全面考虑。

8.3　区域一体化雾霾污染治理的路径选择

8.3.1　雾霾污染终端治理的缺陷

　　近年来我国肆虐的雾霾天气频繁发生,对城市生态系统、经济、居民的身心健康及出行造成了严重的影响。各省市不断转变雾霾治理思路,探索雾霾治理的高效路径,基于全过程管理的雾霾治理理念应运而生。"十一五"之初,中国环境保护部门提出要加快推进环境保护的历史性转变,从再生产全过程推进环境保护,即在生产领域推进由末端治理向源头和全过程控制的转变[1],又出台了《关于开展生态补偿试点工作的指导意见》[2]。江苏省印发了《2012 年全省环境应急管理工作要点》,提出全力构建具有江苏特色的环境风险全过程管理模式。广州市环保局于 2012 年 9 月 13 日发布《关于严格环保审批,强化 PM$_{2.5}$ 污染源头控制,推动新型城市化发展的意见》试行办法,强调源头防治和过程控制的重要性。2014 年,全国人民代表大会发布了《中华人民共和国环境保护法》[3],国务院办公厅印发《大气污染防治行动计划实施情况考核办法(试行)的通知》[4]。河北省环境保护厅于 2014 年 10 月 28 日发布《关于进一步加强环境影响评价全过程管理的意见》,指出加强环境保护项目的全过程管理。上海市国家重点研发计划"大气污染防治"重点专项试点工作已启动并进入实施方案编制阶段,雾霾治理重点需要从末端治理为主向全过程控制转变。

雾霾作为近年来我国最严重的环境问题,日益受到社会各界的重视,目前学术界在如何进行雾霾治理方面观点不一,可以归纳为三个方面:

①政治手段。例如 Amy L Stuart(2009)提出城市和郊区的工厂企业的排污行为都应受到政府、环保部门等相关部门的监督[5];叔平(2013)的研究中指出政府改变经济能源结构、改善城市规划布局、减少污染排放、推动新能源汽车是控制雾霾的根本途径[6]。

②经济手段。贾康(2013)认为经济发展是造成雾霾的要因,治理雾霾需要运用经济政策,通过税收改革、财政支出与补贴等措施共同推进空气质量改善[7];任保平和宋文月(2014)从能源结构、经济结构以及经济发展方式等角度分析雾霾天气形成的经济机制,从提高经济增长质量等方面提出我国城市雾霾天气治理的经济机制[8];马玉红等(2014)系统分析了雾霾天气成因,从审计视角提出雾霾治理的意见,包括项目进度及资金拨付、使用情况,中小型燃煤锅炉拆改情况等[9]。

③法律手段。为了应对伦敦严重的大气污染,英国政府于 1956 年颁布了世界上首部空气污染防治法《清洁空气法案》,该法案对煤烟等排放做出了详细的规定[10];美国于 1955 年通过了第一部联邦大气污染控制法规《空气污染控制法》,1963 年国会再次通过更全面的空气质量管理办法,并且根据不同地区的地形和气象的特点来制定不同的空气参数指标,加利福尼亚州制定了当时世界上最严格的机动车排放法规[11];田红星(2013)研究认为治不胜治的雾霾,促使环境法实现由问题驱动型到预防回应型的转向[12];王春燕(2013)研究认为要消除雾霾国家应颁布强制性的法律法规,加大处罚力度,完善执法制度,加强对政府官员的管理和监督,扩大环保法的宣传,增强群众的环保意识[13]。

国内外专家研究雾霾治理的成果虽较多,但大多从政治手段、经济手段和法律手段三个方面进行研究。雾霾治理手段单一且以末端治理为主,源头防治和过程控制相对较少。课题组认为,雾霾天气影响面广,破坏性大,对雾霾的治理具有紧迫性和必要性,而雾霾形成因素复杂多样,单一的治理手段效果不佳,基于全过程管理的雾霾治理深入雾霾形成的根本原因,从源头上解决雾霾污染问题,具有全面性、动态性、彻底性,从而可实现"雾霾治理"向"雾霾防治"转变。进一步,需要建立区域一体化下各级地方政府、企业、公众等各个主体的协同创新、联防联控等综合防治的运行机制,由末端治理向全过程管理转变。雾霾污染产生于生产的全过程,因此有效地治理雾霾不仅要单纯地处理已经排放出来的污染,更应该从生产全过程入手,从源头上避免和降低可能产生的污染,生产过程中减少能源使用,做到对雾霾的综合防治。

8.3.2 全过程管理的思想

1. 基本思路

全过程管理,分解来看包括:①源头防治:指的是使用更多的清洁能源,减少污染排放的可能性;②过程控制:指的是减少能源使用,以减少污染的产生;③末端治理:指的是通过污染治理设备和设施,处理已经排放出来的污染[14]。它不仅注重末端控制,更是将雾霾治理矛头指向污染源头,并且十分重视污染治理的过程控制。另外,本书的全过程管理思想也注重分析雾霾治理三大主体:政府①、企业、公众的关系,并建立一定的市场机制约束三大主体间雾霾治理行为。基于全过程管理的雾霾治理区别于传统雾霾治理模式的特点在于它的治理角度的全面性、治理主体的广泛性、治理效果的彻底性(如图8.2)。

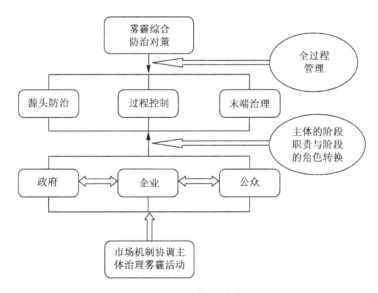

图 8.2 全过程管理基本思想

---

① 本章中所提的"政府"是中央政府和区域一体化中的省市、县、镇等地方政府的统称,不存在地方保护主义的利益博弈。

2. 全过程管理的任务

全过程管理的总体任务是在全国范围内实现对雾霾天气的长期控制。这一总体任务下分为三大阶段子任务,分别隶属于源头防治、过程控制、末端治理。

源头防治子任务:这一阶段对雾霾控制起到根本性作用。源头防治需要找到雾霾产生的根本性因素,比如上文提到的以煤炭为主导的能源结构,目前我国每年产煤达到 40 亿吨,这些煤炭一半流入电力企业,制造业排污量惊人,北方燃煤供暖也向大气中释放了大量有害物质。源头防治下需要改变我国长期不合理的能源结构。源头防治任务不仅要找到产生雾霾的根本原因,还要明确相关主体在这一阶段的阶段性职责。

过程控制子任务:这一阶段对雾霾控制起到辅助性作用。过程控制需要全面把握产生雾霾的因素,在雾霾治理的过程中加强监督,扩大制造业雾霾治理过程的透明度,明确政府、企业、公众职责,追踪政府在法律法规制定、实施上职权的履行情况,企业方面分析技术创新进程,从而减少化石燃料燃烧等。

末端治理子任务:这一阶段对雾霾控制起到基础性作用。末端治理在现代雾霾治理手段中被广泛提及,末端治理的两大主要任务是做好工业减排和汽车尾气减排工作,这就需要政府部门制定严格的排污标准对重化工业加以约束,对产生雾霾的直接因素(如扬尘)采取紧急治理对策,并建立雾霾紧急预警和防治应急预案。

8.3.3 基于全过程管理的雾霾综合防治模式构建

1. 全过程管理"三个阶段"细分

雾霾形成因素复杂多样,单一的治理手段不能长期有效控制雾霾。雾霾控制理念应从"治理"向"防治"转变。对雾霾治理具体措施的科学分类有利于理顺各阶段的具体治理任务和各阶段任务间联动性,对源头防治、过程控制、末端治理的具体内容有更加深刻的认识(见图 8.3)。

源头防治:从源头出发,减少污染排放的可能性。化石燃料燃烧是造成雾霾的重要原因,雾霾治理需要从源头上改变我国能源结构,开发新能源,包括发展太阳能、风能、核能、地热能等清洁能源。汽车尾气排放是造成雾霾的又一大因素,开发新能源汽车是从源头上根除移动源污染的重要手段。城市垃圾焚烧以及周边农村地区焚烧秸秆带来的灰烬等有害物质传播也是造成城市雾霾的重要推手,需要探究垃圾无害化处理方法,学习西方先进的垃圾处理手段,让垃圾变废为宝。在城市周边的农村地区加强环保宣传,科普环

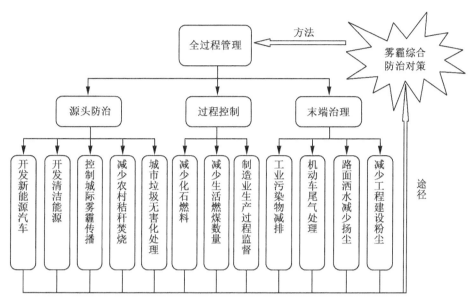

图 8.3　全过程管理"三个阶段"细分图

保知识,采用更加科学的农业生产方式,减少由于秸秆焚烧、灰烬烟雾传递形成的雾霾。源头防治还应该关注城际雾霾污染问题,减少汽车等移动源带来的外来扬尘。

过程控制:雾霾治理过程的主旨是减少能源使用以减少污染的产生,企业在生产活动中应尽量减少化石燃料燃烧,以下是碳燃烧化学原理:

$$\text{完全燃烧下:C+O}_2 \xrightarrow{\text{点燃}} \text{CO}_2 \qquad\qquad 式(8.1)$$

$$\text{不完全燃烧下:2C+O}_2 \xrightarrow{\text{点燃}} \text{2CO} \qquad\qquad 式(8.2)$$

$$\text{3C+O}_2 \xrightarrow{\text{点燃}} \text{2CO+CO}_2 \qquad\qquad 式(8.3)$$

由式(8.1)得出,碳(C)在充分燃烧下仅产生二氧化碳(CO_2),由式(8.2)、式(8.3)得出,在燃烧不充分的情况下不仅产生二氧化碳,还会有大量一氧化碳(CO)产生,而一氧化碳又是雾霾的重要粒子。能源充分利用不仅能够减少化石燃料的燃烧,还可以减少一氧化碳的排放量,企业在燃煤锅炉研发设计上要充分考虑氧气的充足性和燃烧的彻底性。在生活燃煤方面,北方冬季供暖时间做出调整,相应缩短供暖周期,减少生活燃煤释放的污染物。制造业在实施雾霾治理中往往存在惰性和违规,加强过程监督有利于排除人的"低效短视行为"对雾霾治理的负面影响。

末端治理:末端治理是被普遍承认的雾霾控制方式,它强调从污染排放的最末端实施控制,我国现阶段能源结构调整缓慢,做好末端减排工作无疑能够在短期内有效控制雾霾。末端治理的重要内容是工业减排和交通减排。解决工业排污问题的根本性措施是改变我国能源结构,基本性措施是提高废气净化和过滤设备技术水平,保障性措施是国家出台刚性排污标准并附带严格的奖惩制度。燃油车辆更需要安装尾气过滤装置,减少移动源的污染排放。路面扬尘和建筑粉尘也是引致雾霾的直接因素,政府及环保相关部门定期为城市路面洒水,敦促建筑商改变工作方式,"轻拿轻放",定期清理建筑工地现场。

2. 全过程管理技术路线构建

基于全过程管理的雾霾治理思路注重雾霾的防治结合,将更全面的分析雾霾治理各方主体责任及其关系,技术路线可概括为:一个市场、三大主体、五大机制,如图 8.4 所示。

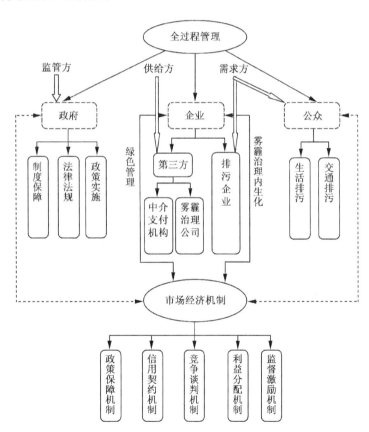

图 8.4   基于全过程管理的上海雾霾综合防治体系图

一个市场:我国所实行的市场经济机制并不是完全市场化,在坚持市场作为资源配置的基础性手段基础上不放弃政府的调节作用。因此,这里的一个市场不仅指市场的主导作用,也包含政府的辅助作用。西方通过市场化途径解决环境问题,建立排污权交易市场、征收庇古税,将环境问题引入市场机制中,大大提高了环境治理效率。我国雾霾治理问题尚未建立完整的市场交易机制,应学习西方先进的治理经验,由政府牵头建立排污权交易市场,吸引排污企业广泛参与,并将这一机制置于公众的监督之下。总体而言,市场是我国雾霾治理最有效途径,市场将雾霾治理的各个主体联系起来,具体包括雾霾治理需求方、雾霾治理供给方、雾霾治理监管方,公众既有雾霾治理的需求,同时也是雾霾治理的监督者,但由于公众的监督作用相对于政府的刚性监督较弱,这里只将公众归为雾霾治理需求方之列。

三大主体:政府、企业、公众是雾霾治理的三大主体,三大主体间通过全过程管理和市场机制联系起来。

政府是监管方,政府的监管作用主要体现在环保法律法规的制定、政策的实施、环境保护制度体系的建立。目前我国有 60 多万台工业锅炉排放没有标准[15],水泥炉窑排放标准和非电企业的排放标准相对于火电企业较为宽松,政府的排污标准政策具有不全面、不平衡性弱点,在目前雾霾治理十分迫切的背景下,政府首先要建立健全环境保护法律法规,对相关排污企业进行行业分类,根据各个行业发展特点制定适宜的排放标准。其次,政府要制定严格的法律法规执行体系,目前部分监管部门对企业排污视而不见、监管马虎、潦草行事,直接导致企业的减排设备形同虚设,减排效果不佳。再次,政府应建立雾霾治理保证制度,包括自身执行体系保障制度和企业排污奖惩制度,对于超额达标企业实行政府补贴,对排污不达标企业处以罚款等。最后,政府作为市场经济的一分子,具有推动雾霾治理市场化职责,推动我国排污权交易市场的建立。

企业分为排污企业和第三方企业,其中第三方企业包括第三方中介支付机构和雾霾治理公司(如减排设备制造公司),属于雾霾治理供给者,为雾霾治理提供相应的设备、技术、资金和运营支持,而排污企业是雾霾治理需求者,在政府制定刚性排污标准压力下,排污企业有购买减排设备、进行设备维护等需求。企业内部分化出的雾霾治理供给与需求为我国建立排污权交易市场提供依据,也催生出我国雾霾治理市场多样化的商业模式,目前国内大气污染治理产业较为通行的商业模式有 EPC、EPC＋C、BT、BOT、BOOM 以及 DBO。EPC 模式(设计—采购—施工)在我国最早出现,脱硫产业在最初大多采用此模式,但 EPC 模式也存在竞争激烈带来的市场萎缩缺陷。随着我国雾霾治理呼声高涨,大气治理设备产业的不断发展,产业内部的商业运营模式出现创新。有实力的设备企业更倾向于 BOT(建设—运营—移交)、EPC+C(设计—采购—施工,后期承包运营管理)以及 BOOM(建设—拥有—运营—维护)。EPC+C 模式是对单一的 EPC 模式的创新,即设备企业受运营企业委托,在项目完成后继续完成对整个项目的后续管理工作。BOT模式给予雾霾治理公司项目筹资和建设的全部职责,减轻了排污企业的资金压力。BOT 模式相比于 EPC 模式具有更大的盈利能力。BOOM 模式由雾霾治理公司负责项目开始到结束的所有筹资建设、运营和维护工作[16]。雾霾治理公司与排污企业可通过第三方中介机构取得联系,也可以采用招投标方式,后者更加市场化。对于排污企业在严格减排过程中的资金紧张问题可通过政府补贴和引入风投资金加以解决。企业中的雾霾治理供求双方的市场化行为有利于创新的商业模式的开发,从而使雾霾治理内生化,实现企业绿色管理。

　　公众是雾霾治理需求方,公众在生产生活中直接或间接地排放污染物,公众的排污源主要是生活排污和交通排污。生活垃圾的堆积和垃圾处理过程都会产生污染,北方居民的冬季供暖系统依靠燃煤驱动,燃煤释放出的二氧化硫、二氧化氮、一氧化碳等有害物质是雾霾形成的重要粒子。随着生活水平的日益提高,汽车的数量不断增加,2014 年国内汽车保有量将近 1.4 亿辆,是 2003 年汽车数量的 5.7 倍,占全部机动车比率达到 54.9%,比十年前提高了 29.9%[17]。汽车尾气排放是造成雾霾的重要因素,汽车尾气处理装置面临巨大需求,公众出于交通出行、身心健康考虑对雾霾治理的呼声越来越高,也会由雾霾治理需求方变为监督方。

　　五大机制:基于全过程管理的雾霾治理需要坚持市场机制,需要协调政府、企业、公众的社会关系,处理好供需矛盾和监管责任,这就需要在市场机制下建立五大子机制来协调社会各方雾霾治理行为。政策保障机制的主体是政府,雾霾治理需求来源于政府严厉排污标准的制定和公众对清洁空气的追求,政府的政策保障体现在雾霾治理的长期性、政府自身的执行性、政策法规的全面稳定性,更体现在市场化途径解决雾霾问题的坚定性。完善的排污权交易市场和庇古税都是政策保障机制的应有内容。信用契约机制主要体现在企业行为中,还包括政府与企业间的信任,排污企业和雾霾治理公司如果能建立长期的信任契约关系将大大提高雾霾治理效率,因为排污企业不用再花费更多资源了解雾霾治理公司的技术水平、设备报价、后期维护成本高低,信任契约的方式使得供需双方默认降低成本实现共赢。竞争谈判机制出现在同类业务企业中:第三方中介支付机构之间、雾霾治理公司之间抑或排污企业之间。例如,供需双方目前采用的商业模式主要是招投标方式,排污企业面向雾霾治理公司招标,雾霾治理公司为了中标纷纷展示雾霾治理经验与水平,形成激烈的竞争态势,最终通过竞争谈判能者胜出,优胜劣汰[18]。利益分配机制倡导双赢的商业理念,一方主体若只追求自身利益最大化,盲目报价,压缩业务合作者利益,即使在一次博弈获得成功后,后续博弈也将以失败告终,雾霾治理各方主体应具有长远眼光、肩负环境保护社会责任,建立双赢的利益分配机制。监督激励机制号召雾霾治理的全民监督,政府需建立奖惩制度和补贴制度。对资金紧张的中小排污企业给予一定的减排补贴,对超额完成减排标准的企业实施奖励,对排污不达标企业进行处罚[19]。

参考文献

[1]周生贤. 加快推进历史性转变,努力开创环境保护工作新局面——周生贤在2006年全国环保厅局长会议上的讲话[J]. 环境保护,2006,34(9):4—15.

[2]国家环境保护总局. 关于开展生态补偿试点工作的指导意见[EB/OL]. [2007—08—24]. http://www.mee.gov.cn/gzfw_13107/zcfg/hjjzc/gjfbdjjzcx/stbczc/201606/t20160623_355500.shtml.

[3]全国人民代表大会. 中华人民共和国环境保护法[EB/OL]. [2014—04—24]. http://www.npc.gov.cn/npc/c10134/201404/6c982d10b95a47bbb9ccc7a321bdec0f.shtml.

[4]国务院办公厅. 国务院办公厅关于印发大气污染防治行动计划实施情况考核办法(试行)的通知(国办发〔2014〕21号)[EB/OL]. [2014—05—27]. http://www.gov.cn/zhengce/content/2014—05/27/content_8830.htm.

[5]Stuart A L,Mudhasakul S,Sriwatanapongse W. The social distribution of neighborhood-scale air pollution and monitoring protection[J]. Journal of the Air & Waste Management Association,2009,59(5):591—602.

[6]叔平. 应对雾霾,从"车"做起[J]. 上海质量,2013(2):42—43.

[7]贾康. 运用财税政策和制度建设治理雾霾[J]. 环境保护,2013,41(20):32—34.

[8]任保平,宋文月. 我国城市雾霾天气形成与治理的经济机制探讨[J]. 西北大学学报:哲学社会科学版,2014,44(2):77—84.

[9]马玉红,张锋,李芳,等. 基于审计视角的大气污染和雾霾防治及对策分析[J]. 现代审计与经济,2014(2):12—13.

[10]Davis D L. A look back at the London smog of 1952 and the half century since[J]. Environmental Health Perspectives,2002,110(12):A734.

[11]Chass R L,Krenz W B,Nevitt J S,et al. Los angeles county acts to control emissions of nitrogen oxides from power plants[J]. Journal of the Air Pollution Control Association,

1972,22(1)：15—19.

[12]田红星．治不胜治的雾霾：问题驱动型到预防回应型环境法的反思[J]．江西理工大学学报,2013,34(2)：29—32.

[13]王春燕．雾霾天气引发的法律思考[J]．新西部(理论版),2013(10):87—93.

[14]佚名．我国以煤炭为主能源结构中清洁利用煤炭[EB/OL]．[2014—08—07]．http://www.chinairn.com/news/20140807/174935734.shtml.

[15]范亚琦．我国产业结构调整对经济增长影响的实证分析[J]．2015(1)：135—137.

[16]佚名．BOT、EPC、EMC等几种节能服务模式的共性与区别[EB/OL]．[2011—12—03]．http://www.china-esi.com/Industry/13681.html.

[17]佚名．2014年中国国内汽车保有量1.4亿辆,2013年为1.37亿辆[EB/OL]．[2015—09—01]．http://www.qqjjsj.com/zglssj/46738.html.

[18]张平淡,何晓明．环境技术、环境规制与全过程管理——来自"十五"与"十一五"的比较[J]．2014,16(1)：19—26.

[19]刘贵富．产业链运行机制模型研究[J]．财经问题研究,2007(8)：38—42.

第九章　总结与展望

9.1　研究结论

　　笔者在系统地收集、整理并研读当今国内外大量文献、统计年鉴和相关分析数据的基础上,以计算机科学、信息学、统计学、生态学、系统科学分析理论为指导,基于大数据平台,应用大数据相关关系、云计算与系统科学等分析方法,提出了雾霾污染问题所应用的"大数据关联性分析理论",并设计出基于大数据关联分析的中国雾霾污染问题统计方法论;针对雾霾污染的成因、危害与治理问题,建立用数据挖掘来判断与预测雾霾污染问题的数据分析和算法系统;并对区域性雾霾污染问题进行了结构化和非结构化数据关联的统计分析,验证大数据关联分析测度方法的科学性、有效性与普适性,并提出完善雾霾污染治理措施的政策建议。主要研究结论如下:

　　(1)雾霾污染的特性。雾霾污染具有季节性、频发性、空间集聚及持续稳定、空间溢出效应、诱发源自经济结构的区域差异性、危害的严重性和可控性等特性。

　　(2)雾霾污染物的组成成分与形成机理。二氧化硫、氮氧化物以及可吸入颗粒物是造成雾霾污染的主要成分,在雾霾污染物的其他组成成分中,可吸入颗粒物主要指 PM_{10} 和 $PM_{2.5}$。雾霾污染的形成机理牵涉污染物的来源、扩散方式、危害中介及造成的影响这一系列过程。雾霾污染的传导机理:雾霾污染源→雾霾污染气体排放→雾霾污染的扩散→雾霾污染的危害。雾霾污染物的来源主要是一些人为因素造成的,其中包括煤炭石油等传统化石能源的消耗、汽车尾气的排放、各种工业和生活废气的排放等;还有一些其他的间接因素,比如能源结构、经济发展水平以及环境的自净能力等。自然因素对雾霾污染的扩散起到了很强的推动作用,其中影响比较大的有静风现象、逆温现象等不利的气象条件。

(3)雾霾污染从宏观角度来看,主要是对国民经济行业、社会、人体身心健康和生态系统四个方面造成负面影响。具体包括:①严重影响国民经济的发展,尤其对旅游业和农业等产业产生重大影响;②影响社会秩序,主要是对交通业造成严重影响;③雾霾对人体的身心健康会产生重大影响;④雾霾对整个生态系统也会造成很大伤害。

(4)提出了雾霾污染问题所应用的"大数据关联性分析理论"。包括:基于数学的 Copula 函数、上尾相关系数理论,基于传统统计学的相关性理论,基于系统科学的复杂网络系统理论,基于大数据技术的机器学习、人工神经网络及长短期记忆网络、支持向量机等大数据关联理论等。建立一套涵盖结构性与非结构性的海量数据库平台,采用云计算、系统科学及相关性统计方法,并辅以云计算、统计学、系统动力学仿真软件、雾霾污染问题的数据分析和算法系统软件,进行数据价值链挖掘,提出具有普适性的雾霾污染问题的大数据关联分析统计测度方法。

(5)城市雾霾数据采集与污染判断预测软件(计算机软件著作权登记证书号:软著等字第 2532201 号)的成功设计与开发,为雾霾污染问题的数据分析和算法系统的构建与实证分析奠定了基础。雾霾污染海量数据的生成和累计急需大数据技术与思维及时有效地反映现状并预测未来,而进行雾霾污染问题大数据的关联分析是预测的关键,大数据注重概率分析而弱化因果关系,通过应用关联分析捕捉现在和预测未来。雾霾污染治理方面,"大数据"作用重大,可带来巨大价值,但必须经过数据的有效整合、分析和挖掘才能释放出来。

(6)基于结构化数据关联性分析的中国雾霾污染问题。基于构建的城市雾霾数据采集与污染判断预测软件系统进行数据挖掘,构建结构化数据库。

①雾霾污染对人身危害的影响分析。通过收集 2013—2015 年上海市每日雾霾污染物浓度数据、气象监测数据,并统计研究期间就诊于上海市某医院的门急诊量数据,分析 $PM_{2.5}$ 浓度与门急诊量的暴露－反应关系,进而研究 $PM_{2.5}$ 对人群健康的影响。采用泊松分布的半参数广义相加模型,以医院每日门急诊量为响应变量,通过样条平滑函数控制长期趋势、季节趋势、星期

效应和气象因素等混杂因素,拟合 $PM_{2.5}$ 浓度与每日门急诊量的暴露—反应关系模型。结果表明,$PM_{2.5}$ 浓度升高会引起医院呼吸内科、心血管内科和皮肤科门急诊量的增加。

②雾霾污染引发社会关注度区域性差异影响因素分析。雾霾污染问题自爆发以来,一直受到社会的广泛关注。但居民对雾霾问题的关注度打破了原有以地区经济发展水平所划分的区域界线,呈现区域性差异。拟利用百度指数和阿里指数,运用多元回归模型,对全国 31 个省市雾霾关注度差异进行研究。研究发现,雾霾关注度与消费者雾霾防护产品购买决策具有明显的正相关关系;雾霾关注度与受教育程度、环境空气质量和人均可支配收入关系显著。提出建议:鼓励公众参与,构建协同治理环境;加大对雾霾知识的宣传力度;提升雾霾防护产品的技术水平。

③雾霾污染对国民经济相关行业的影响分析如下:

一是雾霾污染对农业的影响。研究发现:雾霾污染和农业产出水平之间存在显著的交互影响,雾霾污染会抑制农业产出,农业产出增加过程中,秸秆和柴油的燃烧,农药和化肥的过多使用,会加重雾霾污染程度,为制定相关的政策提供了理论依据。

二是雾霾污染对交通运输业的影响。研究发现:雾霾天气对包括陆路运输、水路运输、航空运输在内的交通运输系统影响严重。从多个方面针对雾霾天气对交通道路安全的影响机理进行了较为全面的分析,并从道路服务水平的视角探究了雾霾天气对高速公路交通安全的影响,通过总结分析,这里得出了以下结论:①雾霾会通过降低空气能见度影响驾驶环境,从而导致交通拥堵概率提高,增加交通安全隐患;同时,雾霾还会通过影响人们的出行行为对交通道路安全产生影响。②雾霾与高速公路道路服务水平有正向相关性,$PM_{2.5}$ 浓度越高,则道路服务水平越高,从而提高了道路负荷度,使得安全隐患增加。③雾霾对交通道路安全的线性影响不明显。交通道路安全受到多方面因素影响,探究交通道路安全应对这些因素进行全面的考量。④尽管结果表明雾霾的线性影响并不显著,但是雾霾对交通道路安全存在的潜在威胁依旧值得有关部门予以重视,管理者需要在雾霾期间加强高速公路的安全管理,减少交通事故的发生。

三是雾霾污染对旅游业中入境客流量的影响。基于 2005—2014 年京津冀三个地区的面板数据,采用混合模型,实证研究了雾霾污染对入境旅游的影响。结果表明:雾霾污染对入境客流量有显著的负面影响,而其他影响入境客流量的变量,如旅游资源丰度、星级饭店规模和旅行社数量等均对其有显著的正向影响,地区生产总值对入境客流量没有显著的影响。进一步提出政策建议:各部门应多管齐下,减轻雾霾污染对旅游业的影响;加大景区开发宣传力度,提升目的地吸引力;完善配套设施,提升旅游服务质量;制定个性化计划,迎合差异化需求。

(7)基于非结构化数据关联分析的雾霾污染问题如下:

一是,基于 BP 神经网络方法的上海市入境游客关注点分析。选取"谷歌趋势"中与上海市入境旅游相关的关键词,以关键词的具象化反映外国游客在选择上海市作为旅游地时所关注的重点,综合上海市 2013 年 10 月至 2016 年 10 月的入境游客量的变化情况,分别建立包含不同关注点的 BP 神经网络模型,以每个模型的不同预测精度研究 7 个不同关注点对入境游客量的影响。研究发现,各关注点的剔除都会使得模型预测精度减小,其中航班情况与饮食情况仍然是入境外国游客所考虑的重点,而雾霾天气情况对游客制定旅游决策的影响已经达到与签证情况一致的水平。

二是,基于 SVR-ARMA 模型的呼吸道疾病门诊量预测。针对雾霾污染环境下呼吸道疾病门诊量预测问题,提出一种 SVR-ARMA 混合预测模型。基于国内外现有雾霾污染与医院门诊量关系的研究成果并考虑模型自身的特点,将 SVR 模型与 ARMA 模型混合进行雾霾污染环境下呼吸道疾病门诊量预测。实验结果表明,SVR-ARMA 模型比单一的 SVR 模型、ARMA 模型的预测效果更好,且更能预测呼吸道疾病门诊量的变化规律。

三是,基于社交评论情感分析的网民雾霾情绪识别。为探讨网民面对雾霾和雾霾污染的情绪状态,对贴吧中有关雾霾的文本评论运用情感分析的方法进行情绪识别。二分类的情况下,结果表明:对于所抓取的贴吧中的雾霾评论,大多数网民的雾霾情感偏向于消极类别。在对不同的分类器分类效果对比中,结果显示不同的训练集标准下各分类器的分类准确率也不同,但对于大多数分类器,提升训练集中雾霾文本的数量可以提高分类器的分类准确率。

(8)基于改进 KNN-BP 神经网络的 $PM_{2.5}$ 浓度预测模型具有较强的时效性与准确性。通过隶属度函数确定的加权 K 近邻-BP 神经网络方法,对 $PM_{2.5}$ 浓度建立动态实时预测模型,以 $PM_{2.5}$、PM_{10}、NO_2、CO、O_3、SO_2 6 种污染物前一小时的浓度及天气现象、温度、气压、湿度、风速、风向 6 种气象条件,以及预测时刻所在一周中天数和该时刻所在一天当中的小时数为 KNN 实例的维度,选取 3 个近邻,根据得到的欧氏距离确定每个近邻变量的隶属度权重,最终将所有近邻的维度作为 BP 神经网络的输入层数据,输出要预测的下一小时 PM$_{2.5}$ 浓度,该方法避免了传统 BP 神经网络方法不能体现历史时间窗内的数据对当前预测影响的问题。对北京市东城区监测站 2014 年 5 月 1 日 00:00 至 2014 年 9 月 10 日 23:00 的数据进行试验,结果表明,带权重 KNN-BP 神经网络预测模型相较其他方法的预测误差最低,且稳定性效果最好,是 PM$_{2.5}$ 浓度实时预测的有效方法。

(9)从深度学习的角度来代替传统时间序列预测方法,通过长短期记忆预测模型(LSTM)的上海市空气质量指数(AQI)预测效果良好。首先利用网格搜索法确定 LSTM 最优网络参数,通过多次超参数组合试验找到性能最佳的网络和训练参数算法配置,对上海市 10 个地区选取 2017 年 7 月 1 日 00:00 至 2019 年 5 月 24 日 14:00 的空气质量指数以及 6 种污染物浓度小时数据作为样本,序列间隔为 1 小时分别使用 LSTM 模型对空气质量指数进行预测。在 LSTM 优化部分,考虑空间因素的影响,在特征选择部分加入其他 9 个地区的 AQI 对单地区进行预测,获得了更高的预测精度。其中前 24 小时的 AQI 以及污染物浓度数据作为预测空气质量的自变量,第 24+1 小时的 AQI 作为最终模型的输出结果,利用 LSTM 模型对普陀区 AQI 预测确定网络参数,详细说明了网络调参过程,并利用最优模型对上海市其他地区进行测试均得到了良好的预测效果。为进一步提高预测精度,在特征选择部分引入了上海市其他地区的 AQI 值作为特征属性,模型误差减小,预测精度得到了进一步提高,证实相邻地区空气质量对当地 AQI 的预测确有改善作用。

(10)京津冀城市雾霾污染网络中节点间存在着显著的上尾相关性,而网络的整体关联性会使城市雾霾污染呈现出区域性特征。首先立足于传统的皮尔逊相关系数以城市为节点构建了京津冀雾霾污染静态网络模型。其次,结合 Copula 函数与时间序列相关理论构造了动态非对称尾部相关系数,并构建出京津冀雾霾污染动态网络模型。在此基础上,对整个京津冀区域内城市间雾霾污染的演化发展分析得到如下结论:

①整个京津冀城市间雾霾污染扩散主要集中在京津冀区域中部;

②城市间雾霾污染的传播方向在整个时间序列上存在一定的规律;

③整个京津冀雾霾污染演化过程前期和后期京津冀区域城市间整体相关程度较高,而在中期稳定在一个偏低的相关程度。

(11)建立了基于 DEA-SBM 模型的京津冀雾霾治理效率评估指标体系。实证分析显示,雾霾治理效率与当地发展程度有一定的相关性,相对而言,发展较快、规模较大的城市比发展较慢、规模较小的城市拥有更高效的雾霾治理效率。R&D 投入强度、能源强度、电力强度、PM$_{2.5}$ 强度、固废强度 5 个强度指标能够体现雾霾治理过程中的资源消耗状况和环境污染状况,这些指标都是逆向指标,数值越小越好。一般而言,强度指标数值越低,治理效率越高。作为一个区域性雾霾治理效率评估指标体系的设计产品,具有一定的推广价值。

(12)提出了基于全过程管理的雾霾综合防治路径。运用全过程管理分析工具,构建基于全过程管理的雾霾综合防治模型,并将全过程管理的雾霾防治归纳为三个阶段、一个市场、三大主体、五大机制加以阐述,据此提出雾霾综合防治的政策建议。

9.2　创新点

1. 在学术思想上

大数据思维的创新。国内外在雾霾成因和危害方面的研究成果较多,多数是基于传统统计分析方法的。雾霾污染海量数据的生成和累计亟须大数据技术与思维及时有效地反映现状并预测未来,笔者从大数据的本质功能——相关关系分析作为切入点,基于大数据思维进行我国雾霾污染问题的统计研究,并提出了雾霾污染问题所应用的"大数据关联性分析理论",并成为本书的特色与创新点。

2. 在学术观点上

(1)要培养大数据思维方式。要充分利用公开的数据并为千百万人急需解决的雾霾污染问题提供答案。

(2)雾霾污染问题研究的主要矛盾是大数据分析。雾霾污染问题日趋严重,表面上看是治理资金不足、监管力度不够、机制运行不畅等问题,实际上是思维和认识的片面性问题。雾霾污染问题大数据库的有效管理与开发,可及时有效地反映现状并预测未来,为区域性雾霾污染联防联控提供充分的信息与决策依据。

(3)大数据分析方法优于传统统计分析方法。传统统计学方法囿于随机样本选取与筛选的有偏性、片面性等局限性,难以获取涉及雾霾污染的结构性与非结构性数据,而本课题基于大数据库进行数据价值链挖掘,并进行大数据相关性分析而非依赖因果关系的研究,成果是科学合理有效的。但鉴于目前大数据技术方法还不成熟,关键是由于社会主体各个层面的数据信息的保密性、非透明等"信息孤岛"问题难以构建结构化与非结构化海量数据库,要立足国情,在应用传统统计学方法基础上,相机嵌入大数据技术方法,综合分析雾霾污染问题。

3. 在研究方法上

本课题以雾霾污染问题日益恶化为背景,分析雾霾污染问题、危害现状并预测趋势。与以往的研究成果相比,此课题打破了应用传统统计学进行雾霾污染问题统计评估的模式,借鉴大数据关联、云计算与系统科学等分析方法,设计出基于大数据关联分析的中国雾霾污染问题统计方法论,进一步应用于进行数据挖掘来判断与预测雾霾污染问题的数据分析和算法系统构建中。

9.3 研究的局限性

1. 非结构化数据不足

非结构化数据库构建问题。笔者在构建包括结构化数据和非结构化数据在内的海量数据库工作非常艰难和漫长;尤其收集包括文本、图像、音频和视频等涉及雾霾污染问题的数据过程中遇到较大困难。海量数据库依赖政府、企业及个人的信息公开程度,一般用 Python 软件、八爪鱼软件从互联网抓取公开的信息,受限于数据信息的非透明与产权性,课题组也尝试付费从拥有"信息云"平台机构购买相关数据信息,但远远难以满足课题研究的需要。所以非结构化数据主要来自公开网站的文本数据。

2. 样本数据时点有待细小化

第七章中,运用 Copula 函数构造了动态非对称尾部相关系数,并在此基础上建立了京津冀雾霾污染网络模型,对京津冀区域内雾霾污染的整体相关程度进行了分析。受限于数据源的标准,所选取的数据为京津冀区域内每个城市的日均 $PM_{2.5}$ 浓度。一方面,雾霾作为一个外部多因素相互作用的产物,每时每刻都在发生着变化,因此仅仅以每天为单位考虑其变化存在一定的误差;另一方面,每个城市的面积大小不一,而本书仅仅假设每个城市为一个没有面积的质点。如果能将本书中的节点换成区域中的每一个空气质量监测站,将数据从每天精确至每小时甚至是每分钟,将会大大提高模型的精度。

9.4　前景展望

除了上述的不足之处,限于研究重点的考虑,本书还有很多值得在未来深入探索和分析的部分。

(1)可以在不同区域的研究中挖掘出一定的共性。本书在分析区域雾霾污染的整体相关性时主要以我国雾霾污染最为严重的京津冀地区、山东省、上海市等区域作为研究对象。为了验证本书模型的泛化能力,可以在接下来的研究中将此模型应用于其他区域,并对区域与区域之间的网络模型结果进行对比与差异性分析。如果可以在不同区域的研究中挖掘出一定的共性,也许能对区域雾霾污染的联防联控提供更有意义的参考。

(2)进一步探索波峰与波峰、波谷与波谷间的相似性。城市间的动态非对称尾部相关系数的波动存在一定的规律性以及趋势性,短时间内相关性的急剧升高或降低都会使得相关系数曲线出现一个波峰或者波谷。如果城市雾霾污染的尾部相关性也存在类似于金融市场中的波动聚集性特征,那么在出现大的波动后也会跟随大波动,出现小的波动后跟随小波动,进一步探索波峰与波峰、波谷与波谷间的相似性也许能挖掘出更多更有价值的内容。

(3)雾霾污染下的医院门诊量预测的深度研究。虽然混合预测模型在单一模型的基础上可以使得预测结果的精度得到不错的提升,但这些研究仍属于医院门诊量预测的初级阶段研究,对于呼吸道疾病门诊量的精准预测还远远不够,未来仍需要对现有的研究继续进行改善与提升。比如,可以在回归机本身的基础上加以改进与优化,提升支持向量回归机算法本身的性能,未来可以根据以下几个方面继续进行深入分析:①雾霾对呼吸系统的影响是否有相应的安全阈值浓度;②在核函数的选择上,本书采用的是单一的径向基核函数,同时与线性核函数进行比较,但这些都属于单一的核函数,未来还可进行多核函数的构造。类似值得研究的问题还有很多,未来在机器学习以及深度学习领域仍需要不断地学习,对此类问题进行不断地挖掘与分析。

后　记

这是我主持的国家社会科学基金一般项目(名称:基于大数据关联分析的中国雾霾污染问题统计研究;编号:15BTJ017)的研究成果。

呈现在读者面前的这本著作是五年来研究团队共同艰苦努力的结果,也是研究团队集体智慧的结晶。首先由我提出课题研究思路与撰写提纲,而后由我与副导师(朱小栋、刘臣、尹裴等副教授,夏丽莎博士)所带的硕士研究生团队成员分头撰写,最后再由我统一修改和审定。具体分工如下:高广阔撰写第一、二、三、九章;朱小栋、李建桦撰写第四章;吴世昌、马丽霞、袁凤学、李丹黎、宋皓撰写第五章;单永恒、沈凯娟、王琼璞、赵文怡、王佳书撰写第六章;马宇博撰写第七章;蒋雪、韩颖撰写第八章。

在研究过程中,得到了上海理工大学科技发展研究院院长张大伟教授、华东师范大学统计学院院长张日权教授、复旦大学经济学院副院长寇宗来教授、山东齐鲁众合科技有限公司于慧东董事长、山东高速集团王恩新安全总监、山东省文化和旅游厅闫向军处长、上海市气象局科技处王岩处长、上海市生态环保局黄蕾女士、上海理工大学管理学院姚姣副教授、上海财经大学出版社刘光本博士的大力支持和帮助。在此,我代表研究团队全体成员一并表示衷心的感谢。

随着中国数字化、智能化、现代化治理进程的加快和日益深入,对包括雾霾污染在内的区域性生态环境问题的全过程、一体化联防联控联治也处在快速的变化过程中。同时,由于我们的水平有限,书中仍有许多不足之处,恳请各位读者提出批评意见和修改建议,以便使这项研究具有更加直接和重要的现实指导意义,共同促进中国可持续发展理论研究的深入。另外,由于篇幅局限性,大数据技术的软件代码和原始数据没有在书中呈现,有需要的读者可以发邮件给我:gaoguangkuo@usst.edu.cn。

高广阔

2020 年 10 月